2024 中国信息通信大会
暨中国通信学会学术年会会议
论文集

中国通信学会　编

电子工业出版社
Publishing House of Electronics Industry
北京·BEIJING

未经许可，不得以任何方式复制或抄袭本书之部分或全部内容。
版权所有，侵权必究。

图书在版编目（CIP）数据

2024 中国信息通信大会暨中国通信学会学术年会会议论文集 / 中国通信学会编. -- 北京 : 电子工业出版社, 2025. 9. -- ISBN 978-7-121-51244-5

Ⅰ. TN91-53

中国国家版本馆 CIP 数据核字第 2025QW1860 号

责任编辑：张　迪（zhangdi@phei.com.cn）
印　　刷：涿州市般润文化传播有限公司
装　　订：涿州市般润文化传播有限公司
出版发行：电子工业出版社
　　　　　北京市海淀区万寿路 173 信箱　邮编：100036
开　　本：880×1230　1/16　印张：13.25　字数：381.6 千字
版　　次：2025 年 9 月第 1 版
印　　次：2025 年 9 月第 1 次印刷
定　　价：99.00 元

凡所购买电子工业出版社图书有缺损问题，请向购买书店调换。若书店售缺，请与本社发行部联系，联系及邮购电话：(010) 88254888，88258888。
质量投诉请发邮件至 zlts@phei.com.cn，盗版侵权举报请发邮件至 dbqq@phei.com.cn。
本书咨询联系方式：(010) 88254579。

组织委员会

主任委员： 邬江兴　方滨兴　张尧学　段宝岩　吴建平
余少华　郑志明　张　平　崔铁军　张宏科
王文博

副主任委员（按姓氏笔画顺序排列）：
王卫东　王志勤　王建民　王继业　牛　晋
毛　明　龙桂鲁　白津夫　冯志勇　朱洪波
刘迪军　齐向东　祁　锋　孙　京　李　杰
李湘宁　杨志强　肖　甫　时建中　邱才明
陈山枝　陈运清　陈　智　周　亮　孟洛明
胡坚波　钮海明　殷敬伟　高　跃　高　鹏
郭国平　黄　标　葛根年　韩江卫　窦　笠
薛梦驰

学术委员会

主任委员：王文博

副主任委员：陈山枝　范九伦　胡坚波　梁应敞　牛志升
　　　　　　　宋　彤　张　平　张同须　朱洪波

委　　员（按姓氏笔画顺序排列）：

马建国　王卫东　王向东　王汝言　王春晖
王　楠　韦　岗　文　剑　刘大可　刘迪军
刘　岩　刘欣然　许　进　许楚国　孙晓颖
李凤华　李　赞　杨义先　杨　旸　吴启晖
吴　杰　宋志佗　宋起柱　张云飞　张云勇
张成良　张宏科　张钦宇　张顺颐　陈金桥
苗俊刚　金　石　周　亮　周　毅　赵慧玲
侯士彦　姚发海　黄河燕　隆克平　彭木根
窦　笠

编辑委员会

主 任 委 员：张延川

副主任委员：宋　彤　冷甦鹏　蒋　迪

委　　　员（按姓氏笔画顺序排列）：

　　　　　　马宇辰　白　冰　任宇鑫　刘晓龙　陈付铭
　　　　　　张　宇　岑　尧　李守智　吴　杰　张忠皓
　　　　　　李　钢　张　科　吴畏虹　杨　艳　张　翔
　　　　　　李鹏翔　罗　龙　周　瑶　姜书敏　胡航宇
　　　　　　黄　韬　翟学萌　潘　冲　魏　垚

目　　录

第一部分　大　模　型

网络大模型在算网智能化中的应用研究 ………………………………………………… 3
知识库检索增强的大模型故障运维研究 ………………………………………………… 13

第二部分　天　　线

JJI 台站甚低频电波极化特性分析 ……………………………………………………… 25
基于 SIW 的宽带圆极化液晶天线设计 ………………………………………………… 32
基于液晶材料的低剖面小型化相控阵天线 ……………………………………………… 38
通信车辆天线互扰电磁兼容性设计和分析 ……………………………………………… 43
一种基于液晶材料的散射特性可重构超表面结构设计 ………………………………… 50
基于 DRL 算法的协作 NOMA 系统 ……………………………………………………… 55

第三部分　资　源　分　配

基于串级改进粒子群算法 PID 控制的水冷机柜空调系统的研究 ……………………… 63
一种改进的 RFID 动态时隙分配算法 …………………………………………………… 72

第四部分　网络流量检测

量子算法在网关异常流量检测中的应用与方法分析 …………………………………… 81
基于 SDN 的 ROADM 网络链路故障快速检测及恢复的研究 ………………………… 90
基于 TextCNN 的恶意云服务流量异常识别方法 ……………………………………… 98
SAM-TE：具有服务适应性的组播 TE 协议 …………………………………………… 106

第五部分　通　感　算　智

边缘计算网络中基于混合 Transformer-MLP 的端到端时延预测研究 ……………… 119
面向新型工业化的"感通控智"融合技术研究及应用 ………………………………… 130
面向通信感知一体化的环境感知技术 …………………………………………………… 137

第六部分　星　地　通　信

星地高速数传系统中盲均衡技术研究 ·· 145

第七部分　网　络　安　全

针对反射放大攻击的 SAVA 部署策略 ··· 155

第八部分　无　人　机

基于蚁狮算法的应急通信车路径规划研究 ·· 165
一种基于数字孪生的无人机高效传输策略 ·· 176

第九部分　产　业　推　进

工业智能技术与产业发展研究 ·· 185

第十部分　面　上　项　目

基于跨域检测的 OTFS-SCMA ·· 195

第一部分 大 模 型

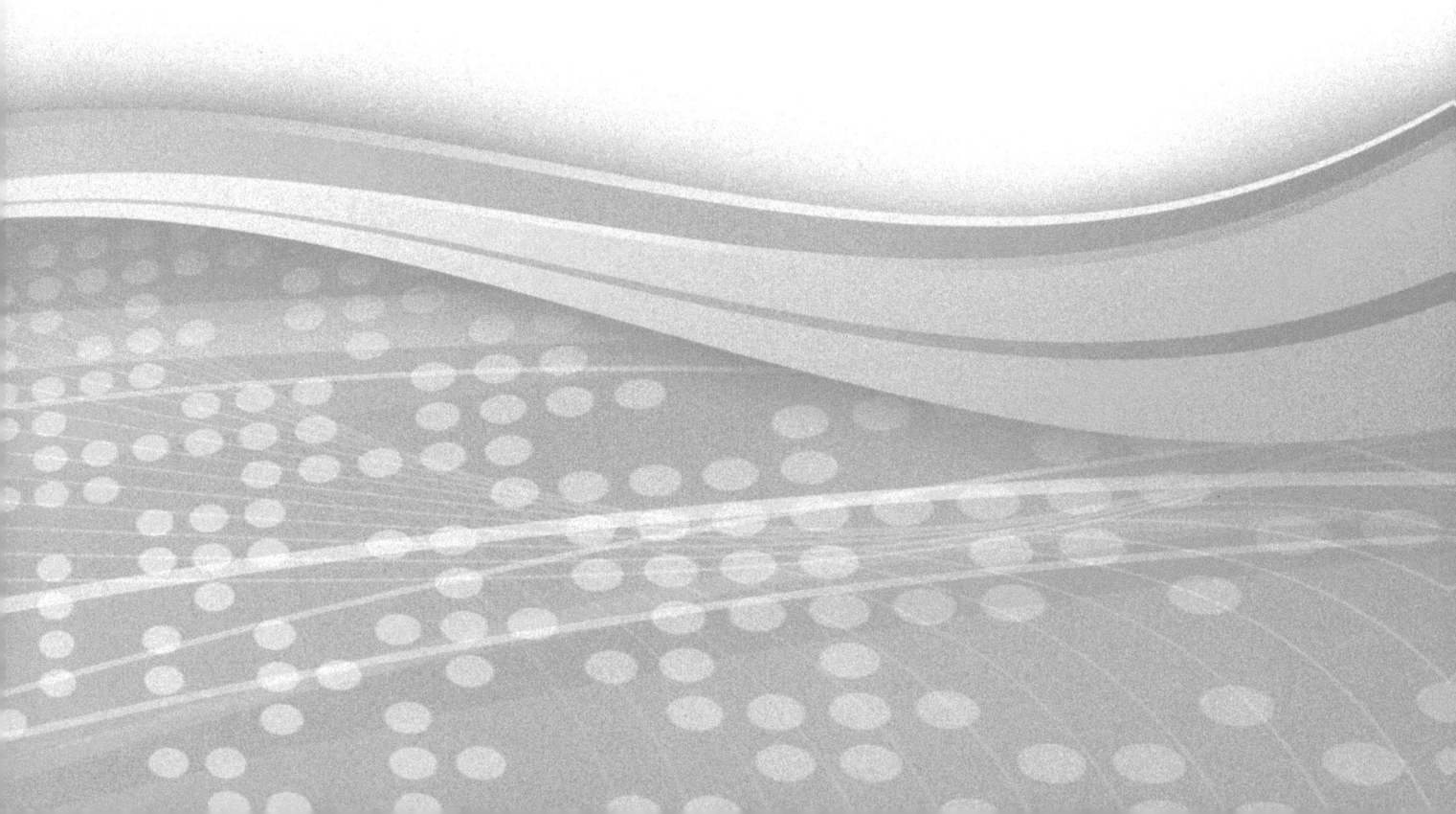

网络大模型在算网智能化中的应用研究

李涛，李姗姗，柳雨晨

（中国联合网络通信有限公司研究院，北京 100048）

摘要：算网智能化是通过对算网基础设施的智能感知与控制，利用全息感知、智能决策和实时管控，使算网具备敏捷、高效、协同和智能的特性。为此，构建网络大模型并将其融入算网体系框架，充分发挥大模型在交互和认知决策方面的能力，支撑算网的感知-分析-决策-执行的AIOps闭环。通过这一闭环，算网能够实现自开通、自服务、自优化和自维护，从而提升网络的自动化、智能化水平。

关键词：网络大模型；算网；智能化；应用；研究

1 引言

算网是一种新质生产力。国务院在《"十四五"数字经济发展规划》中提出，要建设高速泛在、天地一体、云网融合、智能敏捷、绿色低碳、安全可控的智能化综合性数字信息基础设施。算网融合以通信网络设施与异构计算设施的融合发展为基石，旨在实现数据、计算与网络等多种资源的统一编排和管控，推动网络融合、算力融合、数据融合、运维融合、智能融合以及服务融合的全面发展[1]。具备多维感知、自开通、自服务、自优化和自维护等能力的算网，成为算网设施发展的重要方向。

大模型本质上是通过一个统一模型来解决多场景、多任务的问题。它将海量知识融入一个统一模型中，无须针对每个特定任务单独训练模型，从而显著提升了AI在多类型问题解决上的能力。2022年底，OpenAI发布了基于生成式预训练模型（GPT）的语言大模型——ChatGPT。该模型通过学习和理解人类语言，生成类似人类的文本响应，并能够通过自然语言交互完成多种任务，具备多场景、多用途、跨学科的任务处理能力，广泛应用于聊天、语言处理、文本处理、推理等多个领域。

ChatGPT的发布引发了大模型发展的浪潮，国内外领先的互联网公司纷纷从芯片、框架、模型和应用等多个方面进行智能化布局，推动大模型技术在各行各业的广泛应用。国内外的头部互联网公司智能化布局如表1所示。

大模型有潜力像PC操作系统一样，成为未来人工智能领域的关键基础设施。然而，由于当前的大模型训练数据主要来源于互联网，缺乏电信运营商的专有行业数据，在电信领域的应用面临准确性和精准性不足的问题。此外，现有的电信网络运营中通常采用决策树、随机森林等经典机器学习算法，并按单一场景构建小模型。这种方法不仅耗时耗力，而且难以满足跨场景、多任务智能化应用的需求。

表 1 国内外的头部互联网公司智能化布局

		芯片层	框架层	模型层	应用层
国外厂商	微软&OpenAI	Athena		GPT1/2/3/4	ChatGPT/Copilot
	Google	TPU	Tensorflow	PaLM/PaLM2/PaLM-E	Bard AI
	NVIDIA	CPU/GPU/DPU	CUDA	Nemo/Picasso	
	Meta	MTIA	PyTorch	LLaMA/LLaMA2	
	AWS	Inferentia/Trainium		Titan	
国内厂商	百度	昆仑芯 1/2	飞桨	文心大模型	文心一言/度小满
	阿里	含光 800/倚天 710		语义千问	天猫
	腾讯	紫霄		HunYuan	腾讯云
	华为	昇腾 910/昇腾 310	MindSpore	盘古	
	商汤	STPU S100		商量/书生	
	科大讯飞			讯飞星火	智能座舱数字人

因此，如何结合电信运营商的专有数据，基于 Transformer、强化学习等技术构建网络大模型，并将其应用于算网中，成为亟待解决的关键问题。通过这一过程，可以有效应对复杂的网络环境、海量数据、多样化问题、快速变化的需求以及烦琐的手动维护要求。同时，借助大模型的能力，还能够满足高灵活性需求，推动算网运营的智能认知决策。这包括对算网态势的自动感知、认知、决策，以及对资源和能力的智能调度、编排和执行。

这一目标将成为推动算网运营迈向自动化、智能化的重要方向，为未来的电信网络运营带来全新的变革[2-9]。

2 算网智能化需求及目标

算网智能化需求包括基础设施智能、运营智能和应用智能三个方面[10-11]，具体说明如下。

（1）基础设施智能：涵盖算网规划、算网建设、算网自智等方面的智能化，旨在支持智能规划、站点自动部署、自我配置、优化和修复等功能。

（2）运营智能：涉及算网保障、算网运营、服务编排与管理、客户体验与服务、基础设施管理等方面的智能化，支持端到端网络管理、网络优化、弹性资源管理与编排、智能业务体验评估、AI 节能等功能。

（3）应用智能：聚焦产品管理、市场与销售管理、业务受理等方面的智能化，支持产品组合分析、潜在客户识别、用户意图识别等功能。

上述算网智能化需求要求算网具备多场景、多任务、智能化的处理能力。

算网智能化的目标是通过对算网基础设施的智能化感知与控制，即通过全息感知、智能决策和实时控制，支持基础设施智能、运营智能和应用智能等智能化需求，进而实现敏捷、高效、协同和智能的智能化目标。算网智能化目标如图1所示。

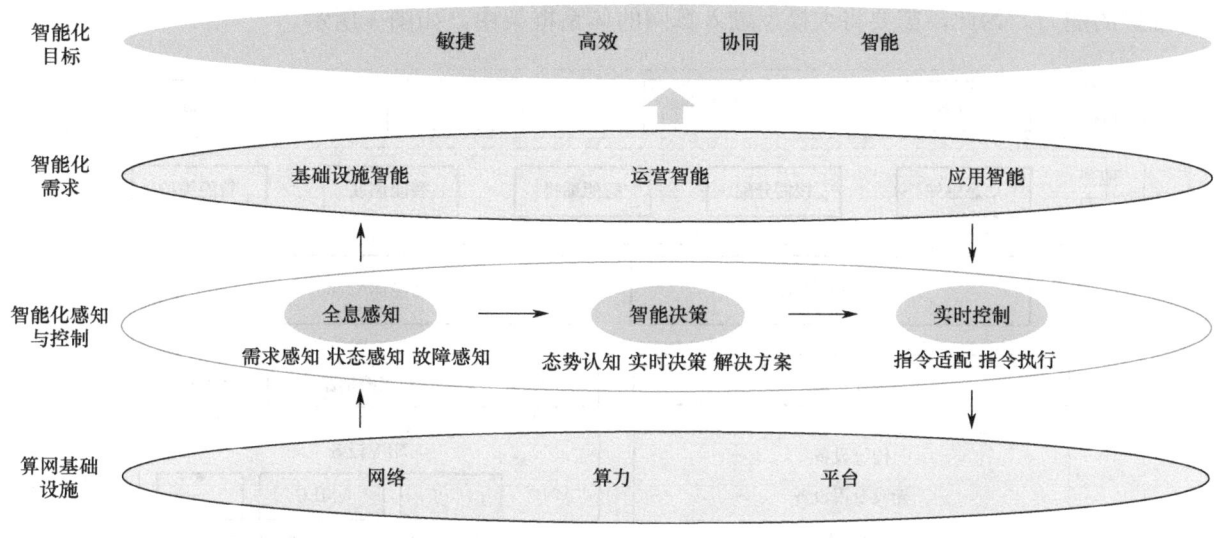

图1　算网智能化目标

3　总体技术方案

3.1　总体思路

为了实现算网敏捷、高效、协同和智能的智能化目标，并确保算网的正常运转及故障的高效处理，可以将大模型作为算网的操作系统。充分发挥大模型的交互能力和认知决策能力，在人与算网之间建立交互桥梁，使算网能够实现感知、分析、决策和执行的 AIOps 闭环。基于网络大模型的算网智能管控总体思路如图2所示。

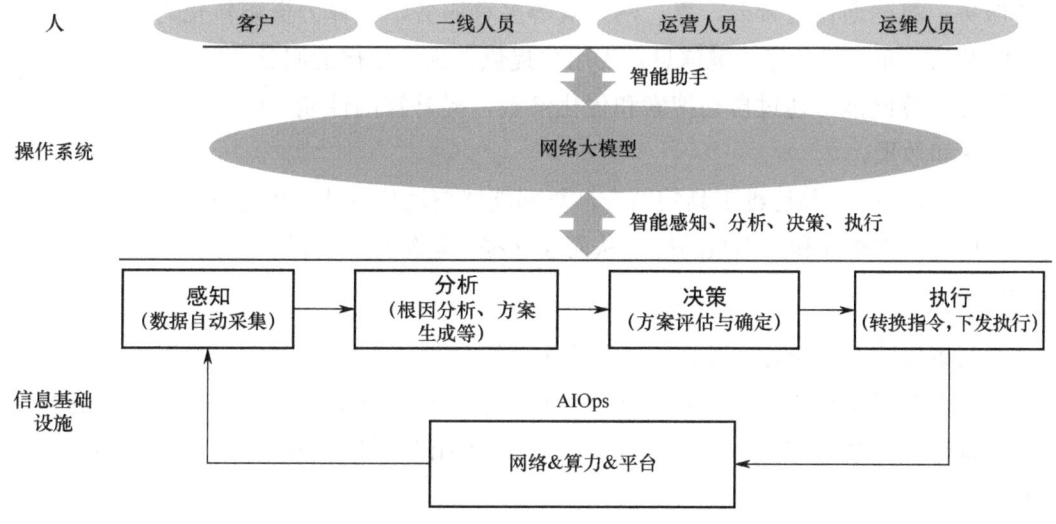

图2　基于网络大模型的算网智能管控总体思路

3.2 体系框架

为了实现算网敏捷、高效、协同和智能的智能化目标,算网需要具备自开通、自服务、自优化和自维护的能力。为此,需要将大模型融入算网的体系框架中,如图 3 所示。

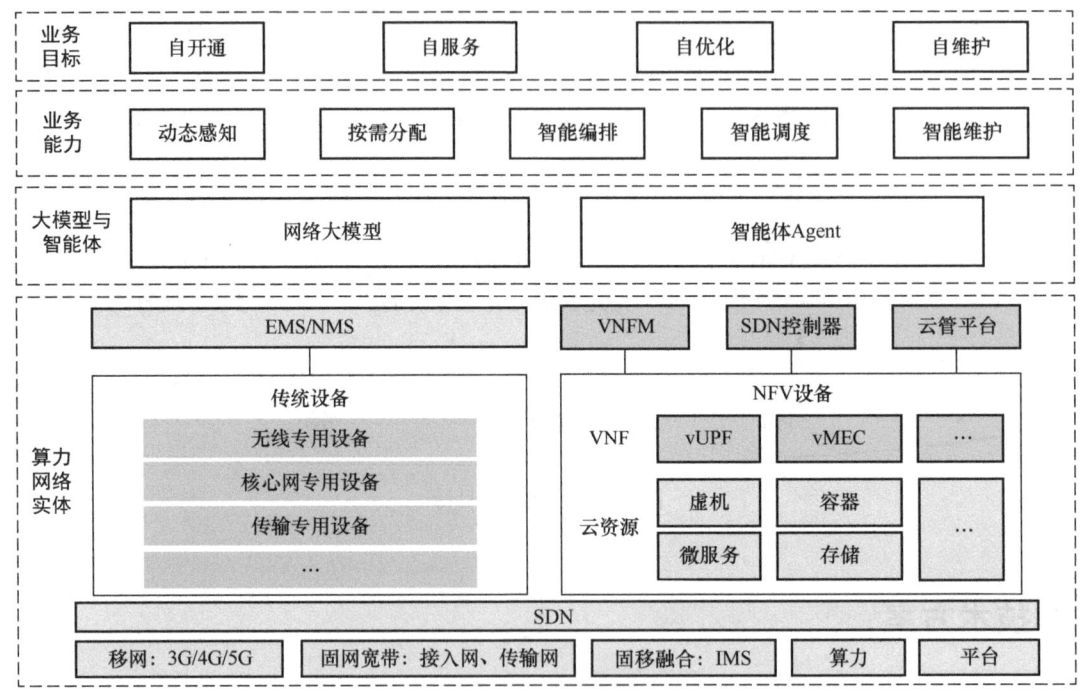

图 3 大模型在算网应用的体系框架

1)业务目标

算网的核心目标是实现"四自",即自开通、自服务、自优化和自维护,具体定义如下。

(1)自开通:当接收到用户的算力开通需求时,算网将在云、边、端之间灵活调度和按需分配计算资源、存储资源及网络资源,从而自动为用户开通所需的业务。

(2)自服务:算网通过整合云、算、网、安等多种服务,将算力资源转化为服务型资源,并实时反馈算力资源的分布、质量等关键信息,为用户提供自主、便捷的服务体验。

(3)自优化:算网能够通过自动搜索和优化参数,提升算网性能,确保在特定环境下能够获得最佳的运行效率和效果。

(4)自维护:通过 AI 与运维工具的结合,算网能够自动化解决运维过程中的复杂事务,包括监控环境变化、自动响应事件和处理故障等,从而显著提升运维效率并减少重大问题的发生。

2)业务能力

算网需要具备以下业务能力,以支持其智能化目标。

(1)算网态势的动态感知:在大规模算网环境下,实时感知算网的算力、存储、运力、能力、拓扑等信息,能够实时监控和分析资源与任务,及时识别潜在性能瓶颈或故障。这为算网智能化运维提供了基础。

(2)算网资源的按需分配:算网可以根据动态的业务需求,灵活地在云、网、边之间分配和调度计算、存储、网络等资源。通过对用户需求的实时监测与分析，实现精准的资源分配，提高资源利用率和用户体验，同时降低运营成本。

（3）算网能力的智能编排：通过将算网的原子能力与智能调度算法对接，算网能够实现能力的最优编排，生成最佳调度方案，适配不同的业务场景。同时，借助智能调度，完成从感知、分析、决策到执行的全过程，推动算网整体智能管控和运营目标的实现。

（4）算网资源的智能调度：算网通过合理分配和调度资源与任务，确保资源高效运转与优化利用。调度系统将根据算网中资源的状态、使用情况，以及任务类型、优先级、需求等因素，自动安排任务执行顺序和时间，从而最大化任务的效率和质量。

（5）算网设施的智能维护：借助数据和算法驱动的运维方式，算网的运维不再完全依赖人工操作。通过 AI 技术分析已有的运维数据（如日志、监控信息、应用信息等），能够提前预测和预防潜在问题，动态地进行个性化分析，从而实现算网设施的高效支撑、合理的成本控制和高质量的维护。

3）大模型与智能体

大模型与智能体是算网智能化的核心构成，具体如下所述。

（1）大模型：负责基于算网产生的数据，利用其强大的认知和决策能力来支撑算网的各项业务能力。大模型通过深度学习与大数据分析等技术，不断优化算网的运作和决策流程。

（2）智能体：根据业务逻辑与实际需求，智能体集成大模型的能力，承担具体任务，如感知、分析、决策、编排、调度、执行等功能，推动算网各项操作的自动化与智能化。

4）算力网络实体

算力网络实体是算网融合的物理基础，提供计算、网络、存储等资源的承载和支持。其主要作用如下所述。

（1）实现网络、计算和数据资源的池化，并对这些资源进行一体化的管理和调度。

（2）提供强大的网络传输能力、异构计算能力和数据分析能力，构成算网的基础设施，支持算网的高效运营和资源的灵活调度。

（3）为算网的智能化管理和运营提供底层支撑，确保算网能够在不同的业务场景下提供充足、稳定的计算和存储能力。

4 网络大模型能力需求及构成

4.1 网络大模型应具备的能力

网络大模型要支撑算网智能化目标，应具备一系列能力：从管理对象的角度来看，网络大模型需能够解决网络、算力和平台的运营与维护问题；从数据类型的角度来看，网络大模型需能够适配结构化数据和非结构化数据；从算法能力的角度来看，网络大模型应具备分类/聚类、预测、决策以及多模态生成等能力。网络大模型应具备的能力如图 4 所示。

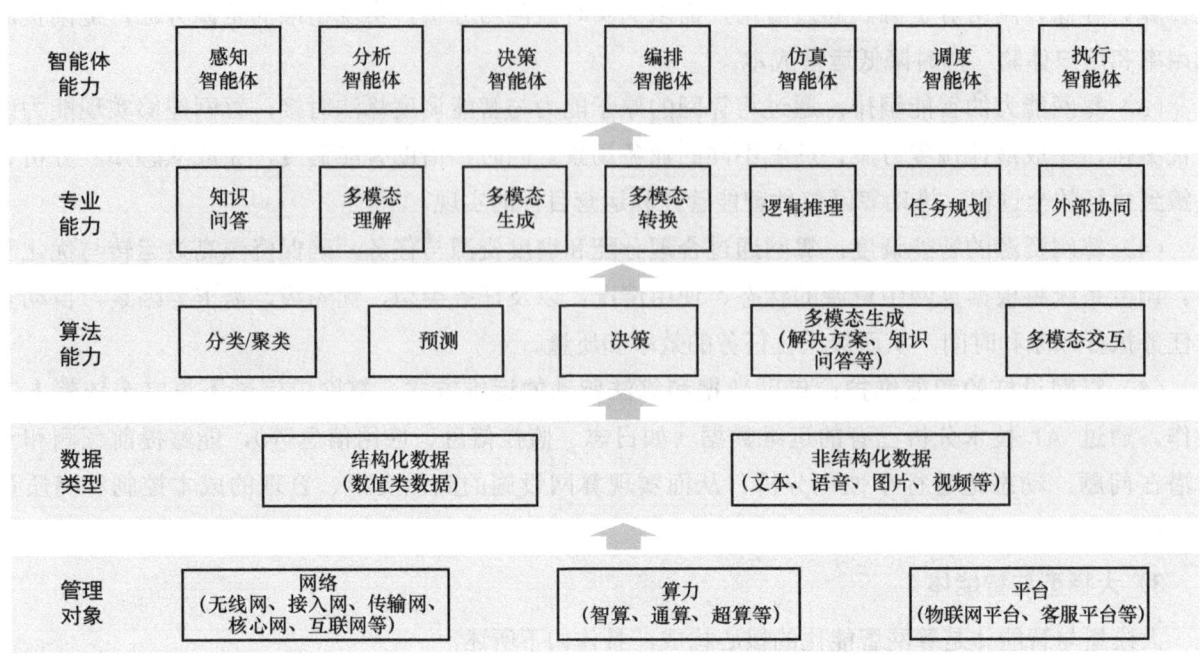

图 4 网络大模型应具备的能力

为了实现算网的业务目标，需要结合大模型来支撑上述业务能力。大模型是结合算网专业知识和数据训练出的专业大模型，应具备如下能力。

（1）管理对象：大模型管理的专业类型中，网络包括无线网、接入网、传输网、核心网、互联网等，算力包括以 GPU 为代表的智算算力、以 CPU 为代表的通算和超算算力等，平台包括物联网平台、客服平台等。

（2）数据类型：目前，以 Transformer 为代表的生成式 AI 大模型，利用 Embedding 技术，对以文本、语音、图片、视频等为代表的非结构化数据支持较好，但对以数值类数据为代表的结构化数据支持较弱。由于电信运营商的数据主要以结构化数据为主，因此网络大模型需要同时支持结构化数据与非结构化数据。

（3）算法能力：通过对算网需求的归纳总结，大模型的 AI 能力应具备分类/聚类、预测、决策、多模态生成能力（提供解决方案生成能力和知识问答能力等），以及多模态交互能力。

（4）专业能力：专业能力是指大模型的通用能力，包括知识问答、多模态理解、多模态生成、多模态转换、逻辑推理、任务规划、外部协同等。

- 知识问答：指大模型利用模型参数或知识库中的信息回答用户提问的过程。
- 多模态理解：大模型能够处理并发现不同类型数据（如图像、视频、音频和文本等）之间的关系。
- 多模态生成：大模型能够从多种不同类型的数据中学习不同模式，并生成不同类型的输出，支持文本、图片、音频、视频等多种输入数据，并生成相应的输出。
- 多模态转换：又称为映射，指大模型将一种模态的信息转化或映射为另一种模态的信息，如文本转化为图片、视频，或图片转化为视频等。
- 逻辑推理：大模型从已知信息出发，得出合理的结论，能够类人思维并根据输入提供合理的解决方案或结论。
- 任务规划：大模型能够制定和安排任务，包括任务的定义、分解、安排、追踪和评估，确保任务的有效执行和达成预期目标。
- 外部协同：指大模型根据任务规划，利用智能体与外部功能模块或其他模型进行交互和配合，共同完成任务。

（5）智能体能力：智能体能力指利用大模型，通过智能体形成与算网相关的智能化闭环专业能力，包括感知、分析、决策、编排、仿真、调度、执行等。
- 感知：对算网态势进行动态感知，主要负责采集数据的处理，包括数据质量处理和数据关联融合等。数据关联融合通过统一 ID（如 MSISDN/IMSI/IMEI、编号）将市场前端数据、业务办理数据、用户行为数据与平台数据进行关联，从而实现前后端数据的融合。
- 决策：针对分析环节提供的多个解决方案进行评估，并选择最优的方案。
- 编排：决策的具体执行者，其通过对服务和资源的抽象、建模与组合，完成对解决方案的表达。即在接收到解决方案后，编排过程根据需求搜索匹配所需的服务组件，并结合模型策略，设计并构建业务流程，最终形成实例化、可执行的解决方案。
- 仿真：利用现网的仿真环境，对编排后的解决方案进行模拟执行。通过仿真，能够获得执行结果并对原方案进行验证与优化。
- 调度：根据编排的结果，合理调配相应的能力和资源，为实际执行做好准备。
- 执行：将调度结果转化为网络可执行的指令，并将这些指令下发给网管系统或云管系统进行实际操作。

4.2 网络大模型的构成

算网构成要素较多，其中网络涉及无线网、接入网、传输网、核心网、互联网等，算力涉及智算、通算、超算及跨域异构调度等。因此，单一的大模型无法处理算网全部事宜，故在实体上应该为多个模型实体。

结合大模型需求，借鉴 MoE（Mixture of Experts）思想，网络大模型可由 1 个底座大模型、N 个专业大模型和 1 个管控大模型构成。其中，底座大模型提供训练基础；专业大模型基于底座大模型在某个专业方向上进行微调形成，负责该专业领域的事务，包括无线网大模型、接入网大模型、传输网大模型、核心网大模型、互联网大模型、算力大模型等；管控大模型负责对输入的数据进行分类，分别送至相应的专业模型进行处理及输出。网络大模型的构成如图 5 所示。

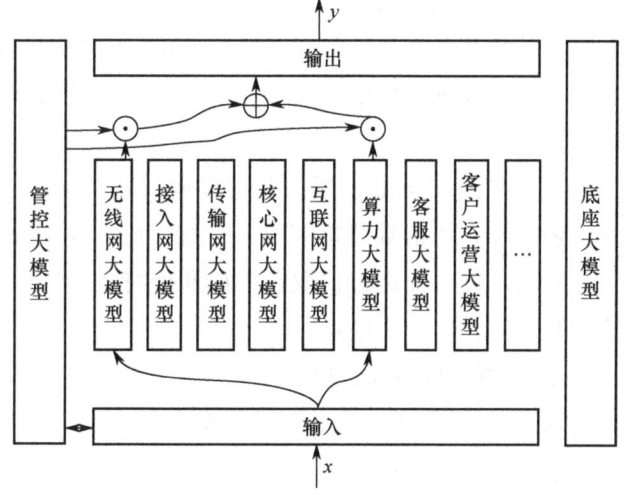

图 5 网络大模型的构成

4.3 网络大模型的训练

网络大模型基于 Transformer 算法进行训练。Transformer 是一种基于 Encoder 和 Decoder 结构的大模型训练算法。为处理多种数据类型的嵌入，网络大模型的输入嵌入层可采用不同的嵌入模块，包括文本输入嵌入、图片输入嵌入、视频输入嵌入、数值输入嵌入等。为提升并行处理的效率，可采用多 Encoder 和 Decoder 并行模式。网络大模型的结构如图 6 所示。

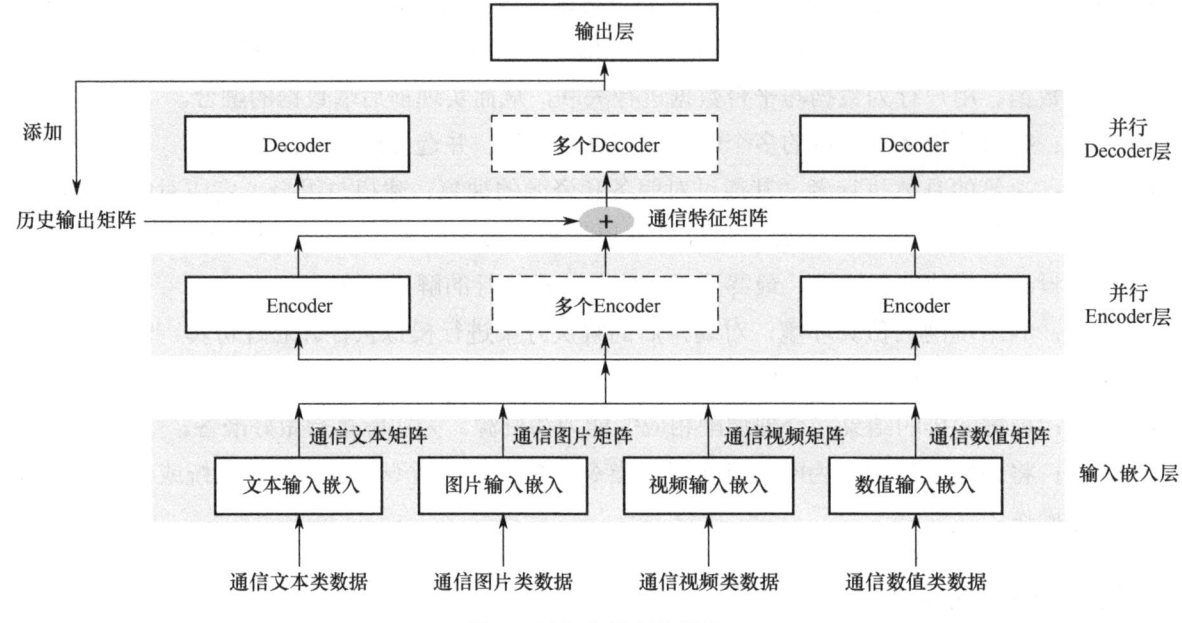

图 6　网络大模型的结构

网络大模型的结构包括输入嵌入层、并行 Encoder 层和并行 Decoder 层，具体说明如下。

（1）输入嵌入层：负责对输入的各类型的数据进行向量化处理，并形成相应的数据矩阵。具体来说，对通信文本类数据，采用 word2vec 算法进行处理；对通信图片类数据，采用三维数组量化处理；对通信视频类数据，采用基于块的向量量化算法进行向量化；将通信数值类数据映射到 n 维向量空间。

（2）并行 Encoder 层：负责对输入嵌入层形成的数据矩阵（通信文本矩阵、通信图片矩阵、通信视频矩阵、通信数值矩阵等）进行编码，主要采用多头注意力机制和门控循环单元（GRU）层，对数据矩阵的特征进行提取，形成通信特征矩阵。采用多个 Encoder 并行处理数据矩阵，并将处理结果汇总为通信特征矩阵。

（3）并行 Decoder 层：负责对历史输出矩阵及并行 Encoder 层输出的通信特征矩阵进行解码，形成输出结果。主要采用多头注意力机制和门控循环单元（GRU）层，对特征进行解码，形成输出。采用多个 Decoder 并行处理数据矩阵，并将处理结果汇总为输出结果。

网络大模型在训练前需要对数据进行预处理，并按对话格式生成 json 文件等。归类的数据类型包括：

（1）文本类数据，包括规范/标准/管理办法数据、资源数据（含拓扑）、产品/订单/工单数据、客服数据（含投诉、问答）等。

（2）数值类数据，包括配置数据、性能数据、告警（故障）数据、信令数据、标签数据等。

（3）图片类数据，包括网络拓扑数据、机房空间数据、设备外观数据等。

（4）视频类数据，包括客户业务办理视频数据、机房监控视频数据等。

处理结构化数据时，首先对数据进行清洗与预处理，修正错误值、填补缺失项，并将数据格式归一化，以保障数据质量。随后，根据任务的特性，将结构化数据转化为适配大模型输入要求的形式，如将表格数据转化为序列文本，并利用嵌入技术将离散的类别特征映射为低维向量。

处理非结构化数据时，对于文本数据，使用文本清洗工具剔除噪声和冗余信息；对于视频数据，利用 FFmpeg 等工具裁剪视频，截取关键片段，剔除无效的片头和片尾，并统一视频数据的分辨率和帧率；对于音频数据，借助 Audacity 等软件去除背景杂音并调整音量，同时解决音频格式不兼容的问题，将其转换为常见的 MP3 或 WAV 格式。最终，将文本、视频和音频数据转化为张量形式。

4.4 网络大模型部署模式及算力资源需求

网络大模型包括训练和推理两部分。由于电信运营商的数据较为集中，而生产系统较为分散，因此可以采用集中训练、分布式推理的模式，即将网络大模型的训练部分集中部署，而推理部分则进行分布式部署。同时，为了实现对算网的有效管控，网络大模型的推理部分应与算网的管控系统进行对接，具体而言，需与运营支撑系统（OSS）和云管平台进行对接。网络大模型的部署方案如图 7 所示。

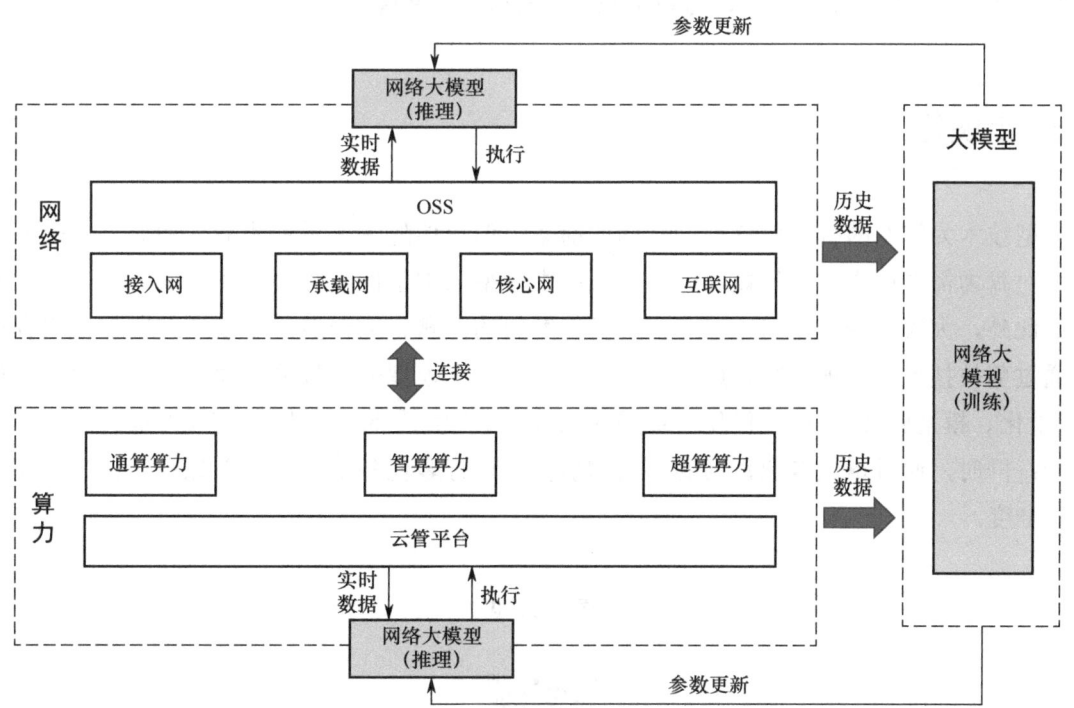

图 7 网络大模型的部署方案

具体运行时，借鉴 Deepmind Impala 算法框架，网络大模型（训练）集中训练模型，并将模型参数分发给网络大模型（推理）；网络大模型（推理）与区域/本地 DC 的管理系统对接，由其在环境中进行推理决策及执行动作，并将执行结果和动作数据发送给网络大模型（训练）。

模型对算力资源的需求主要是 GPU 资源，按经验估算，通常模型训练所需 GPU 容量大小约为模型参数量的 20 倍，模型推理所需 GPU 容量大小约为模型参数量的 2.5 倍。

5　测试验证

构建无线测试环境，选择无线故障隐患识别应用场景。网络大模型的测试环境如图 8 所示。

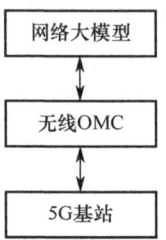

图 8　网络大模型的测试环境

通过采集无线 OMC 的配置、性能和告警数据，并将其输入网络大模型，可以实现无线故障隐患的识别。经过验证，网络大模型在以下方面的检测准确率表现优异：风险光模块检测准确率达到 92%、环境温度检测准确率超过 95%、输入电压检测准确率超过 99%。与传统的网管方案相比，网络大模型能够实现隐患的主动识别，防患于未然，有效降低故障发生率。

6　下一步展望

大模型技术为算网的智能化带来了光明的前景，但也伴随着一系列挑战。例如，大模型参数规模庞大，对算力需求过高，导致投入产出比低；大模型的推理性能在大并发、低时延场景下的支持度不高；此外，大模型的幻觉问题也是一个亟待解决的难题。下一步，可以通过以下方式应对这些挑战：通过剪枝技术、知识蒸馏、量化计算等方法减少大模型的参数量；通过优化模型架构与算法（如模型量化、模型剪枝）、硬件优化与扩展（如分布式训练与推理）以及高并发部署策略等，提升并发能力；同时，通过增加专业数据的规模和质量、进行多任务学习、引入先验知识等手段，提高模型的精准度。

参考文献

知识库检索增强的大模型故障运维研究

蔡锦，李剑彬，戴昕成

[移动通信国家工程研究中心（广州市弘宇科技有限公司），广州 510000]

摘要： 近年来，大语言模型（Large Language Model，LLM）的快速发展为智能运维带来了新的契机。传统的故障运维依赖于人工经验和固定规则，而 LLM 以其强大的自然语言理解和生成能力，为智能化故障诊断、预测和处理提供了新的技术支撑。然而，单纯依赖语言模型生成内容存在准确性和知识覆盖率不足的问题，尤其在需要领域专属知识的故障运维场景中更为突出。为此，检索增强生成（Retrieval-Augmented Generation，RAG）模型应运而生。RAG 通过在模型生成内容的过程中引入外部知识库，实现了生成内容的动态增强与优化，使大模型能够实时查找和引用与当前运维问题高度相关的知识条目，从而提升了模型在复杂场景中的诊断和决策能力。本文介绍了 LLM 与 RAG 在智能故障运维领域中的应用原理与方法，重点分析了它们在故障诊断和解决方案生成中的优势与技术挑战，并结合相关案例，分析了其在不同运维场景中的应用现状与效果，提出了未来可能的优化方向。

关键词： 大语言模型；检索增强；智能运维

1 引言

在信息技术飞速发展的今天，运维工作正经历着深刻的变革。从最初的人工运维，到后来的自动化运维，再到如今的智能运维（Artificial Intelligence for IT Operations，AIOps），每一次变革都极大地提升了运维效率和准确性。人工运维依赖于运维人员的经验和手工操作，效率低下且容易出错。随着自动化技术的引入，许多重复性任务得以自动化处理，减少了人为错误，提高了工作效率。然而，随着系统复杂性的增加，传统的自动化运维已无法满足现代运维需求，AIOps 应运而生。

AIOps 通过机器学习和大数据分析技术，对大量历史运维数据进行深度挖掘，进而自动完成故障的诊断、预测和响应。在这一背景下，大语言模型的引入为 AIOps 增添了新的活力。大语言模型不仅具备强大的自然语言处理能力，还能够理解复杂的指令和上下文，为运维人员提供基于自然语言的智能交互和故障分析建议。然而，大语言模型在运维场景中的应用也存在一定的局限。其生成的内容在准确性和全面性方面仍有不足，尤其是在专用领域或知识密集型任务中[1]，处理超出其训练数据或需要信息检索时会产生"幻觉"[2]。在复杂的故障处理流程中，大语言模型可能无法准确识别和应用专业知识。此外，大语言模型在处理新问题时缺乏对动态知识的访问，难以实时调用最新的运维信息和专业知识。

为了克服上述挑战，RAG 通过语义相似性计算从外部知识库检索相关文档块来增强大语言模型。通过引用外部知识，RAG 有效地减少了生成事实错误内容的问题。它与大语言模型的集成已得到广泛应用，使 RAG 成为增强大语言模型在实际应用中适用性的关键技术之一。在运维领域，RAG 技术通过从知识库中检索相关信息并生成解决方案，能显著提升故障诊断和运维的效率。目前，RAG 技术在运维中的应用仍处于探索阶段，但其潜力已初步显现。

在故障运维场景中，知识库检索增强模型的重要性不言而喻。它不仅能够自动化处理大量运维数据，还能智能化地提供故障诊断和解决方案，从而大幅提升运维效率和准确性。RAG 技术在自动化和智能化运维中的作用，正逐步成为运维领域的研究热点。

本文将围绕知识库检索增强大模型在故障运维中的应用现状展开综述，分析其在不同运维场景中的实际效果、优势与挑战。通过对当前研究的梳理和对典型案例的分析，提出具有新颖性的 RAG 模型，为后续研究提供参考，探讨知识库检索增强模型在智能化运维中的应用潜力。

2 相关工作

本部分将分别介绍智能运维、大语言模型以及检索增强生成方法的发展现状。

2.1 智能运维

智能运维（AIOps）是近年来运维领域的重要创新[3]，其核心在于通过机器学习、数据分析和自动化技术，提升运维的自动化和智能化水平。AIOps 的典型应用包括故障监测、异常检测、根因分析以及预测性维护等。早期的 AIOps 主要依赖于规则引擎和简单的统计分析，而近年来，随着深度学习和大数据技术的发展，AIOps 逐渐能够利用复杂的机器学习模型实现对历史数据的深度挖掘。当前，许多研究致力于开发针对特定运维场景的 AIOps 算法，通过结合日志分析、指标监控和用户行为等多维度数据实现故障预测和实时响应。此外，已有研究表明，通过集成专家知识和动态学习方法，AIOps 可以在面对新的异常事件时具备更高的应对能力，从而为运维的准确性和实时性提供更有力的保障。

AIOps 的优势在于能够从海量运维数据中迅速识别异常和趋势，并通过智能分析提供实时的故障诊断和预测。这种方法不仅缩短了故障恢复时间，还减少了人工干预的频次，极大地提高了运维的效率和准确性[4]。其具备以下几个显著的优势[5]。

（1）快速性：可以独立且自动地对实时问题做出反应，无须长时间地手动调试和分析。

（2）高性能：可以整体利用监控设施，消除数据孤岛并提高问题可见性。通过预测工作负载需求和建模请求模式，AIOps 可以提高资源利用率、识别性能瓶颈并减少浪费。同时，AIOps 通过减轻 IT 操作员的调查和修复负担，使其能够将更多精力集中在其他任务上。

（3）有效性：因为它可以主动分配计算资源，并为根因诊断、故障预防、故障定位、恢复以及其他运维活动提供大量可操作的见解。

然而，AIOps 在处理复杂性、数据质量和上下文理解方面存在一定局限性[6]。AIOps 系统依赖大量高质量的历史数据，在面对突发或未知故障时，其诊断的准确性和适应性往往不足。此外，

AIOps 在处理具有高度语义化和上下文依赖的任务时表现出不足，难以全面理解跨领域的复杂问题。这些局限性表明，AIOps 在应对多样化的实际故障场景时，仍需要引入更多的知识和智能分析手段。

2.2 大语言模型

大语言模型以其强大的自然语言处理能力，在智能运维中展现出显著优势，尤其是在自动化生成文档、故障报告和运维建议方面。通过对自然语言数据的理解，大语言模型能够生成高度结构化的内容，在理解和生成自然语言以及执行复杂的文本处理任务方面表现出了前所未有的卓越能力。因此，大语言模型已经在各行业中得到了广泛应用，并逐步渗透到智能运维这一前沿领域[7]。Brown 等人提出的 GPT-3 等模型展示了其在少样本条件下生成准确且上下文相关内容的能力，使这些模型在基于文本的运维场景中具有广阔的应用前景[8]。

然而，大语言模型也存在一些局限性。首先，大语言模型通常是基于大规模通用数据进行训练的，因此在生成特定领域知识时，尤其是在专业性强的运维任务中，其表现可能不够精准，生成的内容可能缺乏实用性和准确性[9]。其次，由于大语言模型无法访问动态更新的外部信息，它们在实时性要求较高的运维场景中应用存在困难。因此，尽管大语言模型具有较好的通用性，但在专业运维领域的表现仍有待进一步提升[10]。

2.3 检索增强生成方法

检索增强生成（RAG）模型是一种结合生成式大模型和知识库检索的创新技术，如图 1 所示。RAG 的优势在于其能够实时从外部知识库中检索并整合最新、最相关的知识，从而提高生成内容的专业性和准确性。这种增强方式在解决高度依赖背景知识的任务（如问答系统和技术支持）中表现出色。Lewis 等人的研究表明，RAG 可以显著提升模型在知识密集型任务中的表现[11]。

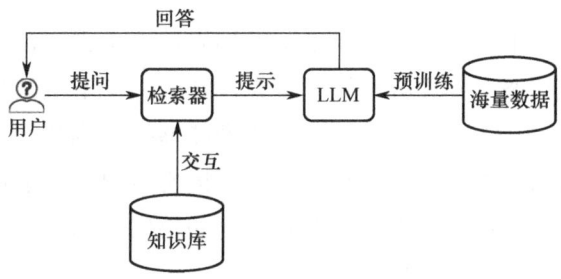

图 1 检索增强生成模型

现有的基于向量数据库的检索增强大模型方法通过将知识文本分割成片段，并为每个片段生成向量表示，从而实现高效的语义检索和生成增强，特别适用于运维和问答任务。这种方法的优势在于能够将大量文本转换为可搜索的向量格式，方便模型在生成答案时动态访问相关的知识片段。通过高效的相似度检索和知识片段的动态加载，大大提升了模型在知识密集型任务中的表现，尤其是在需要及时调用外部知识来提供更精确回答的场景中展现了出色的效果，如图 2 所示。

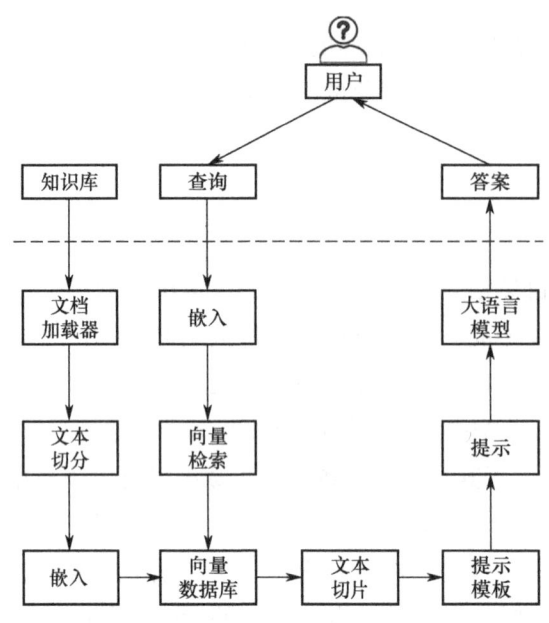

图 2 基于向量数据库的检索增强生成

然而，这一方法也面临着诸多局限性，特别是在知识文本处理和分割策略方面。首先，知识文本通常被简单地分割为固定长度的片段，这种"粗暴分割"容易导致语义信息的丧失或不连贯。由于大多数知识文本具有上下文依赖性，片段化的语义断层可能使模型无法全面理解故障诊断的细节，进而影响其判断的准确性。例如，蔡运生等人指出，现有的文本切分方法可能导致语义割裂和处理效率低下的问题。在缺乏上下文关联的情况下，知识片段的语义信息传递往往不完整，进而限制了大模型的推理能力[12]。

其次，分割后的片段彼此独立，缺乏前后文之间的关联，导致无法充分利用文本的整体结构信息。这一局限使模型在需要整合多个片段信息时表现不佳，特别是在需要综合判断的复杂场景中，模型的效果欠佳[13]。

为了解决现有方法在语义不连贯和检索效率上的局限性，本文提出了两种创新算法：基于父子节点结构的层级关联算法和动态文本切分算法。首先，基于父子节点结构的层级关联算法通过在片段之间建立层级关系，确保了上下文的连贯性，使模型能够捕捉到片段间的关联信息，进而实现更精准的故障判断。其次，动态文本切分算法根据内容的语义重要性自适应地调整分割边界，确保片段不仅包含关键信息，还能提升检索效率。这两种算法的协同作用，使知识库的检索更加高效和精准，提高了故障诊断在智能运维中的实用性。

3 知识库检索增强生成大模型的故障运维方法

知识库检索增强过程如下：首先，加载本地故障知识库文档，并对其进行动态文本切分，将切分后的文本转换为向量表示。接着，将这些向量存储在向量数据库中，以便实现快速检索。当用户输入查询时，系统将查询转化为向量，并在数据库中检索出相似的文档片段。随后，通过结合上下文链接的提示模板生成提示语句，并将其输入到大语言模型中进行分析。模型对片段进行处理后，生成详细的答案。最终，提示信息与生成的答案一同展示给用户，从而提供增强的故障诊断服务。

针对知识库增强诊断，本文提出了两种算法：基于父子节点结构的层级关联算法和动态文本切分算法。这两种算法的关系如图 3 所示。

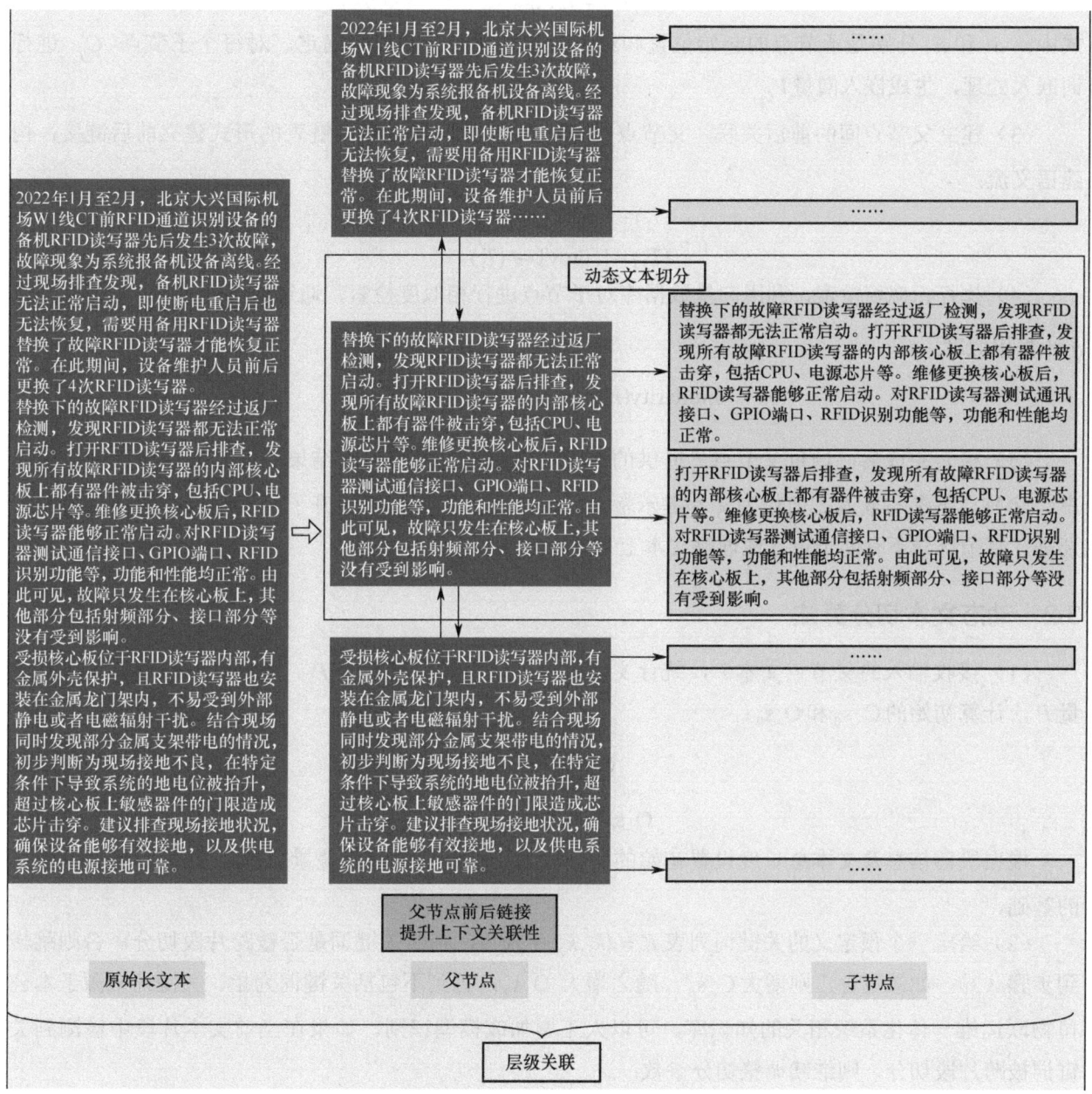

图 3 层级关联算法与动态文本切分算法的关系

3.1 基于父子节点结构的层级关联算法

（1）首先输入长文本并划分父节点，输入长文本 T 并根据预定义的片段长度（600～800 字）划分为父节点序列 $T_1, T_2, \cdots, T_n$：

$$T_i = T[S_i : E_i] \tag{1}$$

式中，S_i 为第 i 个父节点的起始位置；E_i 为第 i 个父节点的结束位置。

（2）划分子节点，进行词嵌入处理，将每个父节点 T_i 进一步划分为子节点 $\{C_{i1}, C_{i2}, \cdots, C_{im}\}$，使用 C_s 和 O_s 两个参数进行切分：

$$C_{ij} = T_{i[S_j:E_j]} \tag{2}$$

式中，S_j 和 E_j 分别是子节点的起始位置和结束位置，由 C_s 和 O_s 确定。对每个子节点 C_{ij} 进行词嵌入处理，生成嵌入向量 $V_{C_{ij}}$。

（3）建立父节点间的前后关联，父节点 $\{T_1, T_2, \cdots, T_n\}$ 之间通过双向链表的形式建立前后链接，构建语义流：

$$(T_1) - [:\text{next}] \rightarrow (T_2) \tag{3}$$

$$(T_2) - [:\text{prev}] \rightarrow (T_1) \tag{4}$$

（4）执行相似度检索，利用向量数据库对子节点进行相似度检索，通过嵌入向量 $V_{C_{ij}}$ 与查询向量 q 计算相似度：

$$\text{Similarity}(V_{C_{ij}}, q) = \frac{V_{C_{ij}} \cdot q}{\|V_{C_{ij}}\| \ \|q\|} \tag{5}$$

（5）检索完成后，通过父节点 T_i 提供的上下文提示词，增强检索结果的语义解释性，输出给用户。父节点不参与嵌入，但作为文本提示输入。父节点的提示作用提升了检索结果的解释能力，特别是在复杂场景下有助于更好地理解文本上下文。

3.2 动态文本切分算法

（1）接收输入的父节点文本 T，统计文本长度 $L=|T|$ 和段落数量 P。根据文本长度 L 和段落数量 P，计算初始的 C_s_0 和 O_s_0：

$$C\_s_0 = \frac{L}{P} \tag{6}$$

$$O\_s_0 = 0.3 \times C\_s_0 \tag{7}$$

根据段落信息及文本总长度设置初始的切分块大小 C_s 和片段重叠量 O_s，作为后续切分操作的基础。

（2）给定一个预定义的关键词列表 $K = \{k_1, k_2, \cdots, k_n\}$，判断关键词是否被跨片段切分，否则跳转到步骤（3），如果包含，则增大 C_s_0，随之增大 O_s_0，直到不包括关键词为止，关键词来源于本公司物联运维一体化系统相关的知识库，可以人工增加或模型识别。如果在当前文本片段中检测到关键词被跨片段切分，则继续调整切分参数：

$$|k_{\max}| = \max(\text{len}(k_1), \text{len}(k_2), \cdots) \tag{8}$$

$$C_{s_{\text{new}}} = C_{s_{\text{old}}} + |k_{\max}| \tag{9}$$

$$O_{s_{\text{new}}} = \min(O_{s_{\text{old}}} + |k_{\max}|, 0.7 \times C_{s_{\text{new}}}) \tag{10}$$

（3）在完成关键词检测后，确定最终的 C_s 和 O_s，并确保满足 $O\_s < 0.7 \times C\_s$，确保切分片段不会过长或过短，重叠部分不超过片段长度，得到合理的文本切分粒度。

（4）设置第一个片段的起始位置，从文本的最开头开始切分：

$$S_0 = 0 \tag{11}$$

（5）判断起始位置是否小于文本长度 L：

$$S_i < L \tag{12}$$

如果是，则继续切分，进入步骤（6），否则跳转至步骤（9），停止切分。

（6）计算片段的结束位置，计算当前片段的结束位置 E_i，确保其不超过文本长度：

$$E_i = \min(S_i + C_s, L) \tag{13}$$

（7）提取并保存当前片段 P_i 到列表中：

$$P_i = T[S_i : E_i] \tag{14}$$

（8）更新起始位置 S_{i+1}，考虑重叠部分 O_s：

$$S_{i+1} = S_i + C_s - O_s \tag{15}$$

（9）停止切分，输出保存片段，当起始位置 S_i 超出文本长度 L 时，停止切分，输出保存的所有片段，生成最终的片段列表，用于后续向量检索。

针对关键词或语义密集区域进行优化，保证文本片段既能保持合理长度，又能增强上下文语义的连贯性。

4 应用效果

本节将分别介绍智能故障运维领域中不同技术的应用现状，并对其实际应用效果进行分析。

4.1 应用现状

随着运维环境日益复杂以及数据规模的指数级增长，传统的人工运维已越来越难以满足用户和决策者的需求。为应对这些挑战，故障运维领域引入了 AIOps 技术[14]。

在运维领域，AIOps 技术已得到广泛应用。通过机器学习等技术，AIOps 能够对大量历史运维数据进行深度挖掘，从而实现自动化和智能化运维。AIOps 的典型应用包括故障监测、异常检测、根因分析以及预测性维护等[15]。

一个典型的例子是中国工商银行对 AIOps 的探索与实践。中国工商银行通过整合云计算和人工智能等技术，构建了一个全面的 AIOps 智能运维平台。该平台包括运维数据仓库、平台技术支撑、运维数据分析中心和 AIOps 门户等模块，旨在提升运维效率和智能化水平。结果显示，AIOps 在异常检测、故障诊断等领域，相较于传统的运维模式，具有更好的运维效果，能够有效提高运维效率[16]。

在大语言模型时代，大语言模型已在各行业中得到了广泛应用，并迅速渗透到智能运维领域。雷亚国等人提出了一种面向机械设备通用健康管理的智能运维大模型，该模型具有高通用性、易扩展性和可持续进化等特点，有望为机械设备提供通用化的"一站式"健康管理服务[17]。

尽管大语言模型与 RAG 技术在故障运维中展现了巨大的潜力，但如何将这两者结合，以构建更专业、更智能的故障运维模型，仍然是一个亟待深入研究的新兴领域。

目前，基于 LLM+RAG 技术的知识库检索增强故障智能问答模型已在广州市弘宇科技有限公司的物联运维一体化系统中进行了部署，未进行检索增强的问答模型的效果以及进行检索增强的问答模型的效果分别如图 4 和图 5 所示，基准 LLM 采用了 Qwen2.5 开源模型，选择千问模型的原因在于其在各项评测中的高排名、较低的部署要求以及作为国产模型的优势。此外，千问模型的参数规模范围从 0.5 亿到 72 亿不等，提供了多种选择，以适应不同的应用需求。

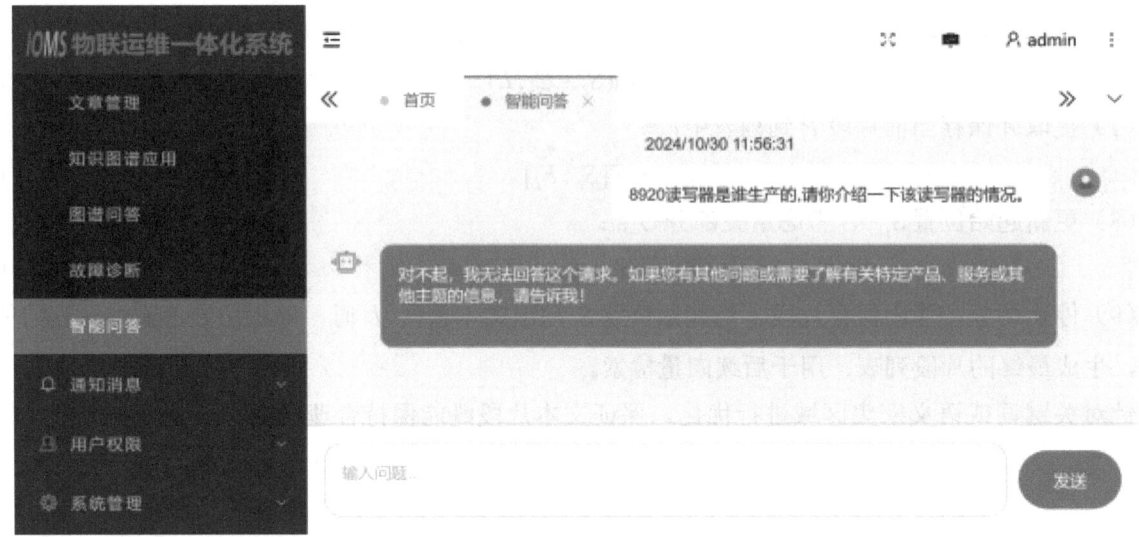

图 4　未进行检索增强的问答模型的效果

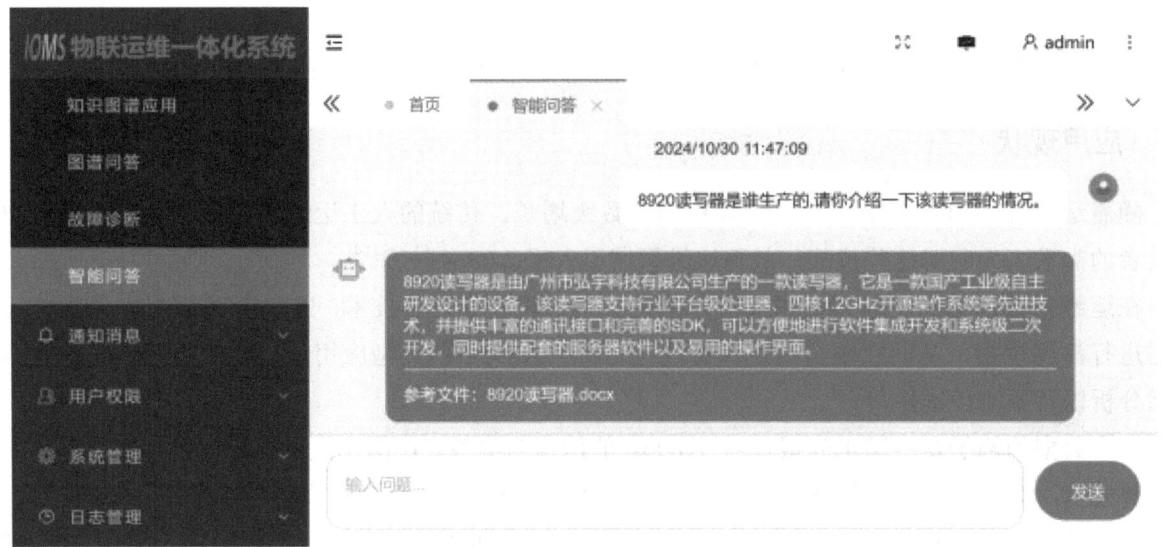

图 5　进行检索增强的问答模型的效果

4.2　结果分析

在广州市弘宇科技有限公司的物联运维一体化系统中，知识库检索增强的故障智能问答模型提升了故障诊断和运维的效率。通过引入外部知识库，RAG 模型能够提供更准确的故障诊断和解决方案，有效减少了生成内容的错误率。此外，尽管 RAG 模型在检索和生成过程中需要额外的计算资源，但通过优化父子节点的结构进行知识库管理和提升模型检索效率，系统能够在合理的时间内提供高质量的答案。

5　面临的挑战与展望

尽管 RAG 模型在生成专业内容方面表现出色，但其实现也面临一些挑战。首先，RAG 模型的性能在很大程度上依赖知识库的质量和更新频率。如果知识库数据不足或不及时，生成内容的准确性将受到影响。其次，知识库检索与生成模型的协同过程在运算资源上较为消耗，这可能导致响应时间延长，尤其在对实时性要求高的运维场景中，可能会成为性能瓶颈。因此，优化知识库管理和提升模型检索效率对其在运维中的应用至关重要。

未来的检索增强故障运维大模型可以通过结合知识图谱、动态上下文优化和多模态数据融合等技术手段，实现更高效、更智能的运维管理系统。基于知识图谱的上下文扩展能够增强模型的语义理解能力，而多模态融合则能够提升模型处理复杂信息的能力。

6　结论

本文综述了知识库检索增强大模型在智能故障运维中的应用原理及其面临的挑战。通过结合大语言模型的生成能力和知识库的检索功能，提出了两种算法，显著提升了文本的上下文关联性和检索效率。RAG 技术在提升故障诊断和运维效率方面展现了巨大的潜力。然而，现有方法在计算资源优化和处理多模态数据方面仍存在一定的局限性，未来的研究应致力于知识库的优化和多模态融合技术的应用，以进一步提升模型的准确性和实用性，从而推动运维的服务化和智能化发展。

参考文献

第二部分　天　　线

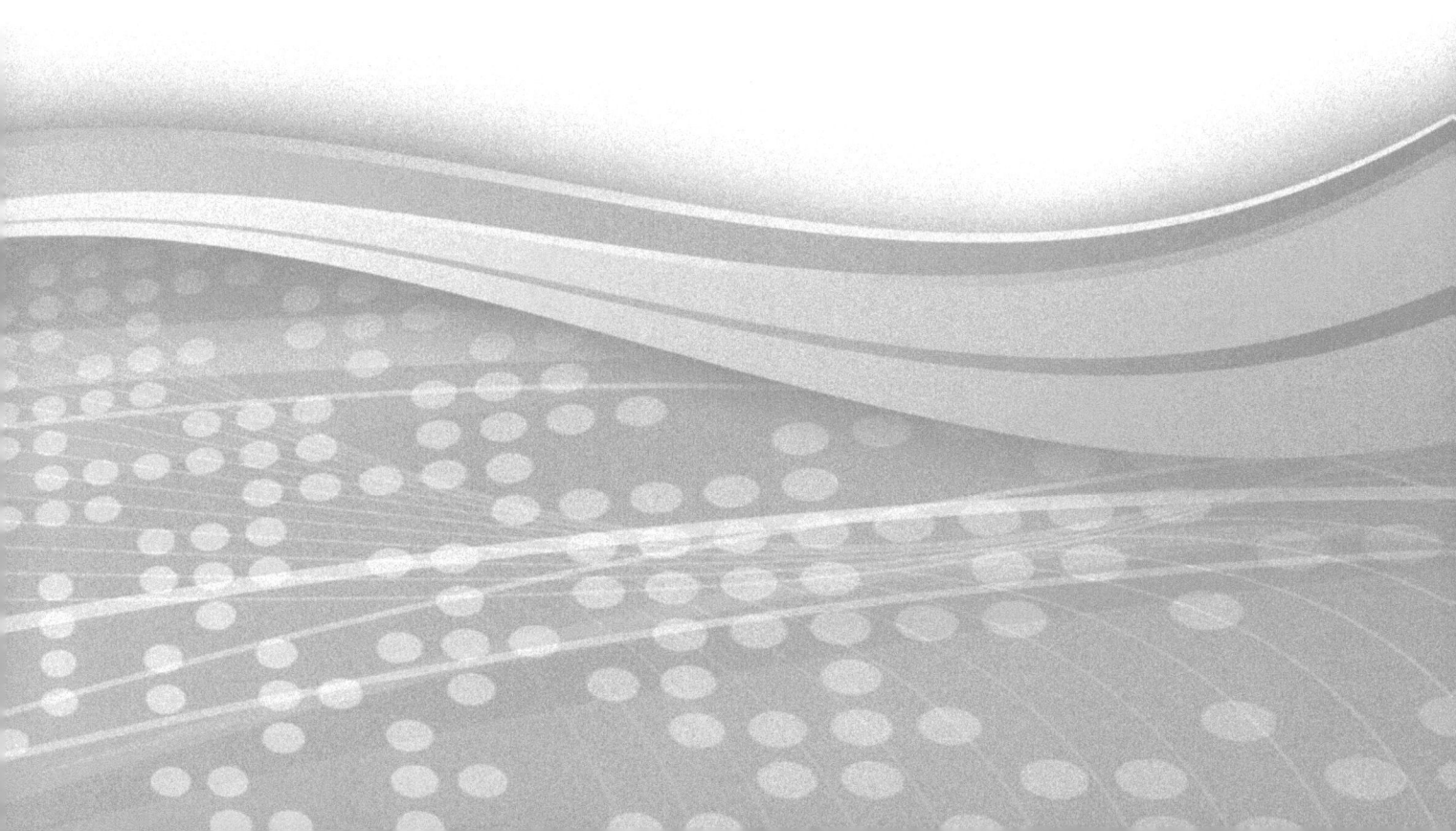

JJI 台站甚低频电波极化特性分析

王小虎，王娇，姜彦南

（桂林电子科技大学，桂林 541000）

摘要：为了分析甚低频（Very Low Frequency，VLF）电波信号在空间传播中的极化状态变化情况，采用 ADU（Analog Digital Unit）设备在山东青岛（36.46°N，120.32°E）记录来自日本宫崎（32.04°N，130.81°E）JJI 台站的 VLF 电波信号（包括东西和南北两个方向的数据）。通过统计幅值数据和相位数据，利用东西和南北两个方向间的幅值比值与相位差来计算极化度角，进而分析其极化特性变化情况。统计结果表明，幅度响应曲线在夜间变化较为平缓，而在白天则变化剧烈，尤其是在昼夜交替时段，幅值响应出现了两次不同程度的骤降，整体变化呈现出一定的规律性和一致性。通过对极化度角的进一步分析，结果显示，JJI 台站的 VLF 电波信号在夜间近似线性极化，在白天则呈现不同程度的椭圆极化，而在昼夜交替时段，由于电离层等效高度的变化，电波信号的极化状态发生突变，趋近于圆极化。

关键词：甚低频；ADU；JJI；昼夜交替；极化度角

1 引言

甚低频（Very Low Frequency，VLF）电波信号的频率范围为 3～30kHz，波长范围为 10～100km，具有传输损耗小、传播距离远等优点，使其在导航、遥测、勘测等领域得到广泛应用。

在地球-电离层波导传播过程中，VLF 电波信号会在昼夜交替期间出现规律性或周期性变化[1-8]。当晨线和昏线经过传播路径时，VLF 电波信号的幅度会因电离层等效高度的变化而出现极小值。这是因为电离层中存在的不连续性区域导致不同阶模发生干涉，进而产生幅度的极小值[9-18]。基于此，建立了电离层假设模型：在昼夜交替时段，白天侧仅存在一阶模，而夜晚侧则同时存在一阶模和二阶模。此外，晨线在传播路径上的移动会导致接收信号的幅度和相位发生变化。

电磁波的极化与电场的幅度和相位紧密相关。研究 VLF 电波信号的极化特性对提升航海导航、对潜通信等技术水平具有重要的参考价值。2014 年，韩明婉基于实际观测的极低频信号进行了极化分析，讨论了极化方向、极化轴比等内容，并对实际数据中的干扰信号极化特性进行了分析[19]。2016 年，刘世为研究了 VLF 电波信号的极化方式随海拔高度变化的情况，发现随着高度的增加，信号会由线极化转变为椭圆极化，且椭圆极化在整个传输过程中占比最高[20]。2021 年，王市委等人研究了 JJI 台站 VLF 电波信号在东西方向传播路径上的日出效应，发现日出阶段的 JJI 台站信号幅度包含 SR2 和 SR3 两种不同结构，SR2 主要出现在春夏季，SR3 主要出现在秋冬季[21]。2022 年，宋阳结合正交线极化参数组研究了新疆检测到的来自澳大利亚 NWC 台站信号的极化方式[22]。

在已有的研究报道中，大多仅基于 VLF 电波信号的幅度或相位进行分析。本文则结合振幅和相位信息，以极化度角为参数，选取实测的 JJI 台站电波信号为对象，分析 VLF 电波信号的极化特性及其变化规律。

2 基础理论

在平面直角坐标系中，沿着+z 方向传输的均匀电磁波可以分解为沿 x 轴和 y 轴方向相互垂直的分量。其表示如下：

$$\vec{E} = xE_x + yE_y \tag{1}$$

其中，E_x 和 E_y 具体可以表示为：

$$E_x = E_{xm}\cos(\omega t - kz + \varphi_x) \tag{2}$$

$$E_y = E_{ym}\cos(\omega t - kz + \varphi_y) \tag{3}$$

结合上述公式，斯托克斯参数可以表示为：

$$I = E_x^2 + E_y^2 \tag{4}$$

$$Q = E_y^2 - E_x^2 \tag{5}$$

$$U = 2E_xE_y\cos(\varphi_{yx} - \varphi_{xx}) \tag{6}$$

$$V = 2E_xE_y\sin(\varphi_{yx} - \varphi_{xx}) \tag{7}$$

根据斯托克斯参数与极化度角的关系 $V = I\sin 2\beta$，极化度角的计算公式为：

$$\beta = \frac{1}{2}\sin^{-1}\left(\frac{V}{I}\right) = \frac{1}{2}\sin^{-1}\frac{2|E_xE_y|\sin(\varphi_{yx} - \varphi_{xx})}{|E_x^2| + |E_y^2|} \tag{8}$$

式（8）可进一步表示为：

$$\beta = \frac{1}{2}\sin^{-1}\frac{2\left|\frac{E_x}{E_y}\right|\sin(\varphi_{yx} - \varphi_{xx})}{1 + \left|\frac{E_x}{E_y}\right|^2} \tag{9}$$

由于 $\left|\frac{E}{H}\right| = \eta$，令 $\Delta\varphi = \varphi_{yx} - \varphi_{xx}$，$\gamma = \frac{E_x}{E_y} = \frac{H_x\eta}{H_y\eta} = \frac{H_x}{H_y}$，则式（9）可转化为：

$$\beta = \frac{1}{2}\sin^{-1}\left(\frac{2\gamma\sin\Delta\varphi}{1 + \gamma^2}\right) \tag{10}$$

式中，β 是极化度角，其取值范围为[−45°,45°]。当 $\beta \in (-45°, 0°)$ 时，电磁波为左旋椭圆极化波；当 $\beta \in (0°, 45°)$ 时，电磁波为右旋椭圆极化波。特别地，当 $\beta = 0$ 时，电磁波为理想的线极化波；当 $\beta = -45°$ 时，电磁波为理想的左旋圆极化波；当 $\beta = 45°$ 时，电磁波为理想的右旋圆极化波。显然，β 越趋近于 0°，合成波越趋近于线极化；β 越趋近于±45°，合成波越趋近于圆极化。因此，通过极

化度角就可以判断电磁波的极化方式。在工程设计中，依据轴比 AR < 3dB 作为圆极化的标准，可以得出，当归一化极化度角 $\beta/\pi \leqslant -0.15$ 时，反射波或透射波可视为左旋圆极化波；而 $\beta/\pi \geqslant 0.15$ 时，反射波或透射波则视为右旋圆极化波，即当极化度角 $|\beta| \geqslant 27°$ 时，合成波可被认定为圆极化波。

3 实测数据的统计与分析

本文实测的 VLF 电波信号接收系统包括：主机记录仪为德国 Metronix 公司的 ADU（Analog Digital Unit），磁场传感器为该公司生产的 MFS-07e，后者配备有东西向和南北向的正交磁棒天线。接收系统安装在山东青岛（36.46°N，120.32°E），用于对日本宫崎 JJI 台站（32.04°N，130.81°E）VLF 电波信号进行为期近一个月的实测。传播路径如图 1 所示。接收系统结合校准数据计算信号的电压值，通过滤波及离散傅里叶变换（DFT）方法获得每秒的幅度和相位数据，并基于极化度角对实测 VLF 电波信号的极化特性进行统计与分析。

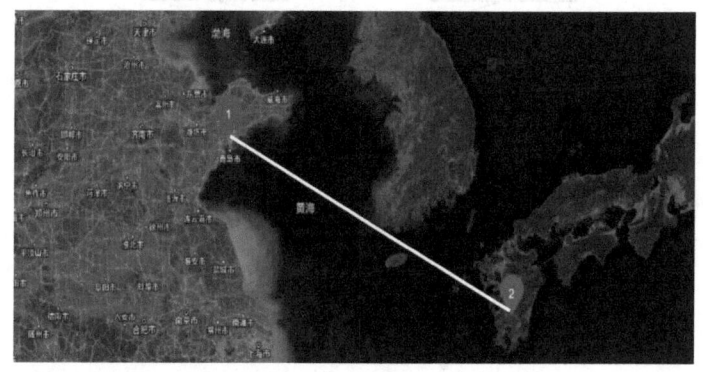

图 1　山东青岛至日本宫崎传播路径示意图

图 2 给出了一次实测的宽带频谱图，其中包含多个 VLF 台站的频谱信息：位于印度的 VTX 台站，工作频率为 18.2kHz；位于澳大利亚的 NWC 台站，频率为 19.8kHz；位于日本的 JJI 台站，频率为 22.2kHz；此外，还可以看到信噪比相对较差的未知 VLF 台站的频谱。

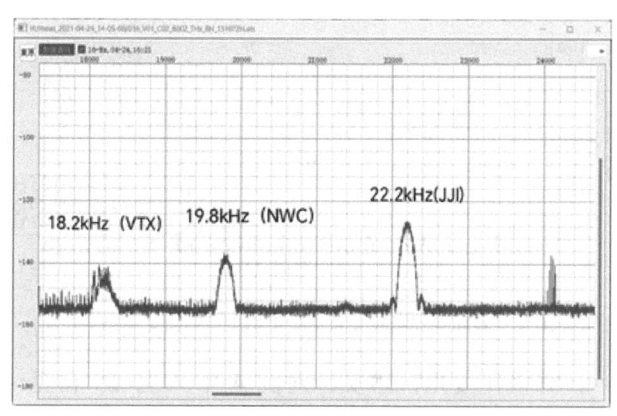

图 2　实测的 VLF 电波信号宽带频谱图

分析JJI台站VLF电波信号极化特性的流程图如图3所示。首先,从ADU记录的0～66kHz范围内的东西向和南北向数据中提取出22.2kHz频率的JJI台站电波信号数据,该数据包括24小时内的JJI电波信号幅值和相位信息。接着,通过计算东西向和南北向两个方向的幅值比以及相位差,进而得出极化度角。最后,根据极化度角的值,判断JJI电波信号在24小时内的极化方式。

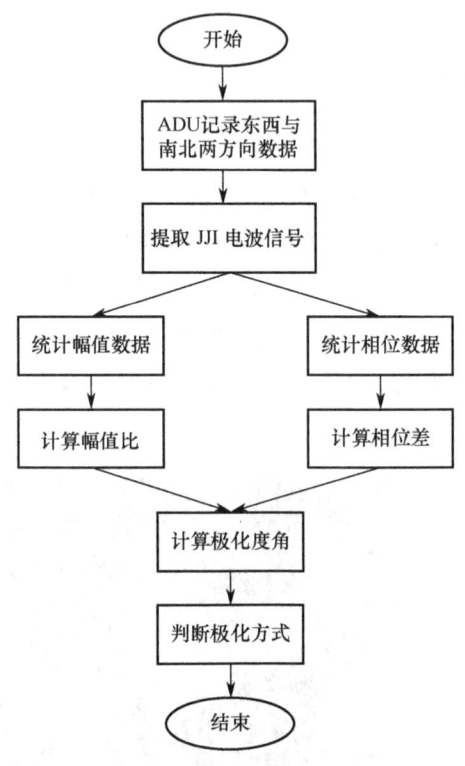

图3 分析JJI台站VLF电波信号极化特性的流程图

首先,为便于展示,本文仅给出实测JJI台站三天的VLF电波信号东西(EW)向和南北(NS)向磁场强度H随时间变化的曲线,如图4所示。从图4可观察到:不同方向上的H值在每天内的变化规律基本一致;然而,东西向的H幅度曲线明显低于南北向。整体来看,H值在20:00—23:00和9:00—12:00之间均出现不同程度的骤降。

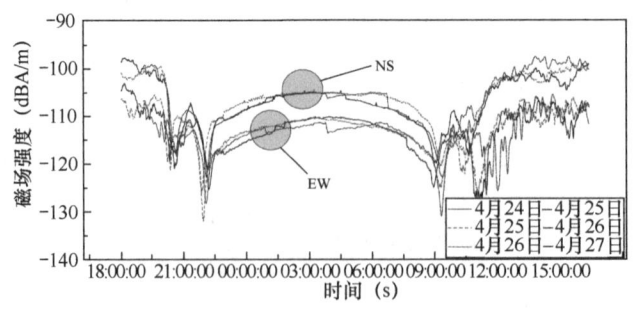

图4 青岛观测的三天JJI电波信号幅度响应图

为了后面利用式(10)计算极化度角,本文针对图4中4月25日至4月26日的VLF电波信号,给出了东西向和南北向两个方向的幅度比和相位差信息,如图5所示。从图5(a)可以看出,幅度比在 20:00—23:00 和 9:00—12:00 之间出现了不同程度的骤降。然而，仅凭幅度比或相位差单独分析，难以全面了解其极化特性。

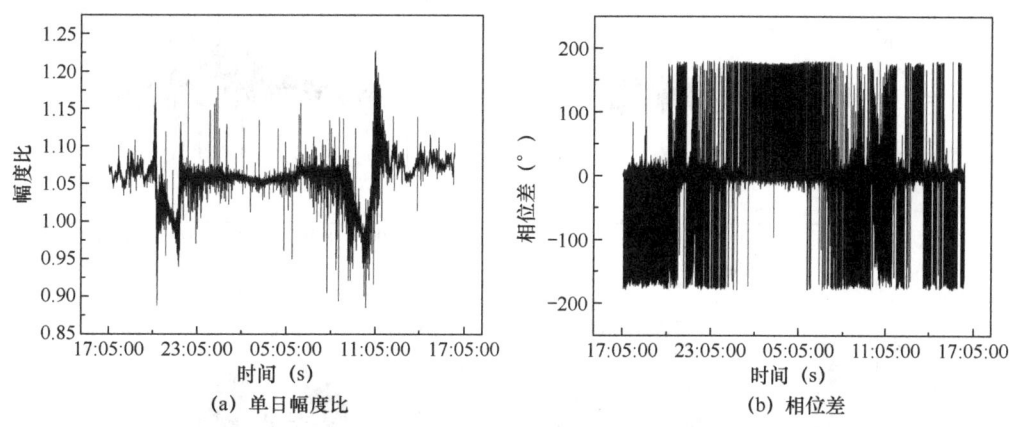

图 5 单日幅度比与相位差

接着，基于式（10）及幅度比与相位差计算出一天内观测到的 JJI 台站电波信号极化度角变化情况，如图 6 所示。为了更加详细地分析一天内观测到的 VLF 电波信号的极化特性，在图 6 中划分出 6 个时间段，下面将对这 6 个时间段的极化特性分别进行分析。

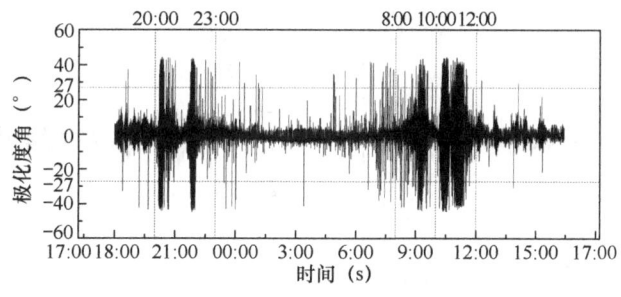

图 6 极化度角变化图

图 7（a）～图 7（f）分别是对应图 6 中分割的 6 个时段的极化度角变化曲线。在当日 17:00 到 20:00 以及次日 12:00 到 17:00 的两个时段内，极化度角基本维持在±12°之间，如图 7（a）和图 7（f）所示；根据图 7（b）和图 7（e），可以看出在当日 20:00 到 23:00 以及次日 10:00 到 12:00 的两个时段内，极化度角发生了不同程度的突变，且突变后的极化度角$|\beta|\geqslant 27°$，这表明接收到的 VLF 电波信号呈现圆极化状态。此外，在当日 23:00 到次日 8:00 之间，极化度角基本维持在 0°左右，如图 7（c）所示，表明接收到的 VLF 电波信号呈线极化状态；在次日 8:00 到 10:00 之间，极化度角基本保持在$|\beta|\leqslant 27°$，表明接收到的 VLF 电波信号呈椭圆极化状态，如图 7（d）所示。通过天气网（www.tianqi.com）查询青岛当日的天气可知，在该时段气温骤降，以多云天气为主，从而导致电离层等效高度发生变化[18]，进而影响极化度角的变化。

表 1 总结了六个时间段极化度角的最大值、最小值以及对应的极化状态。接收到的 JJI 电波信号极化特性变化的基本情况如下：在白天，电波信号呈现近似椭圆极化状态；在夜间，电波信号则近似呈线极化状态；而在昼夜交替的时间段，信号呈现近似圆极化状态。这些变化主要是由于电离

层等效高度的变化[18]所引起的。

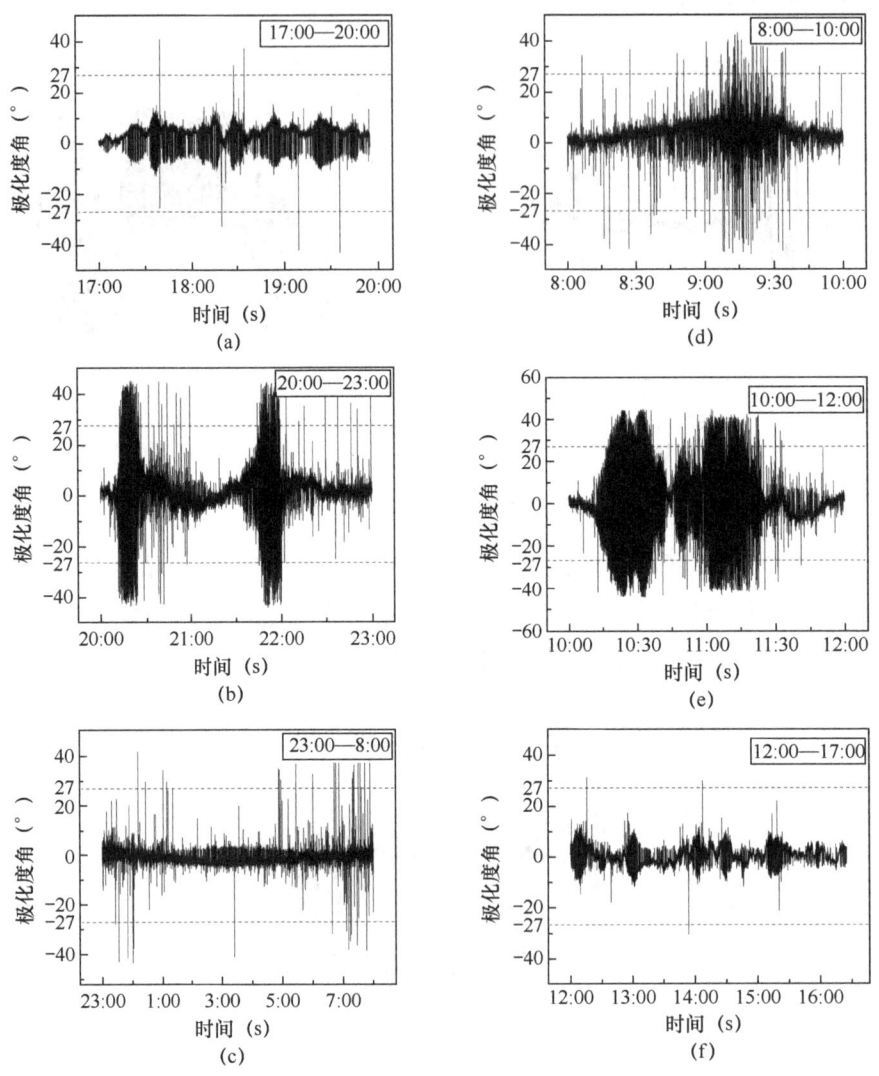

图 7 极化度角变化细节图

表 1 接收到的 JJI 台站电波信号极化状态

时 间 段	最小值（°）	最大值（°）	极 化 状 态
17:00—20:00	−11.8	+12.7	椭圆极化
20:00—23:00	−44.807	+44.307	圆极化
23:00—8:00	−4.599	+2.29	线极化
8:00—10:00	−23.37	+19.82	椭圆极化
10:00—12:00	−44.17	+44.715	圆极化
12:00—17:00	−12.12	+12.8	椭圆极化

4 结论

本文结合振幅和相位信息，以极化度角为参数，针对实测的 JJI 台站甚低频（VLF）电波信号进行了极化特性分析。研究结果表明，接收到的 VLF 电波信号在白天呈现不同程度的椭圆极化状态，而在夜间则近似呈线极化状态；在昼夜交替的时间段，极化方式发生突变，呈近似圆极化状态。

参考文献

基于 SIW 的宽带圆极化液晶天线设计

张子游，刘洪满，张熠，蒋迪

（电子科技大学 信息与通信工程学院，成都 610000）

摘要： 本文基于基片集成波导的工作原理，设计了一款宽带毫米波圆极化液晶天线，提供了一种能够满足无线通信系统需求、适用于微波和毫米波频段、易于设计和加工且便于平面集成的平面圆极化背腔天线。该天线通过激发圆形谐振腔表面 P 形缝隙的谐振，在远场产生所需的圆极化辐射。该设计具有增益高、易于平面集成、设计简便等优势。所设计的天线在-10dB 阻抗带宽范围为 8GHz，覆盖了 23.3～31.3GHz 的整个毫米波频段。天线在 27.6～32.7GHz 频段内的轴比小于 3，成功实现了圆极化辐射特性。在 26GHz 频点下，天线的最大增益达到了 8dBi，展现出优异的辐射特性。

关键词： 基片集成波导；宽带；液晶天线

1 引言

基片集成波导（Substrate Integrated Waveguide，SIW）是一种类似于矩形金属波导的新型平面导波结构，可通过 PCB、LTCC 等工艺制造。SIW 继承了矩形波导器件的高 Q 值、大功率容量和低插入损耗等优点，同时克服了矩形波导立体结构的局限性，如难以与其他微波器件集成和体积较大等缺点。SIW 结构制作简单、质量轻、成本低，并且适合大规模批量生产，广泛应用于微波和毫米波的集成电路及天线设计。因此，国内外许多学者已经采用 SIW 结构来设计天线[1]、滤波器[2]、耦合器[3]、移相器[4]、功率分配器、环形器等无源器件，以及低噪声放大器[5]、功率放大器[6]、振荡器[7]等有源器件。此外，SIW 结构还能够将整个微波、毫米波及太赫兹系统集成在一个封装结构内，实现微波、毫米波和太赫兹系统的小型化[8]。因此，采用 SIW 结构实现圆极化天线具有显著的工程应用前景。

圆极化（CP）天线能够接收任意极化方向的电磁波，且即使在多径效应的影响下，信号强度也不会发生显著衰减。因此，圆极化天线能够有效消除极化失配和多径效应，广泛应用于无线通信领域。此外，圆极化天线对安装姿态没有限制，适合各种无线通信产品的应用[9]。在宽频天线的基础上实现圆极化并确保圆极化轴比带宽，是设计过程中的关键挑战。

为了解决现有圆极化天线在阻抗带宽和轴比带宽方面的技术难题，近年来许多学者提出了多款宽带圆极化天线。文献[10]中采用耦合馈电加寄生单元的设计，扩展了天线的轴比带宽，但该结构的剖面较高，且带宽仅为 200MHz。文献[11]设计了一种基于共面波导馈电的宽带圆极化共形微带天线，通过在矩形接地金属环上嵌入一对扰动支路并将五边形单极子凸入环内，使得 3dB 轴比带宽和 10dB 阻抗带宽分别达到了 58.5% 和 67.7%。然而，综合考虑天线剖面、阻抗带宽和轴比带宽，设计兼顾这三者仍然具有一定挑战。

为此，本文设计了一种新型低剖面宽带圆极化液晶天线。该设计在保证天线剖面较低、易于加工的同时，还能覆盖多个频段的阻抗带宽，并确保天线的圆极化特性。本文所设计的天线的-10dB 阻抗带宽为 8GHz，覆盖从 23.3～31.3GHz 的整个毫米波频段。天线在 27.6～32.7GHz 的频率范围内，轴比小于 3，成功实现了圆极化辐射特性。在 26GHz 频点下，天线的最大增益达到了 8dBi，展现出优异的辐射特性。

2 SIW 设计原理

1）SIW 基本结构及等效原理

基片集成波导是一种新型导波结构，类似于传统的矩形金属波导，可通过 PCB、LTCC 等工艺制造。SIW 结构通过在金属化的上下表面介质基片中插入两排互相平行且周期性分布的金属化过孔，并通过金属化过孔连接金属化表面，从而形成一个 SIW 腔体。图 1（a）为一段 SIW 结构图。介质基片的相对介电常数为 ε_r，基片厚度为 h，两排平行金属过孔的中心间距为 w，金属化过孔的直径为 d，相邻金属化过孔中心间距为 p。当 $p/d \leqslant 2.5$ 时，电磁波的泄漏可以忽略不计，此时 SIW 结构可以等效为传统的矩形金属波导，如图 1（b）所示。

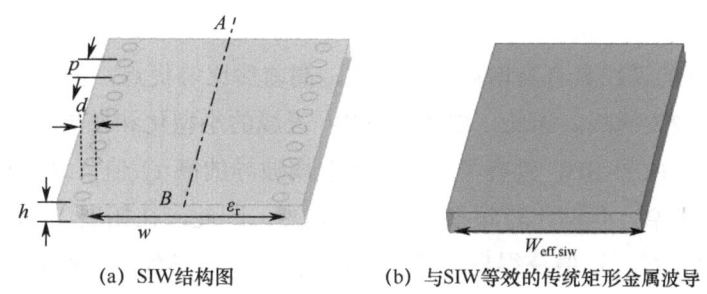

(a) SIW结构图　　(b) 与SIW等效的传统矩形金属波导

图 1　SIW 和 HMSIW 结构及其对应的等效矩形金属波导结构

因此，SIW 具有与传统矩形金属波导相似的传播特性，但与矩形金属波导不同的是，SIW 仅支持 TE_{n0} 模（$n=1,2,3\cdots$）的传输，而不支持 TM 模的传输，这是因为金属化过孔之间存在缝隙。通过大量学者的理论研究和实验验证，已得出在相同传播模式下，SIW 尺寸与采用相同介质填充的矩形金属波导尺寸之间的等效公式。这些 SIW 的等效公式（也可视为经验公式）可以在没有全波仿真软件的情况下，用于设计 SIW 器件时的初始尺寸计算。

2）SIW 天线的辐射原理

SIW 缝隙天线的设计原理可参照矩形波导缝隙天线。如图 2 所示，当矩形金属波导中只传输 TE_{10} 模时，由文献[12]可得到波导的电磁场表达式：

$$W_{\text{eff,siw}} = \bar{w}w \tag{1}$$

$$\bar{w} = \xi_1 + \frac{\xi_2}{\dfrac{p}{d} + \dfrac{\xi_1 + \xi_2 + \xi_3}{\xi_3 - \xi_1}} \tag{2}$$

$$\xi_1 = 1.0198 + \frac{0.3465}{\dfrac{w}{p} - 1.0684} \tag{3}$$

$$\xi_2 = -0.1183 + \frac{1.2729}{\dfrac{w}{p} - 1.2010} \tag{4}$$

$$\xi_3 = 1.0082 + \frac{0.9163}{\dfrac{w}{p} - 0.2152} \tag{5}$$

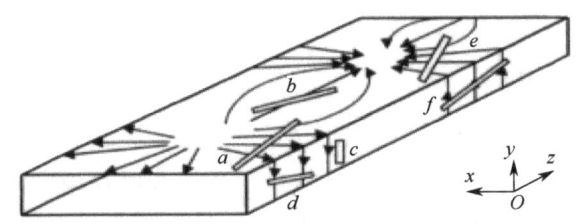

图 2　矩形金属波导 TE_{10} 模表面电流分布图和开矩形槽示意图

3　基于 SIW 的圆极化天线分析与设计

利用 SIW 结构设计的天线具有高增益、易集成、高前后比等优点，但在较低频率下，SIW 天线的尺寸和带宽方面面临较大挑战。因此，要研究 SIW 天线的小型化和拓展它的带宽，使其更加具有便携性和实用性。同时，由于 SIW 具有类似于矩形金属波导的高 Q 值，这就使得采用 SIW 设计出的圆极化天线的带宽会很窄，且轴比随频率变化较为剧烈。因此，在拓展 SIW 圆极化天线带宽的同时，也要拓展它的轴比带宽，以便获得良好的极化性能。另外，SIW 天线工作在低频段时，其尺寸比较大，减小它的尺寸是关键。

如图 3 所示，天线由基片集成波导背腔及缝隙辐射单元构成，且可采用 PCB 工艺进行加工。上层介质基片上表面的多块方形辐射贴片为电偶极子。两层介质基片之间是蚀刻矩形缝隙的金属贴片。下层介质基片的厚度为 1mm，下层介质基片和通孔构成基片集成波导，由基片集成波导耦合矩形缝隙进行馈电，辐射贴片和耦合缝隙都对称分布在 SIW 中心线的两侧。图中的基片集成波导背腔由多列金属化通孔构成，通孔直径为 d，间距为 p，馈电口为底部矩形馈入两排金属化通孔，矩形开口方向朝向 SIW 圆形谐振腔。其工作在模式谐振腔的半径 r 遵循以下公式：

$$f_{010} \frac{cp_{01}}{2\pi r \sqrt{\varepsilon_r \mu_r}} \tag{6}$$

式中，f_{010} 为 TM_{010} 模式的工作频率，即天线的工作频率；c 为真空中的光速；p_{01} 为 0 阶贝塞尔函数的 1 次根；ε_r 为介质的相对介电常数；μ_r 为介质的相对磁导率。

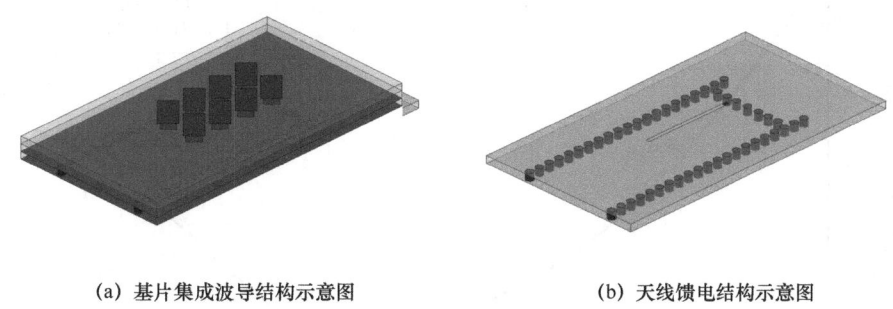

(a) 基片集成波导结构示意图　　　　　　(b) 天线馈电结构示意图

图 3　天线结构

本设计的馈电网络由功分层和馈电层共同组成，对馈电层的矩形耦合缝隙进行馈电，使功分层的矩形耦合缝隙获得能量，并在辐射层形成顺序旋转的馈电，克服了现有技术中天线馈电结构复杂的技术问题，使得本设计具有馈电结构简单、低剖面和结构紧凑的优点。

4　仿真结果与分析

采用三维电磁仿真软件 HFSS 对天线进行仿真分析。从图 4 中可以看出，天线的工作带宽为 23.3～31.3GHz，-10dB 阻抗带宽为 8GHz，覆盖了整个毫米波频段。

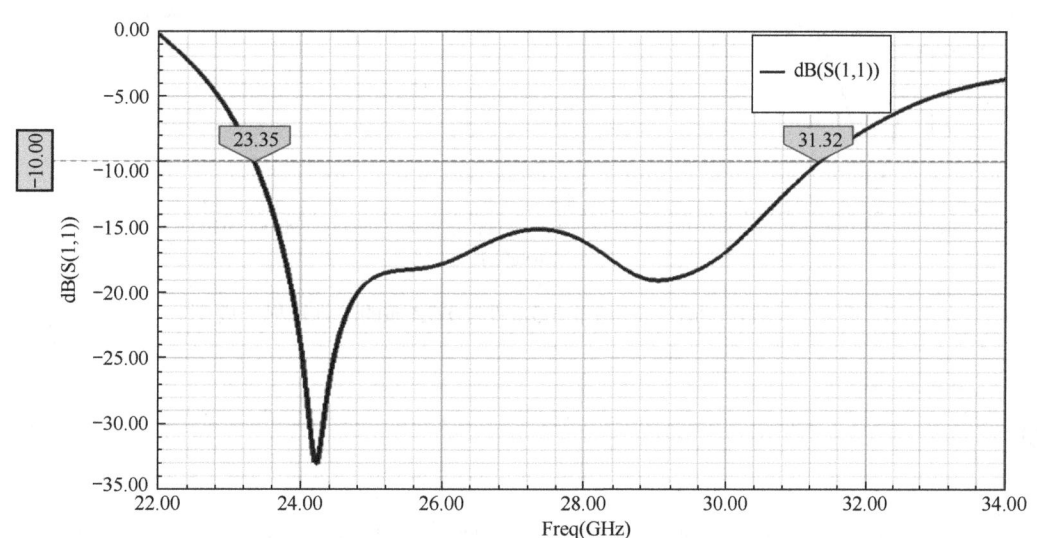

图 4　天线仿真回波损耗示意图

图 5 为天线仿真轴比随频率变化的曲线，从图中可以看出，天线在 27.6～32.7GHz 频率范围内的轴比小于 3，实现了圆极化辐射特性。

图 6 是天线在 26GHz 频点下 XOZ 面与 YOZ 面的二维辐射方向图。从图中可以看出，天线的最大增益达到了 8dBi。

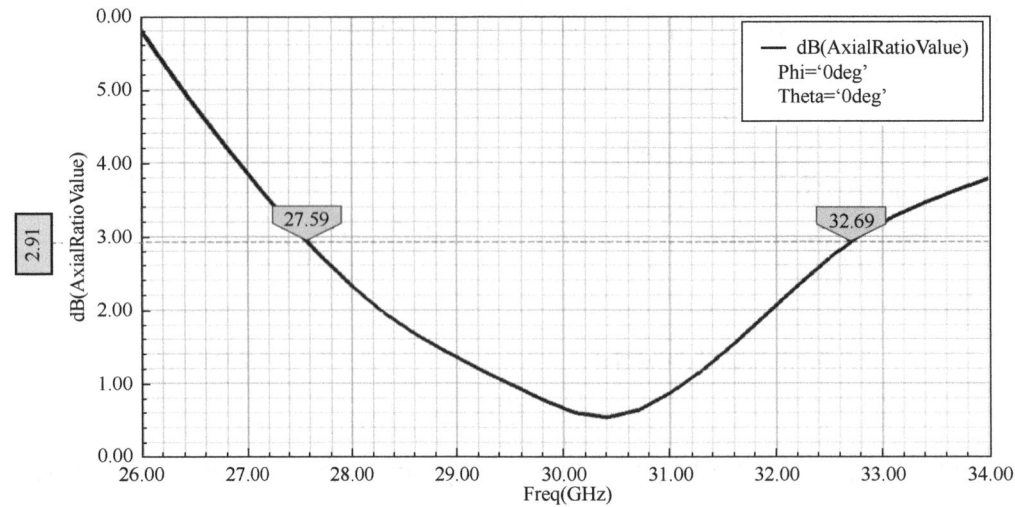

图 5 天线仿真轴比随频率变化曲线

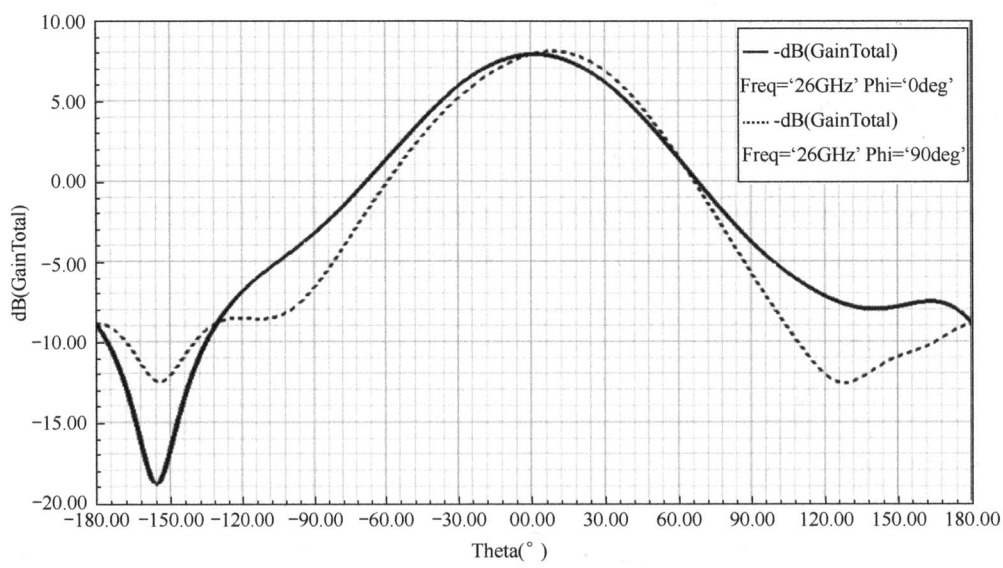

图 6 天线在 26GHz 频点下 XOZ 面与 YOZ 面的二维辐射方向图

5 结论

本文设计了一种采用 SIW 缝隙耦合馈电的宽带圆极化液晶天线。通过采用基片集成波导（SIW）结构，显著减少了传输损耗，从而优化了天线的增益。同时，采用缝隙耦合结构有效降低了馈电损耗，提升了天线的辐射效率。利用电磁仿真软件 HFSS 对天线进行了仿真优化，结果表明该天线的-10dB 阻抗带宽为 8GHz，覆盖频段为 23.3～31.3GHz，充分涵盖了整个毫米波频段。天线在 27.6～32.7GHz 频率范围内，轴比小于 3，实现了优良的圆极化辐射特性。此外，天线在 26GHz 频点下的最大增益达到 8dBi，展示出优异的辐射特性。该天线具有宽工作频带、低剖面、小体积和低加工成本等优点，在毫米波频段中具有广阔的应用前景。

6 致谢

本研究得到了四川省科技计划项目重大专项（2023ZDZX0018）、成都市市级科技项目（2023-JB00-00035-GX）与广西省重点研发计划项目（AA22068056）的支持。

参考文献

基于液晶材料的低剖面小型化相控阵天线

张熠，唐松涛，赵嘉成，袁永博，蒋迪，胡世豪

（电子科技大学 信息与通信工程学院，成都 610000）

摘要：本文基于液晶材料的可调谐特性以及天线小型化技术，设计了一种低剖面小型化的方向图可重构 1×4 的相控阵天线。采用液晶材料作为天线移相单元，当改变液晶的介电常数时，移相单元的相位变化量达到 360°以上，天线单元尺寸为 8mm × 8mm × 1.524mm，相控阵天线增益为 11.5dB，3dB 扫描角度达到±50°。

关键词：液晶；相控阵天线；方向图可重构；移相器；低剖面；小型化

1 引言

随着通信频率的提高和网络容量的增加，对通信设备中使用的相控阵列天线的扫描角度和尺寸大小提出了更高的要求。液晶作为一种可调材料，具有体积小、质量轻、易于集成等优点[1]，其电调控特性使得液晶可以替代传统的半导体开关，实现相位控制。

本文提出了一种工作在 K 频段的液晶相控阵，通过调节液晶材料的介电常数，进而调节相控阵天线的波束指向。该方法不仅能够有效减小天线尺寸，还能实现低剖面、小型化设计，并具备可重构方向图的能力。实验结果表明，液晶相控阵天线在现代通信系统中具有广泛的应用潜力。

2 液晶移相器设计

液晶移相器的结构设计来源于液晶微波效应的基本原理。采用液晶作为微波材料，当外加电场改变时，液晶材料的折射率也会随之改变，进一步导致液晶分子的介电常数发生变化。微波信号通过传输线时，其产生的微波电场会局限在液晶膜中。当在接地面和传输线中施加电压，产生电场 E_0 时，液晶分子作为偶极子，将会旋转 90°，此时，分子的长轴和电场平行，得到介电常数 $\varepsilon_{\parallel}$。当取消已施加的电压时，液晶分子的长轴与微波电场相互垂直，从而得到介电常数 $\varepsilon_{\perp}$。当施加外加电场 E 在传输线上时（$0 \leq E \leq E_0$），液晶的介电常数就会发生变化，令其为 $\varepsilon(E)$ ($\varepsilon_{\perp} \leq \varepsilon(E) \leq \varepsilon_{\parallel}$)。此时，外加电场在改变介电常数的同时引起移相量的变化，关系如下：

$$\Delta\phi = \frac{2\pi f l}{c}\left(\sqrt{\varepsilon_{r//}} - \sqrt{\varepsilon_{r\perp}}\right)$$

式中，$\Delta\phi$ 为移相量；f 为液晶相控阵天线的工作频率；l 为带状传输线的长度[2]。本文设计的单元工作频率为 15GHz，在液晶材料的介电常数范围和工作频率确定的前提下，可以在有限空间范围内增加传输线的长度，进而使移相量达到 360°以上。本文采用弯折带状传输线的形式，通过优化传输线宽度以及线间距等参数，设计了如图 1 所示的移相单元。

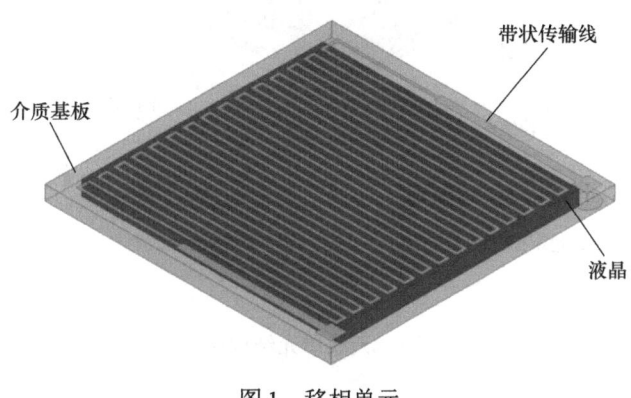

图 1 移相单元

采用 Rogers Ro4350 作为介质基板，该材料的相对介电常数为 3.66，损耗角正切为 0.004。在介质基板中间挖方形槽，用以填充液晶[3]，将 28 折线金属带状传输线嵌在液晶上层，整体移相层高度为 0.508mm。移相器仿真结果如图 2 所示。当液晶的介电常数由 2.2 连续变化到 3.2，移相单元的移相量达到 360°以上，满足相控阵天线单元的基本设计需求。

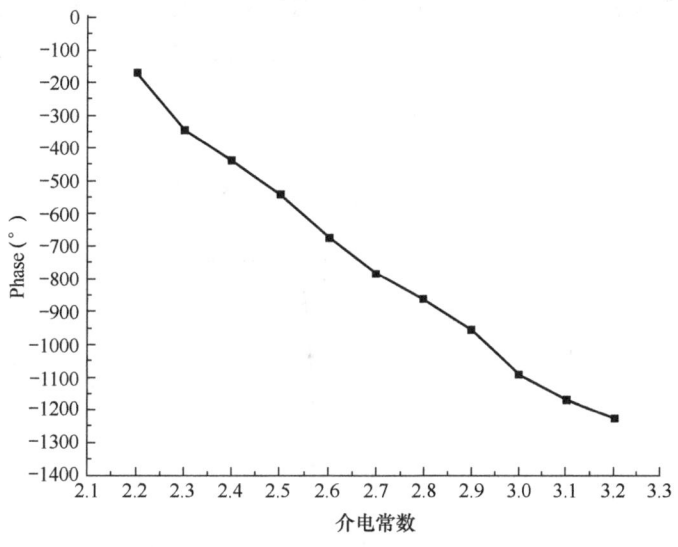

图 2 移相器仿真结果

3 小型化液晶天线单元设计

矩形微带贴片天线具有较宽的波束宽度和较高的天线增益[4]。本文设计了一款如图 3 所示的天线单元，采用 Rogers Ro4350 材料作为介质层，该材料具有低射频损耗、介电常数随温度波动小等特点，有效增强了天线的辐射特性和稳定性。

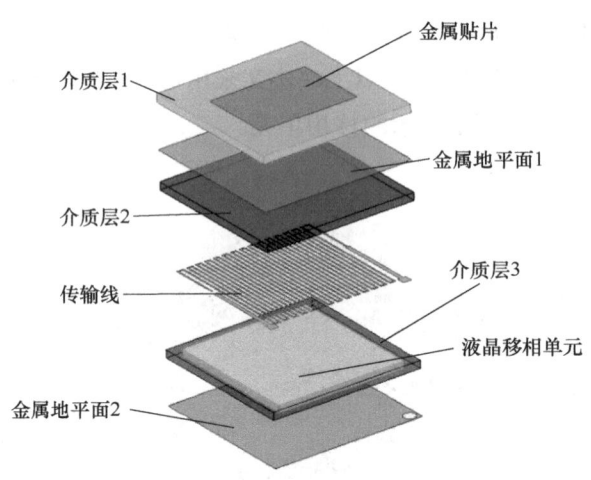

图 3　天线单元结构图

该天线单元的每层介质基板厚度均为 0.508mm。结构层次从下往上依次为金属地平面 2、液晶移相单元、传输线、介质层 2、金属地平面 1、介质层 1 和金属贴片。该金属贴片通过同轴线进行馈电，同时可以通过调节液晶介电常数来调控单元辐射信号的相位。

该天线单元的工作尺寸为 8mm×8mm×1.524mm，显著减小了天线的尺寸，满足了小型化设计的需求。

天线的仿真结果如图 4 和图 5 所示，天线的回波损耗 S_{11}＜-10dB 的范围为 14.54～15.12GHz，单元增益为 6.47dB，3dB 波束宽度为 115.6°，具有较好的辐射特性，可以用于设计天线相控阵列。

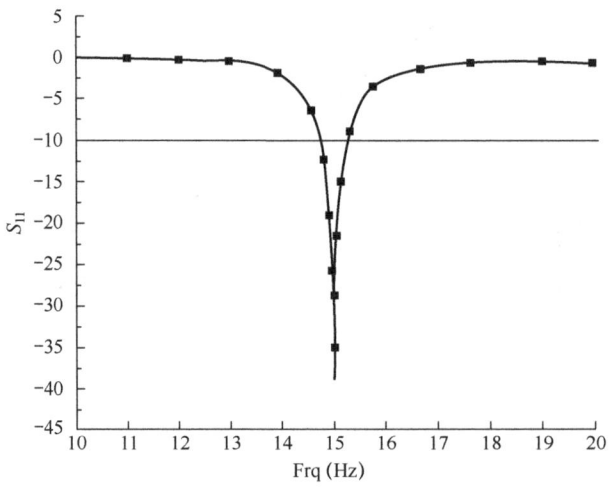

图 4　天线单元 S_{11} 仿真结果图

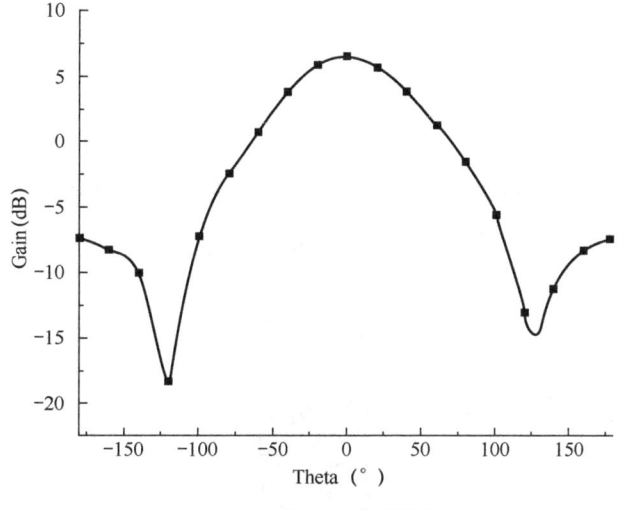

图 5　天线单元辐射图

4　1×4 相控阵设计与仿真结果

将上述天线单元进行组阵设计，形成 1×4 的相控天线阵列，如图 6 所示。整体阵列的尺寸为 32mm × 8mm × 1.524mm。

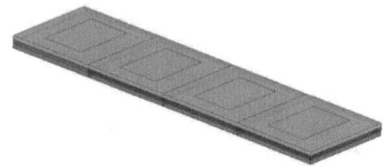

图 6　1×4 液晶相控阵天线结构图

相控阵天线的仿真结果如图 7 所示，当波束指向 0°时，天线主波束增益为 11.5dB，且旁瓣增益较低。通过调整相控阵天线单元的相位，当天线波束指向为±50°时，其主波束增益均大于或等于 8.5dB，即阵列的 3dB 波束扫描范围为±50°。

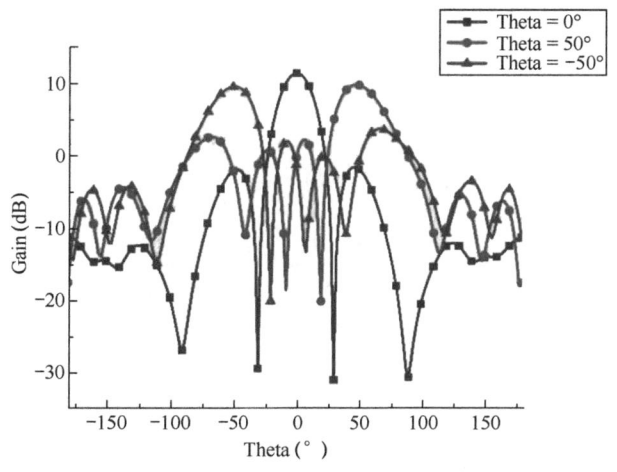

图 7　相控阵天线的仿真结果

5 致谢

本研究得到了四川省科技项目重大专项（2023ZDZX0017）、成都市市级科技项目（2023-JB00-00035-GX）和广西省重点研发计划项目（AA22068056）支持。

参考文献

通信车辆天线互扰电磁兼容性设计和分析

周祺，杨欢，张晨光，袁婷婷

（北方信息控制研究院集团有限公司，江苏 211153）

> **摘要**：现代高科技战争是体系与体系之间的对抗，任何先进的武器系统如果缺乏基本体系的支持，就无法充分发挥整体作战效能。通信车辆作为信息传递的重要节点，在体系中占据关键地位。通常，通信车辆上需要布置多种天线，而天线之间的互扰会对通信质量产生影响。本文重点讨论通信车辆天线布局中的电磁兼容设计。通过参考相关标准和典型电台性能，推导天线之间的干扰限值，并利用仿真方法计算出天线间的最小间距要求，从而为天线布局设计提供指导。该方法操作简便，具有较强的工程应用价值和意义。
>
> **关键词**：通信车；电磁兼容；天线布局；整车设计

1 介绍

随着战场形势的日益复杂，通信车辆通常需要同时支持多种电台的工作。在电台工作时，大功率辐射可能对其他电台产生干扰，从而影响其通信质量和通信距离，甚至可能造成永久性损害。因此，通信车辆的天线布局设计变得尤为重要[1-7]。传统的设计方法通常依赖经验进行设计，通过仿真进行验证。虽然这种定性的设计方法能够在一定程度上避免天线间的干扰，但在设计阶段可能需要反复修改和仿真，从而增加了设计周期。为了解决这一问题，本文提出了先仿真、后设计的思路。通过规定不同种类天线的设计间距，依据该间距进行天线布局设计，从而有效提高设计效率，缩短设计周期。

2 天线间干扰限值分析

在进行仿真分析之前，首先需要对接收天线和发射天线之间的干扰进行详细分析[8-16]。发射天线对接收天线的干扰主要表现为两种形式：一种是，发射天线的谐波恰好落入接收天线的通信频段，从而干扰通信质量；另一种是，虽然发射天线的谐波未落入接收天线的通信频段，但仍会对接收天线的性能产生影响。目前，在军用装甲车的通信过程中，通常采用快跳频通信。由于跳频图案具有伪随机性，其周期可能长达数十年甚至更长，因此能够有效避免干扰。此外，在同一装甲车上，不同电台使用不同的跳频图案，不同跳频图案之间的相关性趋近于零。因此，干扰主要集中在某些特定频点或少数几个频点上，不会显著影响整体通信质量。因此，通信过程中面临的干扰主要属于第二种形式。根据 GJB 1389B-2022《系统电磁环境效应要求》[17-21]，在天线端口的带外信号为 0dBm，并且在调谐频率范围内接收机的信号灵敏度超过 80dB 电平时，接收机的性能应不会受到影响。这一电平代表了接收机性能的最低合理要求。一般来说，电台的灵敏度最大为-114dBm，而具有超过 80dB 灵敏度的工作电平为-34dBm。在 GJB 151B 中，CE106 部分规定，除二次和三次谐波外，所有谐波发射和乱真发射应至少比基波电平低 80dB；二次和三次谐波应抑制至-20dBm 或低于基波电平 80dB。根据较为宽松的抑制要求，假设天线端口产生的谐波为-20dBm，则隔离度应满足 14dB。在考虑了 6dB 的安全裕度后，最终在仿真中，天线端口的隔离度被限制为 20dB。

3 仿真

为更好地完成通信车辆车顶天线布局的设计，现对短波天线、超短波天线、多频段天线、5G 天线的布局间距要求进行仿真。频率相隔较远的天线其干扰会很小，故不在仿真范围内。天线仿真矩阵如表 1 所示。

表 1 天线仿真矩阵

天线	接收天线及方向	短波天线（法向）	短波天线（切向）	超短波天线	多频段天线	5G 天线
发射天线及方向	频率/MHz	2～30		30～88	225～678 1300～1950	703～803
短波天线（法向）	2～30			有影响	无影响	无影响
短波天线（切向）				有影响	无影响	无影响
超短波天线	30～88				有一定影响	无影响
多频段天线	225～678 1300～1950				有一定影响	有一定影响
5G 天线	703～803					

表 1 展示了发射天线谐振时对接收天线的干扰矩阵，其中每一行代表发射天线及其方向，每一列代表接收天线及其方向。由于短波天线的结构具有非对称性，因此需要分别考虑法向和切向的影响。表中列出了不同天线之间的干扰程度。例如，表中显示了短波天线（切向）在谐振时对超短波天线有影响，这主要是由于两者的频率较为接近且频率较低。对于频率差距较大的天线，其干扰较小，因此未纳入仿真范围。由于通信车辆上设计了多个多频段天线，因此需要考虑各频段天线之间的相互作用。后续将对有显著影响的天线组合进行天线间距仿真。

对于短波天线和多频段天线而言，其存在多个馈源，一般按照枚举法进行仿真，取其中最长的距离作为设计限值。天线距离车顶的距离同通信车辆天线设计的一致，天线间距仿真模型示意图如图 1 所示。

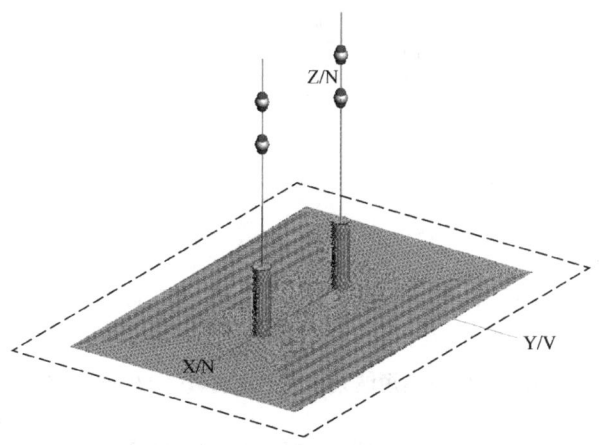

图 1　天线间距仿真模型示意图

3.1　短波和超短波天线仿真分析

首先仿真短波天线和超短波天线，短波天线存在两个馈点，分别是 HF1（工作频段为 11～30MHz）和 HF2（工作频段为 2～11MHz）。超短波天线存在一个馈点 V，工作频段为 30～88MHz，故需要仿真的传输路径有两条，即 HF1-V 和 HF2-V，仿真时需要使两条传输路径的隔离度都小于 −20dB。一般来说，这两个天线的工作频段并不覆盖，其间的干扰主要来自低频天线的谐波对高频天线的影响。因此，仿真频段设置为 30～88MHz。同时，超短波天线由于其几何结构对称，在 φ 面上的方向图分布均匀，而短波天线在 φ 面上的方向图分布并不均匀，为得到设计极限，从法向和切向两个方向进行仿真。

首先对短波天线法向方向的距离进行仿真，本文采用遍历的方法进行仿真，仿真时每隔 0.5m 进行仿真。由于车体顶部天线间布设的最远距离不到 5m，故首次仿真将天线间距设置为 0.5～5m，仿真得到的曲线如图 2 所示。

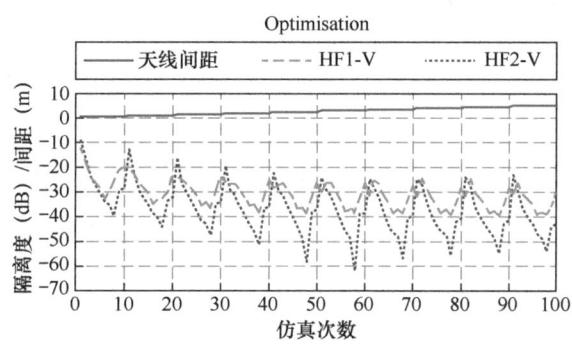

图 2　短波天线法向与超短波天线隔离度仿真（0.5m 间隔）

在图 2 中，横坐标表示仿真次数，前十次仿真针对间距为 0.5m 时不同频率的隔离度进行分析。随后，每十次仿真为一组，代表同一间距下的隔离度频响特性。通过图 2 可以发现，当 $l=2$m 时，HF2-V 的隔离度已超过 −20dB，而当间距增大到 $l=2.5$m 时，隔离度已满足设计要求。因此，两个天线的设计间距应设置为 2～2.5m。为了进一步精确设计范围，以 0.05m 为间距，对 2～2.5m 范围内的隔离度进行仿真，得到的结果如图 3 所示。

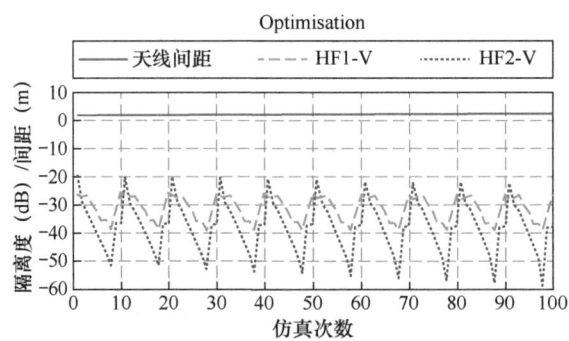

图 3　短波天线法向与超短波天线隔离度仿真（0.05m 间隔）的结果

最终的设计间距确定为 2.1m，即短波天线和超短波天线的设计间距应大于 2.1m。

接下来，对天线的切向方向进行仿真。天线的传播路径与之前的仿真一致，唯一的变化是将短波天线旋转 90°。经过仿真分析，得到的结果如图 4 所示。

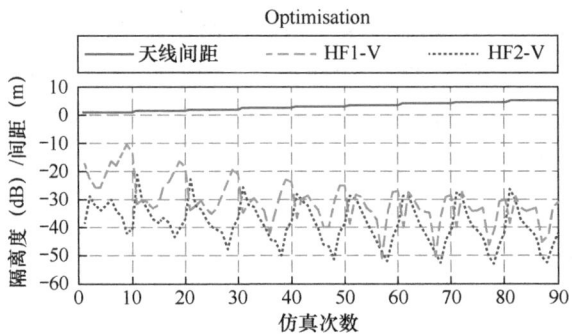

图 4　短波天线切向与超短波天线隔离度仿真（0.5m 间隔）的结果

由于短波天线的天线半径接近 0.9m，因此仿真从 1m 的距离开始。通过仿真分析，可以发现最终的设计间距应位于 2m 到 2.5m 之间。为了进一步精确设计，进行了一次更深入的仿真，得到的结果如图 5 所示。

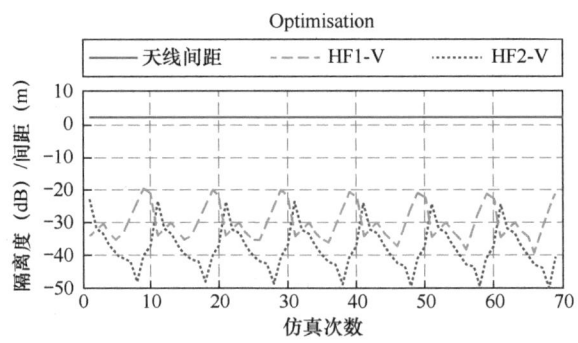

图 5　短波天线切向与超短波天线隔离度仿真（0.05m 间隔）的结果

最终确定的设计间距为 2.2m。上述结果仅为未考虑车顶其他装置反射的设计参考值。在实际设计完成后，还需要进行整体仿真验证，以确保设计的可行性和优化性。

3.2 超短波天线和多频段天线仿真分析

超短波天线和多频段天线的设计间距分析方式与上文一致。多频段天线具有两个馈电端口，分别为端口 U 和端口 L，其中端口 U 的工作频段为 225~678MHz，端口 L 的工作频段为 1.3~1.95GHz。而超短波天线（馈点 V）的工作频段为 30~88MHz，主要影响端口 U 的工作频段。因此，仿真的频段设为 225~678MHz，并对 V-U 和 V-L 两个传输路径在该频段内的隔离度进行仿真。最终的仿真结果如图 6 所示，超短波天线和多频段天线的最小设计间距为 1.2m。

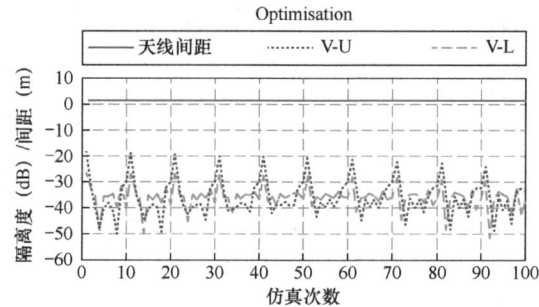

图 6 超短波天线与多频段天线隔离度仿真（0.05m 间隔）的结果

3.3 多频段天线之间仿真分析

接下来进行多频段天线之间的仿真设计。多频段天线由端口 U 和 L 组成，它们之间存在三个传播路径，分别为 U-U、L-L 和 U-L。首先，进行 225~678MHz 频段内的仿真，仿真结果如图 7 所示。通过仿真分析，得到的最小设计间距为 1m。此外，在 1.3~1.95GHz 频段内，由于高频段的隔离度较大，基本所有的间距都能够满足设计要求，仿真结果如图 8 所示。

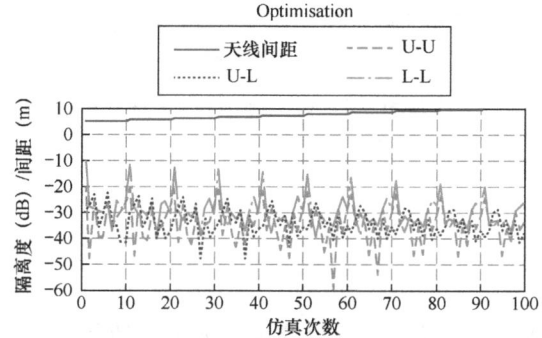

图 7 多频段天线之间隔离度仿真（0.05m 间隔）的结果

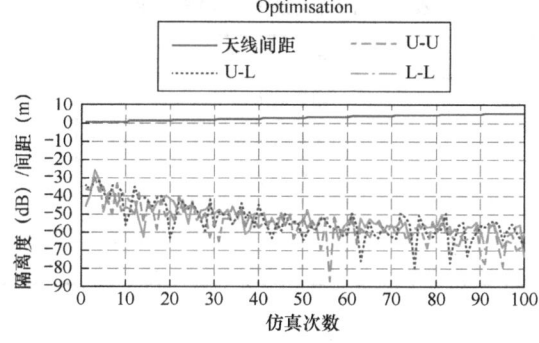

图 8 多频段天线之间隔离度仿真（1.3~1.95GHz）的结果

3.4 多频段天线和 5G 天线仿真分析

下面进行多频段天线与 5G 天线之间的隔离度仿真。两个天线之间存在两个传播路径，分别为 U-5G 和 L-5G，频段涵盖 703～803MHz 和 1.3～1.95GHz。通过仿真分析，结果显示，在这两个频段内，所有间距都能够满足设计要求。仿真结果如图 9 和图 10 所示。

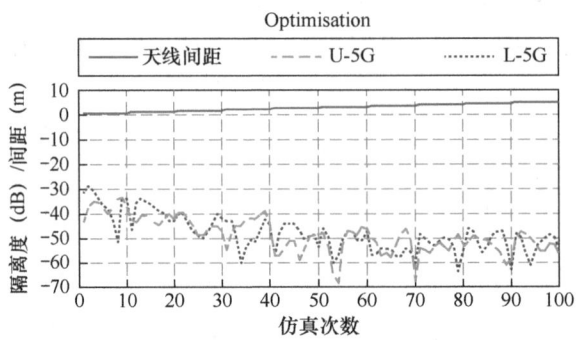

图 9 多频段天线与 5G 天线隔离度仿真（703～803MHz）的结果

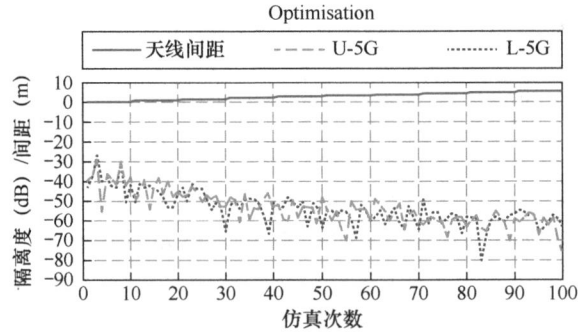

图 10 多频段天线与 5G 天线隔离度仿真（1.3～1.95GHz）的结果

4 总结

根据上述仿真，归纳得到不同天线间的隔离要求，如表 2 所示。

表 2 不同天线间的隔离要求

发 射 天 线	接 收 天 线	设计最短间隔（m）
短波天线（法向）	超短波天线	2.1
短波天线（切向）	超短波天线	2.2
超短波天线	多频段天线	1.2
多频段天线	多频段天线	1
多频段天线	5G 天线	无

在后续设计中，可以根据表 2 进行天线布局设计，从定性的设计到定量的设计，优化通信车设计的效率。

参考文献

一种基于液晶材料的散射特性可重构超表面结构设计

张辰启，袁永博，赵嘉成，刘一，蒋迪

（电子科技大学 信息与通信工程学院，成都 610000）

摘要：本文针对关键通信装备的雷达散射截面（RCS）控制问题，设计了一种基于液晶材料的多联通分支结构的环形人工磁导体可重构超表面结构。与传统超表面结构相比，该结构在调谐精度和调节范围上具有显著优势，能够通过规划阵面相位梯度布局，将主要通信装备的主要散射点分散至多个方向，从而实现关键目标的电磁隐身。本文针对可重构散射控制超表面单元设计、集成架构以及组阵设计等展开研究，通过电控的方式对液晶超表面单元的电磁特性进行重构，所设计的液晶可重构超表面结构在工作频带内实现了超过10dB的RCS缩减。

关键词：液晶；RCS散射控制；可重构超表面

1 引言

随着无人化装备的大规模部署以及现代通信探测技术的不断发展，现有作战平台对电磁隐身能力的需求愈发迫切。电磁隐身技术主要通过散射和吸收的方式减少物体对雷达信号的反射，从而降低被敌方侦测到的概率。

目前，为了减小RCS，常采用超表面结构来改变电磁波通过该结构时的传播特性，从而实现对RCS的有效控制[1-4]。传统超表面散射方式单一，一旦成型后电磁特性固定，难以应对多变的环境。为此，目前普遍采用如PIN管[5-6]、变容二极管[7-8]及铁氧体材料等可调分立器件对超表面单元进行可重构设计。液晶作为一种电可调谐材料被广泛应用于光学设计中，近年来由于其轻量化、低损耗、低成本的特点在可重构器件设计中得到了广泛的关注。因此，将液晶作为调谐介质加载于超表面中，不仅能有效减少散射控制系统的体积，还能为超表面单元提供更加灵活的控制方式，从而调控电磁特性，提升平台的环境适应性。

本文提出了一种基于液晶的RCS散射特性可重构超表面结构。通过在超表面上施加偏置电压，可独立控制每个单元的反射相位。在工作频段内，该结构可实现超过10dB的RCS缩减效果，并且具备应对不同环境需求的调节能力，显著提升了平台的电磁隐身性能。

2 基于液晶的散射特性重构实现原理

1）散射特性重构原理

设阵列由 $2n$ 个散射控制超表面单元均匀组成，单元间距为 d，工作波长为 λ，并将坐标原点定义于点源 1 处，点源 i 的幅相特性可以表示为 $E_i \mathrm{e}^{j\varphi_i}$。假定超表面为各项同性点源，反射波幅度相同，且在法向方向的远场区总场可以表示为：

$$E = E_0 \mathrm{e}^{j\varphi_0} + E_0 \mathrm{e}^{j\varphi_1} + E_0 \mathrm{e}^{j\varphi_2} + \cdots + E_0 \mathrm{e}^{j\varphi_{2n}} \tag{1}$$

由上式可知，在 $\varphi_1 = \varphi_2 = \cdots = \varphi_{2n}$，即无散射控制时，$E$ 在法向取得最大值。当 $\varphi_i = \varphi_0 + i\pi$ 时，上式可以简化为：

$$E = E_0 \mathrm{e}^{j\varphi_0} + E_0 \mathrm{e}^{j\varphi_0} \mathrm{e}^{j\pi} + E_0 \mathrm{e}^{j\varphi_0} \mathrm{e}^{j2\pi} + \cdots + E_0 \mathrm{e}^{j\varphi_0} \mathrm{e}^{j2n\pi} = 0 \tag{2}$$

超表面的辐射场在远场法向方向相加为 0，通过控制超表面单元的相位，可以有效地实现对来波的散射，从而达到电磁隐身的效果。

2）液晶电控实现原理

向列相液晶分子作为一种棒状分子，因其分子两端带有不同的极性，在外加电场的作用下，会发生有序偏转，如图 1 所示。这种变化在宏观上表现为等效介电常数与损耗正切角的改变。因此，当电场作用在加载于超表面下方的液晶材料时，其介电常数会发生变化，从而导致超表面对入射电磁波的响应特性发生改变，进而实现电磁特性的重构。

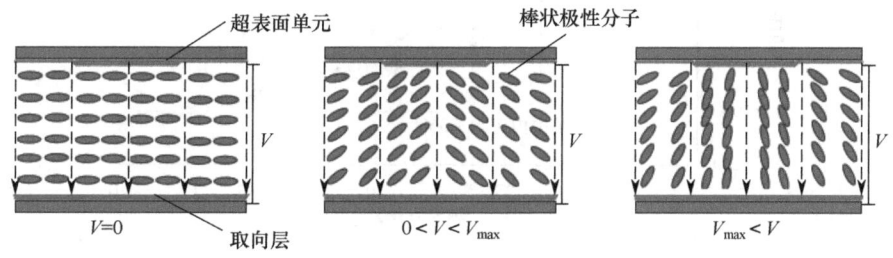

图 1 液晶电可调谐机理示意图

3 散射控制单元结构设计

为实现散射特性的可重构，需要反射相位均匀可调且最大可控范围达到 360°，以实现任意角度的散射重构。为此，本文对液晶可重构超表面单元进行了创新。所设计的超表面单元结构如图 2 所示，该设计包括多层金属结构，印制于 Rogers 5880 板材表面。通过将液晶封装于板材之间，从而实现电磁特性的重构。

超表面图形如图 2 所示，在传统方形谐振结构的基础上增加联通分支，以提升谐振点相位变化幅度。同时，通过引入寄生贴片以达到弱谐振的效果，实现了较宽频带范围内的相位可调。

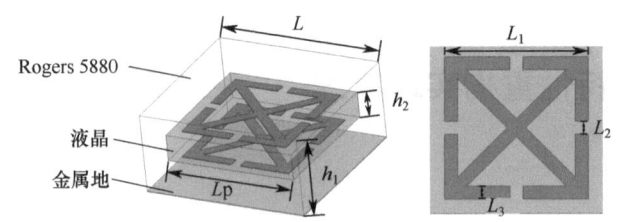

图 2 超表面单元结构

超表面单元基本尺寸如表 1 所示。

表 1 超表面单元基本尺寸

参 数 名	L	L_p	h_1	h_2	L_1	L_2	L_3
参 数 值	2.5mm	2.3mm	1.2mm	0.4mm	1.7mm	0.2mm	0.3mm

依照上述参数设计散射特性可重构超表面单元并进行仿真，仿真结果如图 3 所示，当通过外部输入电压使液晶的介电常数从 2.2 至 3.2 变化时，超表面单元的反射相位曲线均呈非线性变化，并且通过改变液晶介电常数可实现在 23～26GHz 频率范围内超过 360°的均匀移相。

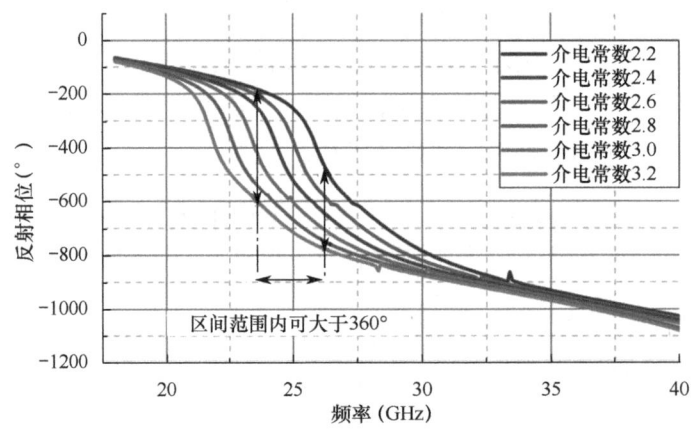

图 3 多联通分支超表面单元反射相位仿真结果

4 散射特性可重构阵列设计

基于所设计的单元结构，采用均匀排布的形式组成超表面阵列，以验证超表面对散射特性的重构能力。该阵列由 16×16 个单元结构组成，超表面结构如图 4 所示。

对超表面阵列进行编程化设计，可以得到多种散射控制状态。具体来说，通过控制液晶介电常数，对超表面单元进行编码，如图 4 所示。当液晶介电常数为 2.6 时，单元处于"1"状态；当介电常数为 3.2 时，单元处于"0"状态，并采用棋盘式分布。最终，本文对所设计的超表面阵列进行仿真验证，验证其散射特性重构效果。

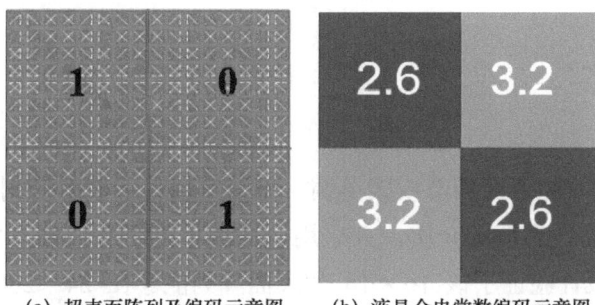

(a) 超表面阵列及编码示意图　　(b) 液晶介电常数编码示意图

图 4　基于液晶的可编码散射控制超表面阵列排布示意图

如图 5 所示，在超表面工作频段内，相较于参考平面，明显缩减。在 24～26GHz 的频段范围内，RCS 缩减幅度均超过 10dB。为进一步验证 RCS 缩减的产生机制，本文对该超表面的辐射方向图进行了仿真分析，仿真结果如图 6 所示。

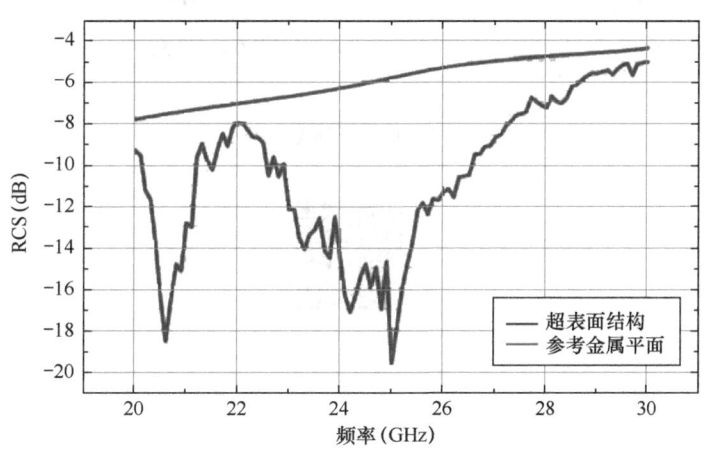

图 5　散射控制超表面阵列 RCS 仿真结果

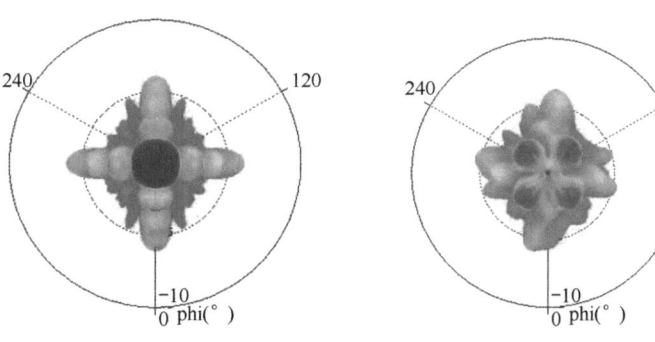

(a) 参考平面辐射远场方向图　　(b) 散射控制超表面辐射远场方向图

图 6　散射控制超表面阵列远场辐射方向图仿真结果

根据图 6 可知，参考平面对雷达波的反射主要集中于中心区域，本文提出的散射控制超表面结构相较于参考平面反射波束主要沿着 u 方向与 v 方向向四周散射，从而实现了 RCS 缩减。

5 结论

本文针对传统 RCS 缩减超表面调节模式单调、无法实现灵活散射控制的问题，提出了一种创新的解决方案。通过引入液晶作为调控介质，并采用电控编程的方式，成功实现了对超表面散射特性的灵活重构。最终，仿真设计验证了该 16×16 超表面阵列能够在 24～26GHz 频段范围内实现超过 10 dB 的 RCS 缩减。

6 致谢

本研究得到了四川省科技计划项目重大专项（2023ZDZX0015）、成都市市级科技项目（2023-JB00-00035-GX）与广西省重点研发计划项目（AA22068056）的支持。

参考文献

基于 DRL 算法的协作 NOMA 系统

蔺莹，熊咏薇，巩星博，李昊旻，王想成

（兰州理工大学 计算机与通信学院，兰州 730050）

摘要：现有研究中，为了实现更低的中断概率，提出了多种中继选择方案。然而，在实际通信环境中，动态变化的信道状态信息（Channel State Information, CSI）对中继选择的实时性提出了挑战。为了解决这一问题，本文将协作非正交多址接入（Non-Orthogonal Multiple Access, NOMA）系统中的中继选择问题建模为马尔可夫决策过程，并采用深度强化学习（Deep Reinforcement Learning, DRL）算法进行求解，以最小化中断概率为目标。仿真结果表明，所提出的 DRL 算法在协作 NOMA 系统中表现优异，与传统中继选择方案相比，能够有效实现更低的中断概率。

关键词：深度强化学习；协作 NOMA；中继选择；中断概率

1 引言

非正交多址接入（Non-Orthogonal Multiple Access, NOMA）技术因其能够提高频谱利用率和系统容量的优势，备受关注[1-2]。协作 NOMA 系统通过引入中继节点进行辅助通信，能够扩展传输信号的覆盖范围，并提高信号传输的成功率。为了最小化协作 NOMA 系统的中断概率，通常有两种常见的解决方法：优化中继选择方案和功率分配方案。

在多中继场景下，通常可以选择最优中继的传输路径，从而实现系统更强的可靠性和更高的传输效率。文献[3]基于协作 NOMA 通信系统，提出了一种两阶段中继选择方案，仿真结果表明，与传统中继选择方案相比，该方案有效降低了中断概率。文献[4]以提高系统的中断性能为目标，设计了一种分布式被动中继选择方案，并分析了中继节点的位置与数量变化对系统中断概率的影响。

目前，已有一些研究成功地将强化学习方法应用于协作 NOMA 领域。文献[5]提出了一种基于 Q 学习的中继选择方案，适用于多跳网络通信场景。仿真结果表明，该方案实现了接近最优的平均端到端速率，同时降低了计算复杂性和信令开销，在有限成本下实现了高性能。文献[6]将退火算法与强化学习相结合，提升了中继节点选择的性能。仿真结果显示，随着迭代次数的增加，所提出的中继选择方案比经典强化学习和随机选择算法具有更快的收敛速度。然而，这些研究的局限性在于它们通常只适用于低维度的简单问题。文献[7]提出了一种基于深度强化学习的无线传感器网络中继选择方案，根据中断概率和信道状态，从多个中继候选中选择最佳中继。结果表明，该方案能够实现更低的系统中断概率。

本文提出了一种利用深度强化学习（DRL）算法解决协作 NOMA 通信系统中继选择问题的方法，以最小化中断概率。与传统的中继选择方法不同，本文所提方法不依赖于预先设定的信道状态信息（CSI），而是通过与环境的交互来实时获取 CSI。具体而言，本文的主要贡献可以总结如下：首先，研究了协作 NOMA 系统中的中继选择问题，并将其建模为马尔可夫决策过程；其次，提出了一种基于 DRL 的协作 NOMA 中继选择方案，通过 CSI 从多个候选中继中选择最佳中继；最后，将所提出的方法与传统方法进行比较，结果表明，本文所提方法实现了更低的中断概率。

2 系统模型

下行 NOMA 的多中继通信系统模型如图 1 所示。该系统由基站（S）、解码转发中继节点（R_m，$m=1,2,\cdots,M$）和目的节点组成，其中目的节点包含用户 1（D_1）和用户 2（D_2）。假设源节点与目的节点之间的距离很远，且存在障碍物的遮挡没有直接链路，需要中继节点辅助传输信号。

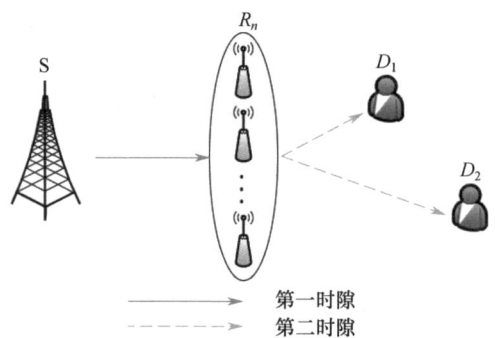

图 1 下行 NOMA 的多中继通信系统模型

在第一时隙，源节点发送两个用户的叠加信号 $\sqrt{\alpha_1}x_1+\sqrt{\alpha_2}x_2$ 到中继节点。其中，$\sqrt{\alpha_1}$ 和 $\sqrt{\alpha_2}$ 为两个用户的功率分配因子且 $\alpha_1+\alpha_2=1(\alpha_1>\alpha_2)$。$x_1$ 和 x_2 分别为源节点发送给用户 1 和用户 2 的信号。此时中继节点的接收信号为：

$$y_{R_m}=h_{SR_m}\sqrt{P_S}\left(\sqrt{\alpha_1}x_1+\sqrt{\alpha_2}x_2\right)+n_{R_m} \tag{1}$$

其中，P_S 是源节点的发射功率；h_{SR_m} 是基站到中继节点 R_m 之间的信道增益；$n_{R_m}\sim CN(0,\sigma^2)$，表示 R_m 的加性高斯白噪声。

当使用 DF 协议时，中继节点遵循 NOMA 解码原则。中继节点接收信号的瞬时信噪比分别为：

$$\gamma_{R_m}^{x_1}=\frac{\alpha_1\gamma\left|h_{SR_m}\right|^2}{\alpha_2\gamma\left|h_{SR_m}\right|^2+1} \tag{2}$$

$$\gamma_{R_m}^{x_2}=\alpha_2\gamma\left|h_{SR_m}\right|^2 \tag{3}$$

其中，$\gamma=\dfrac{P_S}{\sigma^2}$，是系统信噪比。

在第二时隙，最佳中继 R_m 将解码后的叠加信号 $\sqrt{\beta_1}x_1+\sqrt{\beta_2}x_2$ 转发到用户 1 和用户 2。用户 D_i（$i\in\{1,2\}$）的接收信号为：

$$y_{D_i}=\sqrt{P_R}h_{R_mD_i}\left(\sqrt{\beta_1}x_1+\sqrt{\beta_2}x_2\right)+n_{D_i} \tag{4}$$

其中，P_R 是源节点的发射功率；$\sqrt{\beta_1}$ 和 $\sqrt{\beta_2}$ 分别是用户 1 和用户 2 重新分配的功率分配系数；$h_{R_mD_i}$ 是中继节点 R_m 和目的节点（用户 i）之间的信道增益；$n_{D_i}\sim\mathrm{CN}(0,\sigma^2)$，表示目的节点（用户 i）的加性高斯白噪声。

在 NOMA 系统中，接收端利用串行干扰删除技术解码信号。令 $P_S=P_R=P$，用户 1 在解码自身信号时将 x_2 当作干扰，解码 x_1 的瞬时信噪比为：

$$\gamma_{R_mD_1}^{x_1}=\frac{\beta_1\gamma\left|h_{R_mD_1}\right|^2}{\beta_2\gamma\left|h_{R_mD_1}\right|^2+1} \tag{5}$$

对于用户 2，要想解码自身信号，必须先解码 x_1 信号，此时接收到的瞬时信噪比为：

$$\gamma_{R_mD_2}^{x_1}=\frac{\beta_1\gamma\left|h_{R_mD_2}\right|^2}{\beta_2\gamma\left|h_{R_mD_2}\right|^2+1} \tag{6}$$

成功解码 x_1 后，消去 x_1 再解码出自身信息，此时解码 x_2 的瞬时信噪比为：

$$\gamma_{R_mD_2}^{x_2}=\beta_2\gamma\left|h_{R_mD_2}\right|^2 \tag{7}$$

中继节点和目的节点想要成功传输并解码信号，要保证在每一时隙的信息传输速率大于某一个中断阈值，否则系统将会发生中断。假设用户 1 和用户 2 的目标速率为 R_1 和 R_2，对应的信噪比为 $\gamma_{th1}=2^{2R_1}-1$ 和 $\gamma_{th2}=2^{2R_2}-1$，系统的中断概率可以描述为：

$$P_{\mathrm{out}}=1-\Pr\left(\gamma_{R_m}^{x_1}>\gamma_{th1},\gamma_{R_mD_1}^{x_1}>\gamma_{th1}\right)\Pr\left(\gamma_{R_m}^{x_2}>\gamma_{th2},\gamma_{R_mD_2}^{x_1}>\gamma_{th1},\gamma_{R_mD_2}^{x_2}>\gamma_{th2}\right) \tag{8}$$

3 基于 DRL 的中继选择算法

由于多中继系统中每个中继节点的信道状态不同，因此可以选择一个使系统性能最优的中继节点参与整个通信过程。本文采用了一种以最小化系统中断概率为目标的中继选择方案。

将通信过程中的信道状态定义为状态空间：

$$S=\left[h_{SR_m}^{(t)},h_{R_mD_1}^{(t)},h_{R_mD_2}^{(t)},\gamma\right] \tag{9}$$

其中，$h_{SR_m}^{(t)}$、$h_{R_mD_1}^{(t)}$ 和 $h_{R_mD_2}^{(t)}$ 分别表示时隙 t 的 S-R_m 链路、R_m-D_1 链路和 R_m-D_2 链路的信道状态信息，反映了信道质量的动态变化。$h_{SR_m}^{(t)}$ 决定了源节点到中继节点的数据传输速率和可靠性，$h_{R_mD_1}^{(t)}$ 和 $h_{R_mD_2}^{(t)}$ 共同决定了中继节点在 NOMA 场景下同时为多个用户提供服务的能力。

将中继节点的选择定义为动作空间：

$$A=\{a_t\},\ t=1,2,\cdots,T \tag{10}$$

其中，$a_t\in A=\{1,2,\cdots,m,\cdots,M\}$，若 $a_t=m$，则表示在通信过程的第 t 个时隙选择第 m 个中继协助基站（R_m）传输信号。动作空间中的每个动作对应于选择特定的中继节点。

系统中断概率的最小化可以表示为：

$$\min_{a_t \in A} P_{\text{out}} \tag{11}$$

当信道条件不佳或中继节点选择不当时，可能会导致传输中断。这种情况会阻碍信号传输的成功完成。更高的中断概率会导致系统通信性能变差。因此，本文的目标是最小化中断概率。

在 MDP 中，奖励被用来评估当前状态下动作选取的好坏程度，因此奖励是很重要的。本文将奖励函数定义为：

$$r = 1 - P_{\text{out}} \tag{12}$$

为了促使智能体选择能够降低系统中断概率的中继节点，将奖励函数设置为式（12）。当奖励值高时，意味着该选择可以提高系统可靠性；反之，选择的中继节点不恰当，提示智能体需要调整选择方案，从而减少由于信道条件差或中继节点选择不当而导致的通信失败，优化系统的长期性能。

DRL 算法将深度学习的优点与强化学习的框架相结合，提高了算法在复杂环境下的性能。在协作 NOMA 网络环境下，DRL 算法促进了动态复杂环境下的智能决策。DRL 算法优化了中继节点的选择，从而最大限度地提高了协作 NOMA 网络的资源利用率，提高了系统的整体性能和可靠性。

4 仿真结果

在所提的 DRL 算法中，深度神经网络包括两个隐藏层，每个隐藏层有 64 个神经元，隐藏层之间的激活函数为 ReLU 函数。在通信模型的建立中，设置中继数为 2，各个节点之间的信道状态信息服从指数分布，参数为[10,1,10]，源节点和中继节点的功率分配因子为 $\alpha_1 = \beta_1 = 0.8$，$\alpha_2 = \beta_2 = 0.2$。

为验证所提方法的性能，本文对比了最大–最小中继选择方法（Max-Min）、两步中继选择方法（Two-Way）、随机中继选择方法（Random）和 DRL 中继选择方法（DRL）这四种基于协作 NOMA 通信系统的中继选择方法。不同方法的中断概率如图 2 所示，可以看出，随机中继选择方法导致较高的中断概率，而最大–最小中继选择方法和两步中继选择方法有效地降低了中断概率。值得注意的是，所提的 DRL 中继选择方法则进一步减小了中断概率，表现出优异的性能。

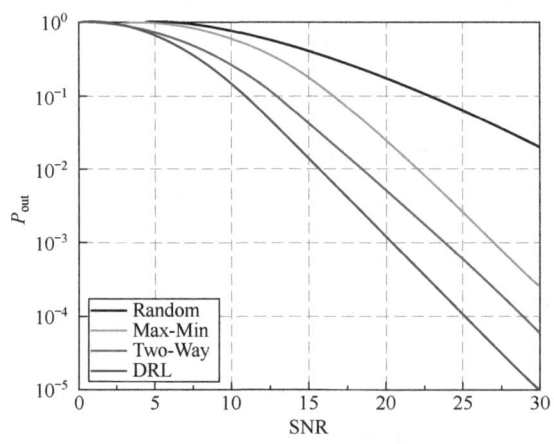

图 2 不同方法的中断概率

为了更好地展示所提方法的性能，本文评估了在不同功率分配因子下的系统性能。如图 3 所示，我们将本文所提方法与两步中继选择方法的功率分配因子进行比较，两步中继选择方法和所提方法分别取值 $\alpha_1 = [0.7, 0.8, 0.9]$ 的情况。在仿真中，用户 1 和用户 2 的目标速率分别设置为 0.5 和 1。可以观察到，当功率分配因子较小时，系统的中断概率较高。$\alpha_1 = 0.7$ 时的中断概率比 $\alpha_1 = 0.8$ 时的中断概率更低，这是因为目的节点处的用户 2 有着较大的目标速率，需要较大的信噪比来完成信息传输，功率分配因子增大从而影响接收端的信噪比，获得较好的中断概率。所提方法在不同功率分配因子的情况下都优于对应的两步中继选择方法。

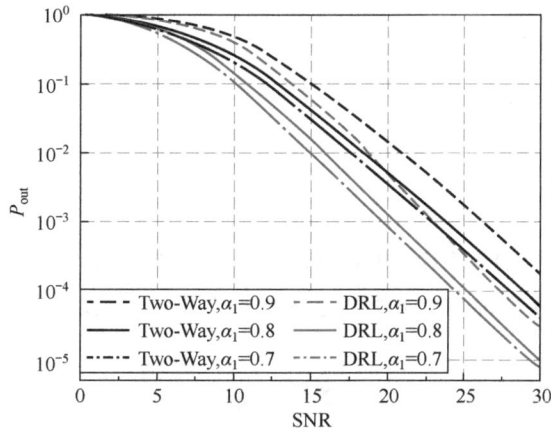

图 3　不同功率分配因子下 Two-Way 和 DRL 方法的中断概率

在图 4 中，为了评估 DRL 中继选择方法与最大–最小中继选择方法、两步中继选择方法在不同目标速率值下的性能，设置了三种不同用户中断阈值的情形：$r_1 = 0.5\text{bps}$，$r_2 = 1\text{bps}$；$r_1 = 0.75\text{bps}$，$r_2 = 0.5\text{bps}$；$r_1 = 0.5\text{bps}, r_2 = 0.5\text{bps}$。首先可以观察到，在这三种情形下，DRL 中继选择方法的中断概率均显著低于最大–最小中继选择方法和两步中继选择方法。其次，通过对比情形 1) 和情形 2)，可以发现，在提高用户 1 的中断阈值并降低用户 2 的中断阈值后，情形 2) 有更低的中断概率，这是因为用户 1 比用户 2 具有较好的信道条件，信道条件较差的用户 2 降低了中断阈值，从而获得了相对高的传输成功率。情形 3) 中将目标速率都降低至 0.5，可以看到随着用户中断阈值的降低，三种方法都获得了更低的中断概率。

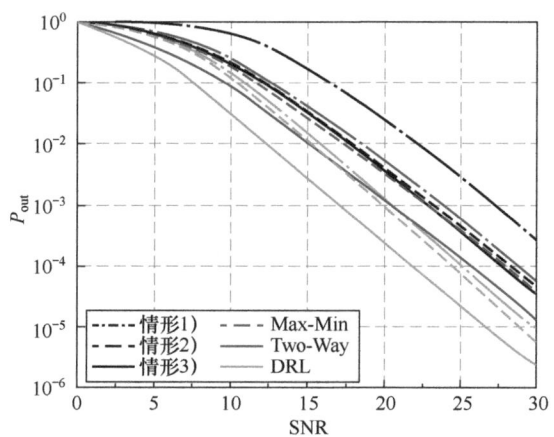

图 4　不同中断阈值情形下 Max-Min、Two-Way 和 DRL 方法的中断概率

5 结论

本文提出了一种基于 DRL 算法的中继选择方法，旨在最小化中断概率。与传统方法不同，该方法不依赖预先假设的信道状态信息，而是通过与环境的交互动态获取当前的信道状态信息。将中继选择中最小化中断概率的问题建模为马尔可夫决策过程，并使用 DRL 算法进行求解。通过仿真验证了该方法的适用性和可靠性。仿真结果表明，与传统中继选择方法相比，该方法显著降低了中断概率，证实了其有效性和可靠性。

6 致谢

国家自然科学基金项目（61841107 和 62061024），甘肃省自然科学基金项目（22JR5RA274 和 23YFGA0062），甘肃省创新基金项目（2022A-215）对本研究进行了资助。

参考文献

第三部分 资源分配

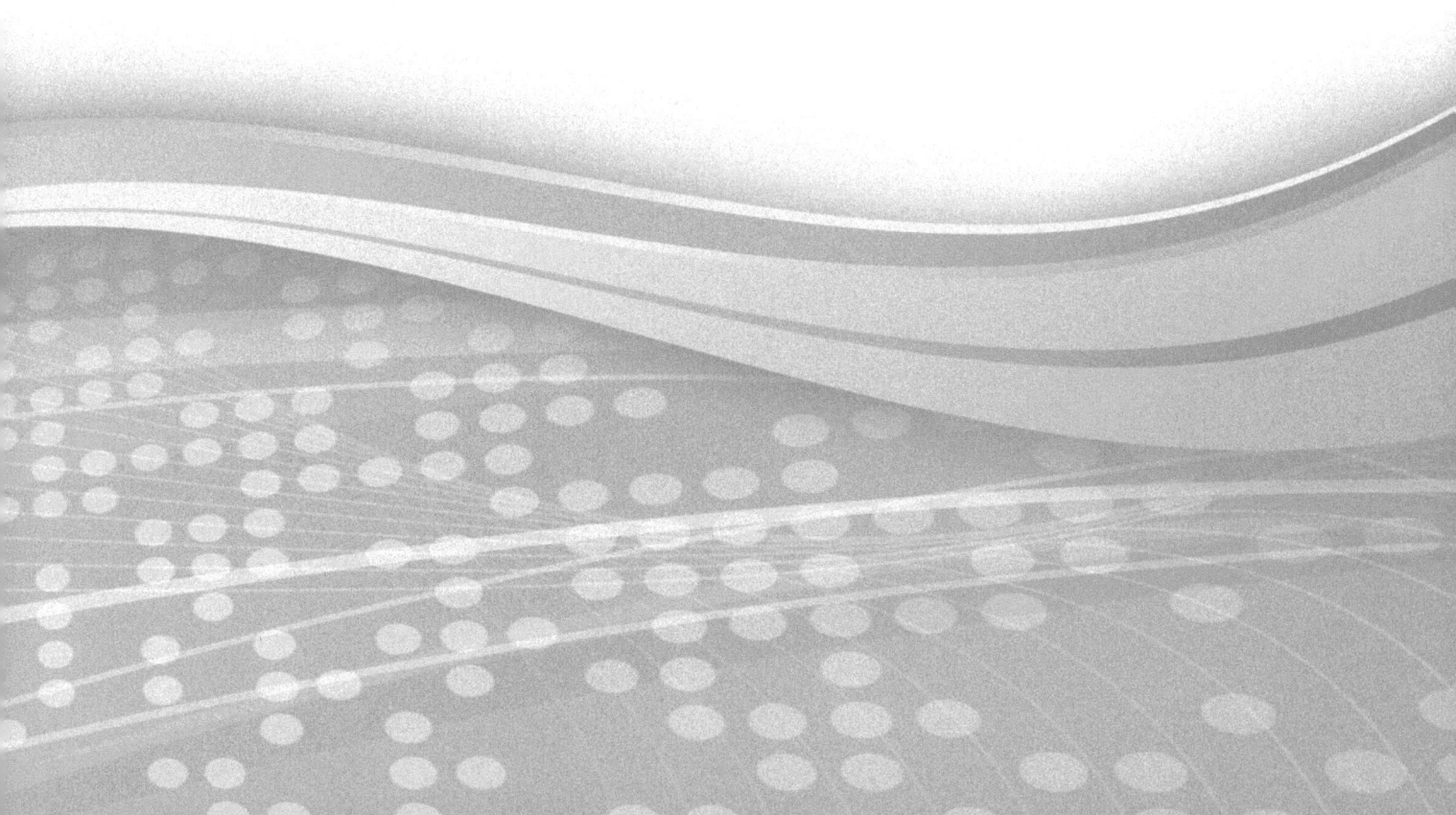

基于串级改进粒子群算法 PID 控制的水冷机柜空调系统的研究

侯瑞强，李程贵，张建雪，张永星，刘旭，秦聪妮

（中国移动通信集团内蒙古有限公司云计算数据中心，内蒙古呼和浩特 010090）

摘要： 本文针对数据中心水冷机柜存在的高能耗、低精度等问题，结合当前先进的控制算法，采用算法融合的方式将改进后的粒子群算法 PID 控制策略应用于水冷机柜的控制系统中。根据水冷机柜温度调节的原理，提出了串级 PID 控制系统。通过合理设计串级控制条件，使各串级系统能够互补，协同工作，从而实现更优的控制效果。同时，为了优化算法性能，本文设计了改进后的算法适应度函数，并利用该算法对适应度函数进行优化，输出的参数作为 PID 控制器的参数，从而实现高精度、高效率、低能耗的目标。参考串级 PID 控制策略在变风量空调系统中的良好控制效果，将该控制方式应用于水冷机柜的控制系统是有效且可行的。

关键词： 水冷机柜；PID 控制；改进粒子群算法；串级控制系统

1 引言

随着云计算和大数据技术的快速发展，数据业务需求量呈现指数级增长，数据资源整合的趋势愈加明显[1]。与此同时，高性能服务器等 IT 设备的广泛应用推动了大型数据中心的建设与发展。然而，目前数据中心建设仍面临一些问题，如动力资源配置不合理、监控系统覆盖不足等。为了提高数据机房空间的利用率，大功率机柜和高性能服务器逐渐被引入数据中心中，但高性能、高功耗的服务器往往会导致机柜内部温度升高，这对空调系统提出了更高的要求，需要能够精准地降温。

水冷机柜作为一种常见的冷却解决方案，在数据中心的应用中占据较高比例。水冷机柜的空调系统能耗与机柜内工作服务器的能耗密切相关，经过统计分析，当前水冷机柜空调能耗占整个机柜能耗的比例为 3%～5%[2]。本文在现有水冷机柜空调控制策略的基础上，提出了对水阀开度和风扇转速的优化控制方案。在满足制冷需求的前提下，优化控制策略旨在最大限度地降低风扇转速，减少空调系统的能耗。由于水冷机柜空调系统的能耗主要来自风扇，因此降低风扇转速可以有效降低水冷机柜空调系统的整体能耗。接下来，本文将介绍水冷机柜空调控制策略优化的原理，并通过建模仿真验证该控制策略的有效性与实际控制效果。

2 水冷机柜空调系统

随着数据中心服务器装机量的不断增加，在确保制冷效果的前提下，为了提高机房空间的利用率，尽可能在有限空间内放置更多的服务器，许多数据中心采用水冷机柜等方式进行冷却。与传统的机房空调系统相比，水冷机柜能够实现更为精准的制冷效果。由于服务器置于水冷机柜内，空调的送风路径变得较短，从而提高了服务器对冷量的利用效率。此外，水冷机柜还允许机柜之间的距离大幅度缩小，从而有效提高了数据中心机房的空间使用率。在节能方面，水冷机柜凭借其精准的制冷效果，相较于传统的机房空调系统可节省约 50%的电能，同时噪声也得到了显著降低。这使水冷机柜在提升数据中心制冷效率的同时，也带来了可观的节能效果。

水冷机柜空调系统的制冷原理主要依赖于上端制冷原理，即通过制冷剂的蒸发吸热作用来降温循环水，降温后的水称为冷冻水。冷冻水泵将冷冻水输送至水冷机柜内的换热管路，在水冷机柜内部，风扇将冷冻水经过换热后产生的冷空气送入服务器进行冷却。与此同时，热交换后的冷冻水通过管道返回冷凝器，并将热量传递给冷却水，冷却水通过循环流动至冷却塔，将热量释放到大气中，完成整个热交换过程[3]，原理图如图 1 所示。

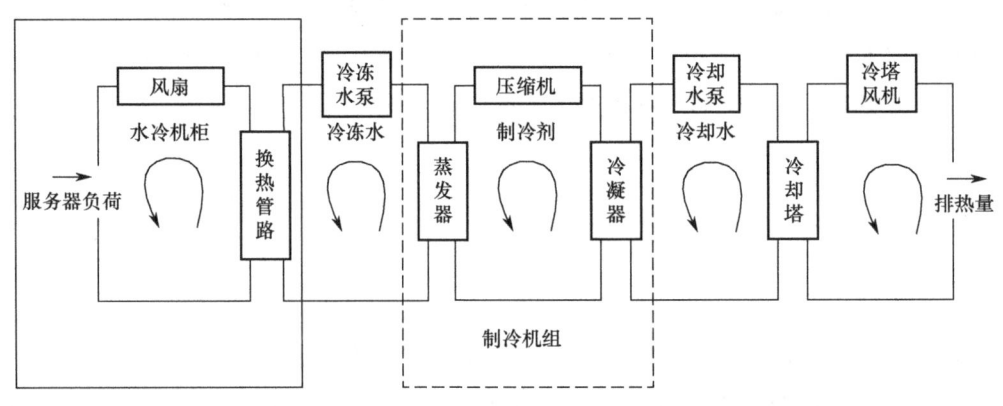

图 1　水冷机柜空调系统上端制冷原理图

水冷机柜部分，通过调节送入换热管路的冷冻水量（温度）和风扇的转速（送风量）来实现对内部服务器的降温。目前，数据中心水冷机柜常用的控制方法是将风扇转速分为高、中、低三种模式，而冷冻水量则通过调节无极水阀的开度来实现。当服务器的负荷发生变化时，控制系统会根据机柜出风口的温度先调节水阀的开度；如果调节后的温度达到设定值，则保持该控制状态。若调节后的温度未达到设定值，则通过调节风扇转速来改变送风量，从而实现设定温度。该控制方式能够在一定精度范围内满足机柜的温度要求，但由于风扇数量较多且一般情况下风扇处于高挡或中挡送风状态，因此能耗较大。为了在确保能够达到设定温度的前提下尽量减小风扇的转速，本文提出了一种串级改进粒子群算法 PID 控制的水冷机柜，该控制方式能够根据服务器负荷情况实时调节水阀开度和风扇转速，从而达到节能的目的。

3 改进粒子群算法 PID 控制策略

在实际工程的控制系统中,PID 控制器由于其控制逻辑简单、控制效果较好、技术成熟而被广泛使用[4]。但是在控制精度要求比较高的领域,还需要对该控制策略进行改进,常见的有模糊 PID 控制、神经网络 PID 控制、粒子群算法 PID 控制等[5]。本文通过对目前较为先进的寻优算法(粒子群算法、细菌觅食算法)进行研究,结合两种算法的全局搜索能力和局部搜索能力的特点,对算法进行融合处理,将融合后的算法应用于 PID 控制器,并验证其有效性。

3.1 PID 控制原理

PID 控制原理是通过比例、积分、微分手段对系统误差值进行处理,其结果作为输入信号值大小的参考,从而减小误差,改善控制结果[6]。对于连续变化的动态系统,其 PID 控制系统的结构如图 2 所示。

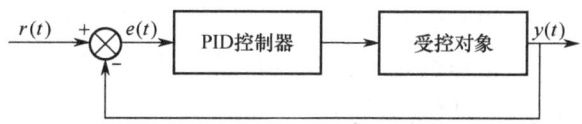

图 2 PID 控制系统的结构

根据 PID 控制原理,可以得出其数学模型为:

$$\begin{aligned} u(t) &= K_p \left[e(t) + \frac{1}{T_i} \int_0^1 e(t) \mathrm{d}t + T_d \frac{\mathrm{d}e(t)}{\mathrm{d}t} \right] \\ &= K_p e(t) + K_i \int_0^1 e(t) \mathrm{d}t + K_d \frac{\mathrm{d}e(t)}{\mathrm{d}t} \end{aligned} \quad (1)$$

式中,$e(t)$ 为系统误差值;T_i 和 T_d 分别为积分和微分的时间常数;K_p 为比例量权值;K_i 为积分量权值;K_d 为微分量权值。由式(1)可知,K_p、K_i、K_d 的取值是决定控制系统效率和精度的关键参数。针对水冷机柜内服务器负荷变化不可控的特点,需动态调节以上 3 个参数以适应负荷的实时变化,使其控制结果能够快速满足服务器对温度的要求。

3.2 粒子群算法原理

粒子群算法是由美国心理学家和计算机研究者根据鸟类觅食行为的特点提出的一种智能优化算法。经过许多研究者的改进,粒子的探索和开发性能得到了增强。为了进一步提高粒子的认知性、社会性和判断能力,研究者加入了记忆功能和惯性权重。通过这种方式改进后的粒子群算法被称为标准粒子群算法[7],其算法公式如下:

$$v_{id}^{t+1} = w v_{id}^t + c_1 r_1 (p_{id}^t - x_{id}^t) + c_2 r_2 (p_{gd}^t - x_{gd}^t) \quad (2)$$

式中,w 为惯性权重系数,该值用来表征两个相邻时刻粒子的速度关系,对于粒子群算法而言,该值的大小决定了该算法的全局和局部搜索能力;c_1 为自学习因子,表示粒子对自身的位置和速度优劣程度的判断能力；c_2 为互学习因子，表示粒子与粒子群体最优解的靠近程度。根据影响粒子运动的因素，可以得出标准粒子群算法中粒子的运行逻辑示意图（见图3）。

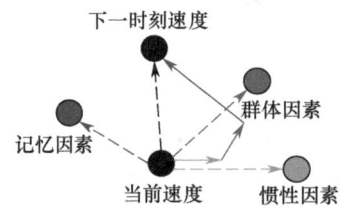

图3　粒子的运行逻辑示意图

3.3　细菌觅食算法原理

细菌觅食算法是由研究者 Passino 于 2002 年提出的，该算法基于大肠杆菌觅食过程的原理。其基本思想是细菌个体通过趋化、迁徙和复制操作，在整个觅食环境中向食物丰富的区域靠近。趋向性操作包括旋转和游动两种形式，旋转表示细菌在运动过程中改变方向，而游动则表示细菌沿某一方向进行运动[8]。复制操作是指在寻优过程中，部分细菌未能找到适合的生存环境而被淘汰，为了保证细菌群体的规模，存活下来的细菌会进行繁殖。迁徙操作则发生在细菌生活环境发生突变时，导致其大面积死亡，存活的细菌群体会迁徙到新的环境。趋向性操作体现了该算法的局部搜索能力，而复制和迁徙操作则展示了其全局搜索能力。

3.4　细菌觅食粒子群算法

经过实验证明，细菌觅食算法的全局搜索能力较强，局部搜索能力不足，导致寻优结果不够精确，而粒子群算法的全局搜索能力较弱，局部搜索能力较强，这也会导致该算法容易陷入局部最优解，不能得出适合该粒子群体的最优解[9-12]。将两种算法进行融合，将粒子群算法中的粒子速度公式来替换细菌觅食算法趋向性操作公式中的粒子运动方向向量 $\Delta(i)$，可以得到如下表达式：

$$\boldsymbol{P}^i(j+1,k,l) = \boldsymbol{P}^i(j,k,l) + C(i)\frac{\boldsymbol{v}_{k+1}}{\sqrt{\boldsymbol{v}_{k+1}^{\mathrm{T}}\boldsymbol{v}_{k+1}}} \tag{3}$$

$$C(i+1) = C(i) \times \mathrm{e}^{-t} \tag{4}$$

细菌觅食算法的趋向性操作针对细菌个体的寻优过程，将该算法中的运动方向向量替换为粒子群算法的速度公式，从而有效地将这两种算法的局部搜索能力结合起来，提升了局部搜索性能。同时，细菌觅食算法的复制操作和迁徙操作保持不变，从而保证了融合算法的全局搜索能力。为了使该算法更加高效和实用，在算法的前期需要加强全局搜索能力，此时要求细菌的趋向性操作步长 $C(i)$ 较大。随着算法运行的推进，为了提高算法的精度，后期则需要增强局部搜索能力，此时细菌的运动步长 $C(i)$ 应逐渐减小。因此，该算法中的关键参数 $C(i)$ 是随着算法运行过程逐步变化的。

3.5　融合算法验证

下面将对不同的函数分别进行 3 种算法的寻优结果对比，通过算法优化结果的平均值和标准差来评估算法的稳定性和精度。用以上 3 种算法分别对表 1 中的函数进行优化 30 次后的结果如

表 2 所示。

表 1 3 种算法的寻优结果进行对比

函 数	维 数	取 值 范 围	极 值
$f_1(x) = \max(|x_i|)$	15	−100,100	0
$f_2(x) = \left(\sum_{i=1}^{N} ix_i^4\right) + \text{rand}[0,1]$	15	−1.28,1.28	0
$f_3(x) = \sum_{i=1}^{N} x_i^2$	15	−5.12,5.12	0

表 2 优化结果

函 数	指 标	细菌觅食算法	粒子群算法	细菌觅食粒子群算法
$f_1(x)$	平均值	0.6744	0.0775	**0.0402**
	标准差	1.8955	0.0469	**0.0238**
$f_2(x)$	平均值	0.9277	0.0676	**0.0014**
	标准差	2.1244	0.0373	**0.0015**
$f_3(x)$	平均值	3.8277	0.0597	**0.0097**
	标准差	4.8277	0.0399	**0.0049**

表 2 中的加粗部分为最优值。从表 2 中可以看出，细菌觅食粒子群算法具有更高的寻优精度。该算法通过将细菌觅食算法的趋向性操作中的旋转方向向量替换为粒子群算法的速度公式，使细菌的旋转方向由粒子群算法寻优后的结果决定，从而简化了趋向性操作步骤，减少了细菌寻优时间，提升了算法效率。因此，将该算法应用于 PID 控制器参数的寻优调节，将有效提高 PID 控制器的控制精度和效率。

3.6 改进粒子群算法在 PID 控制器中的应用

结合细菌觅食粒子群算法的优点，为了更好地适应水冷机柜内服务器负荷实时变化的特性，提高控制精度和效率，提出了一种改进粒子群算法的 PID 控制策略。使用该策略的实时优化结果作为 PID 控制参数 K_p、K_i、K_d，使该控制器能够实时地根据服务器负荷变化情况进行调整，达到快速、高效、高精度控制效果[13-14]。改进粒子群算法 PID 控制原理图如图 4 所示。

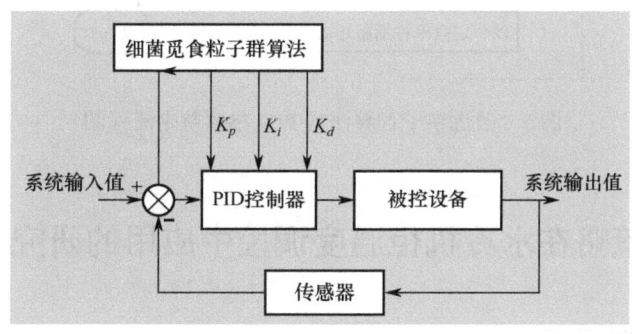

图 4 改进粒子群算法 PID 控制原理图

改进粒子群算法的 PID 参数整定流程图如图 5 所示。

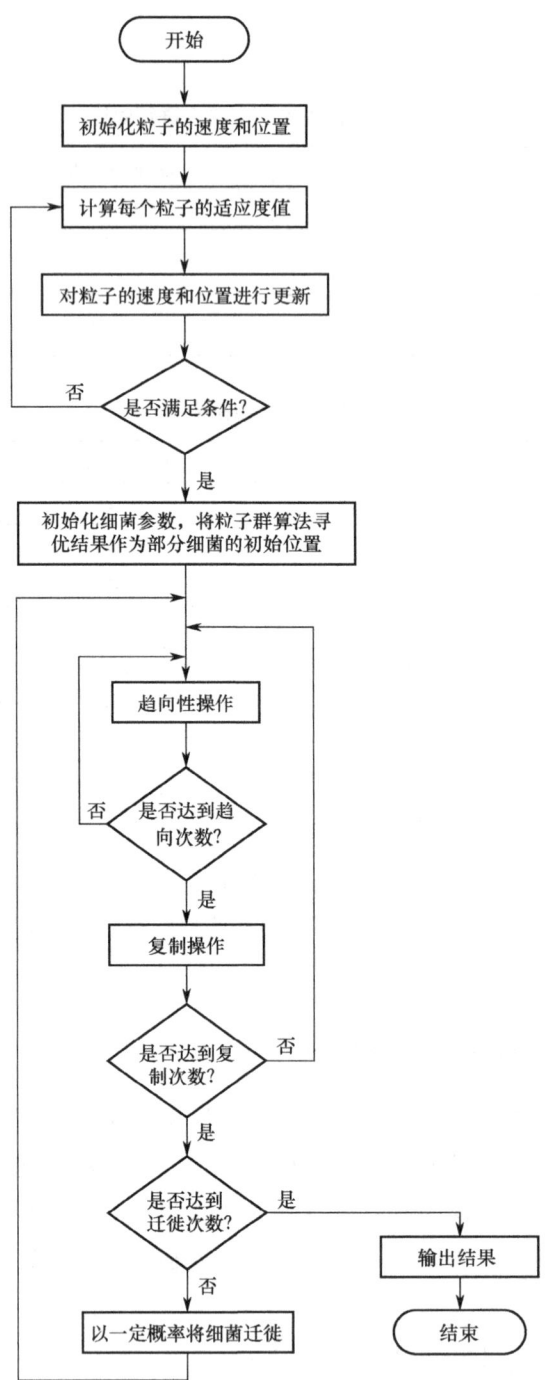

图 5　改进粒子群算法的 PID 参数整定流程图

4　串级 PID 控制策略在水冷机柜温度调控中应用的研究

4.1　水冷机柜温度调节原理

环境温度的调节一般是通过 3 种手段来实现的：一是调节送风温度；二是调节送风量；三是将

前两种手段结合使用。但是，仅通过调节送风温度或者送风量来实现温度的调节存在精度不高、能源效率低等问题，同时为了更好地满足人们对空调系统温度和舒适度的要求，空调控制系统一般是通过将两种手段合理的结合，实现更高精度的温度控制和最大化能源利用率的。目前，数据中心中采用的水冷机柜内环境温度调控是通过调节水阀的开度和风扇的转速，改变送风温度和送风量来实现的，其中送风量分为高、中、低三挡，而水阀开度是无极调节的，如图 6 所示。尽管该温度的调节是结合两种手段同时进行的，但是由于送风量的调控分为 3 个挡位，且在送风温度和送风量调节配合中控制逻辑简单，导致能源的利用率较低、控制精度低等问题。

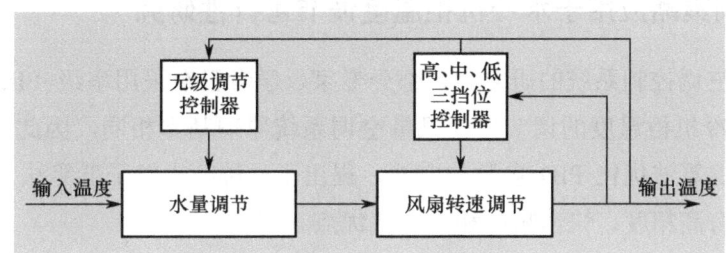

图 6 水冷机柜温度调控原理图

4.2 串级 PID 控制策略及适应度函数设计

目前，在较为复杂的控制结构中，控制结果同时受到多个控制因素的影响，这时需要同时调节各个控制因素的值，以实现更加节能、精准和快速的控制效果。基于这一需求，控制器串级连接策略应运而生。PID 控制策略因其控制逻辑简单且效果明显，在工业控制中得到广泛应用，并且串级 PID 控制策略在一些复杂控制系统中也有一定的应用。然而，串级控制器之间可能存在相互干扰，如果控制逻辑不合理，还可能导致控制效果的互补，从而增加控制系统的内耗，进而对控制结果产生不利影响。

本文在改进粒子群算法 PID 控制策略的基础上，结合水冷机柜温度调控原理，提出了一种基于改进粒子群算法 PID 控制的水冷机柜温度调节策略。串级控制器算法的运行流程与单系统改进粒子群算法 PID 参数整定流程相似，但串级控制应遵循以下设计原则。

（1）由于副控制器的控制效果直接且节能，因此应尽量通过副控制器调节系统的干扰因素，以最大限度发挥副控制器的作用。当副控制器无法满足调节要求时，再由主控制器进行调节。

（2）为了防止主控制器和副控制器之间的互相干扰和共振现象，设计回路的等效时间常数时，主控制器的时间常数应是副控制器时间常数的 3~10 倍。同时，为了使副控制器响应更快，应尽量将副控制器的时间常数设计得较小。

适应度函数作为衡量算法寻优性能的主要指标，其合理的设计对算法性能产生关键影响[15-17]。对水冷机柜串级 PID 控制系统而言，算法的寻优过程定义为在系统正常工作时寻找功耗最小值，即在算法运行过程中，不断对适应度函数进行优化，以确保在工作时功耗最小，同时将寻优输出结果作为 PID 控制器的运行参数。根据水阀开度与风扇转速对服务器降温能力的关系、风扇转速与能耗之间的关系，以及为了避免系统出现超调现象并实现快速响应的目标，可以得出如下适应度函数：

$$J = \int_0^t (w_1|e(t)| + w_2 u^2(t))\mathrm{d}t + w_3 t_r + w_4|U(t)| + w_5 r(t) \tag{5}$$

式中，$e(t)$ 为系统误差；$u(t)$ 为该控制系统的输出；t_r 为系统输出稳定时间；$U(t)$ 为系统当前输出与上一时刻输出差值，用来衡量系统的超调量。以上 4 个值越小，适应度函数 J 的值越小，表示该系统的精度和效率越好，越节能。w_1、w_2、w_3、w_4、w_5 分别为每一项指标的系数，一般取经验值，分别为 0.999、0.001、2、100、30。当算法运行达到设定的迭代次数时，适应度函数极值点处的 PID 参数就是该串级系统的最优解。

4.3 串级 PID 控制策略应用于水冷机柜温度调节可行性研究

目前，在变风量空调控制系统的研究中，部分专家、学者已经采用串级 PID 控制结构，取得了良好的控制效果。水冷机柜温度的调节与变风量空调系统原理基本相同，因此，本文基于串级控制思想，结合改进粒子群算法优化 PID 参数的方法，提出了一种改进粒子群算法 PID 控制的水冷机柜空调系统。该系统具有高精度、快速响应和节能等优点。

水冷机柜通过同时调节水阀开度和风扇转速来实现对内部服务器的降温。与目前的相互独立控制手段相比，本文采用串级 PID 控制逻辑，即水阀开度和风扇转速均通过 PID 控制器进行调节。在温度调节过程中，采用串级 PID 参数自整定的方式，均衡两个 PID 控制器的调节力度[18-20]，其控制逻辑如图 7 所示。然而，串级控制方式也存在一定的风险，如果参数设置不合理，则可能导致两级控制器的输出结果产生相反的作用，从而使控制系统无法达到稳定输出。

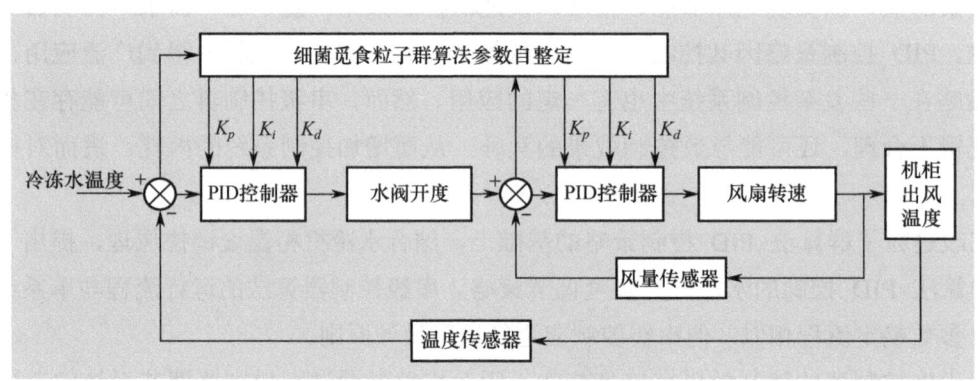

图 7 串级 PID 控制系统控制逻辑

为了保证串级 PID 控制器的控制逻辑能够完好配合，本文采用串级 PID 控制参数自整定方式来求解 PID 控制参数。具体而言，求解过程将两个控制器的 PID 参数 K_p、K_i、K_d 同时作为融合算法的寻优结果，即同时优化 6 个 PID 控制参数。该算法的维数为 6。通过设计合理的适应度函数，使串级改进粒子群算法 PID 控制的水冷机柜能够实现高精度、快速响应的控制效果。理论上，这种方法是可行的，并能有效提高控制系统的性能。

5 结束语

本文针对目前水冷机柜控制系统存在的高能耗、低精度、制冷速度慢等问题展开研究。首先，研究了目前较为先进的寻优控制算法：粒子群算法（PSO）和细菌觅食算法（BFOA）。结合这两种算法在局部搜索和全局搜索能力上的特点，对两种算法进行了融合。具体而言，将细菌觅食算法的趋向性操作中的旋转方向向量替换为粒子群算法的速度公式，通过约束趋向性操作中的旋转方向，使其朝粒子群算法优化后的方向运动，从而提高了该算法的效率，同时弥补了粒子群算法在全局搜索能力上的不足。通过对验证函数的寻优结果来看，改进后的算法具有更好的寻优能力和效率。其次，利用该控制算法替换传统水冷机柜控制手段，即改进粒子群算法 PID 控制策略。结合水冷机柜温度控制通过调节水阀开度和风扇转速的特点，提出了串级 PID 控制手段。根据水冷机柜的工作情况，设计了合理的适应度函数，使其在寻优过程中逐渐趋向于小误差和低功耗。在达到最大迭代次数时，输出对应的优化参数作为 PID 控制参数。最后，结合串级 PID 控制策略在变风量空调系统中表现出的良好控制效果，在改进粒子群算法优化结果的基础上，证明了串级改进粒子群算法 PID 控制策略在水冷机柜温度调节中是有效且可行的。

参考文献

一种改进的 RFID 动态时隙分配算法

熊心宁，毛刚，汪文勇，杨挺，杜明谦

（中国民用航空总局第二研究所，成都 610000）

摘要：本研究聚焦于无线射频识别（RFID）技术在多标签环境中面临的碰撞问题。本研究介绍了 RFID 技术在自动识别系统中的应用现状，并深入分析了现有的防碰撞算法，重点关注改进型动态帧时隙算法。本研究指出，现有算法在处理多标签响应时存在效率和资源分配上的不足。针对这些局限性，本研究提出了一种新的改进型防碰撞算法。该算法融合了动态帧时隙更新策略，并考虑了捕获效应。通过优先识别信号强度较高的标签，有效减少了碰撞，从而提升了系统的识别效率。此外，该算法通过动态调整帧时隙长度，优化了时隙资源的分配，减少了空闲时隙的浪费，提高了单位帧的利用率。结果表明，与现有算法相比，本研究提出的新算法在提升系统识别效率方面成效显著。通过缩短帧分配长度，进一步实现了资源节省，增强了 RFID 系统在复杂环境下的适应性和稳定性。

关键词：RFID 技术；防碰撞算法；捕获效应；系统效率

1 引言

RFID 技术通过无线电波实现对物体、资产或个人的远程识别与跟踪，依赖于附着在物品上的 RFID 标签[1]。然而，在多标签环境下，当多个标签同时响应阅读器的请求时，信号重叠和干扰可能导致碰撞问题，从而严重影响系统的识别效率和准确性，成为制约 RFID 技术发展的关键瓶颈。为了解决这一问题，研究者提出了多种防碰撞算法，旨在提升系统的稳定性和可靠性。其中，动态帧时隙 ALOHA（DFSA）算法因其能够通过调整帧时隙大小来提高标签识别效率而备受青睐[2]。

DFSA 算法在时隙数选择上较传统时隙 ALOHA 算法具有更大的灵活性，但时隙数的选取对算法效率有显著影响。时隙数过少会增加碰撞概率，过多则会降低算法性能。Ferreira 等人[3]基于 ALOHA 协议提出了一种动态帧时隙分配算法（DFSA 算法），该算法采用估算阅读器识别范围内标签数量的方法（TEM），通过动态调整帧大小来避免冲突。然而，DFSA 协议的效率直接受帧的大小影响：帧过大会导致空闲时隙过多，帧过小则易产生过多碰撞时隙，两者都不利于系统效率的提升。Q 值算法[4]是 RFID 防碰撞算法中的重要算法之一，其核心思想是通过动态调整时隙数来优化识别效率。具体来说，Q 值算法根据参数 Q 的变化动态调整识别帧中的时隙数，从而实现更高的识别效率。

然而，大多数文献中的研究者主要通过碰撞时段或结合碰撞时段和空闲时段的值来估算未识别标签的数量[5]。但在基于 RFID 防碰撞协议和 DFSA 的文献中，阅读器往往缺乏关于未识别标签数量的先验信息[6]。现有算法通常在一轮读取后，通过碰撞时段的信息来估算未识别标签的数量，并预测下一个查询周期的帧大小。

针对现有 RFID 防碰撞算法的不足，本文结合捕获效应和动态帧调整策略，提出了一种改进的基于连续碰撞概率的防碰撞算法。该算法充分考虑了捕获效应对碰撞解决的影响，并优化了帧分配策略，旨在提高系统的识别效率和资源利用率。通过理论分析和实验验证，本研究为 RFID 碰撞问题提供了新的解决方法，并为相关领域的研究提供了有益的参考。

2 算法与流程

2.1 算法描述

在 RFID 系统中，当标签总数未知且时隙数固定时，系统性能会面临显著挑战。例如，在动态 Q 值算法中，如果 Q 值设置过小而场景中的标签数量较多，则碰撞率会较高；而当 Q 值设置过大且标签数量较少时，空闲率则会显著增加。为解决这一问题，提出了动态调整 Q 值的算法，该算法允许阅读器根据实际检测到的标签数量和其读取效果进行自适应调整。具体而言，当检测到标签数量较多时，Q 值自动增大，以提高标签的识别效率；反之，当标签数量较少时，Q 值自动减小，以减少空闲时隙的浪费。

为了实现对场内标签数量 N 的准确判断，本研究采用了基于 Q 值分配算法并结合连续碰撞概率的方案。在该方案中，阅读器通过分析每个时隙的响应情况来进行标签识别。每个时隙内可能会出现三种情况：单个标签响应 E_{sq}、无标签响应 E_{eq}、多个标签响应 E_{cq}。

单个标签响应：

$$E_{sq} = \left(\frac{2^Q-1}{2^Q}\right)^{N-1} \times N$$

无标签响应：

$$E_{cq} = \left(\frac{2^Q-1}{2^Q}\right)^{N} \times 2^Q$$

多个标签响应：

$$E_{eq} = 2^Q - E_{cq} - E_{sq}$$

在不考虑碰撞读取率的理想情况下，这三种情况的发生概率与场内标签总数 N 有直接关系。通过分析这些概率，阅读器能够估计标签数量，并据此动态调整 Q 值，以优化时隙分配和提高系统的整体识别效率。

另外，当连续多次碰撞（两次或以上）时，碰撞概率将会越来越大。此时可以调整帧时隙的长度。在动态变化中，下一帧的长度变化条件有所增加：

$$p_{\text{change}} = p_{i-1}^c \times p_i^c$$

因此，可以根据连续碰撞情况发生的概率，对标签识别过程中下一轮盘所需要的时隙个数进行调整：

$$p_{\text{change}} = p_{i-1}^c \times p_i^c$$

$$L_{\text{next}} = \begin{cases} 2^{Q+1}, & p_{\text{change}} \geq 0.5 \\ 等候, & 其他 \end{cases}$$

此外，根据文献[7]中的研究内容，在设计 RFID 识别方案时，有必要考虑捕获效应对系统性能的影响。当多个标签同时对阅读器的查询做出响应时，捕获效应使信号最强的标签更有可能被优先识别。这种效应是 RFID 系统中不可避免的现象，尤其是在标签密集的环境中更为明显。

因此，在考虑捕获效应对系统性能的提升时，如果系统存在一定的捕获概率，并将其定义为 α（捕获系数），则在碰撞情形下，系统同样有概率获得标签反馈的信息。此时，返回标签的情况应为：

$$E_{\text{cap}} = E_{\text{eq}} \times \alpha + E_{\text{sq}}$$

2.2 流程

（1）初始化参数：设定初始帧时隙大小（Q 值）。阅读器准备发送查询命令。

（2）发送查询命令：阅读器向标签发送查询命令，并包含当前帧时隙大小（Q 值）。

（3）标签响应：每个标签在$[0, 2^Q-1]$的范围内随机选择一个时隙号。标签存储这个时隙号，并在该时隙号对应的时间点发送响应。

（4）处理响应：阅读器监听并收集标签的响应。如果在某个时隙内收到多个标签的响应，则发生碰撞。如果在某个时隙内没有收到响应，则该时隙为空闲。

（5）评估碰撞和空闲时隙：阅读器统计碰撞时隙和空闲时隙的数量。

（6）动态调整帧时隙大小：根据碰撞时隙和空闲时隙的数量，阅读器动态调整帧时隙大小（Q 值）。当碰撞时隙过多时，增大 Q 值以减少碰撞；反之，当空闲时隙过多时，减小 Q 值以提高系统效率。在此过程中，首先，需要进一步考虑是否存在连续碰撞问题；其次，捕获效应也应当纳入考虑范围。

（7）重复查询：使用新的帧时隙大小（Q 值），重复步骤（2）至步骤（6）。

（8）终止条件：当所有标签都被成功识别，或者达到预设的查询轮次后，算法终止。

3 实验结果与性能分析

3.1 系统识别效率

通过模拟仿真，假设阅读器的初始帧长度为 64，且 ID 信息位随机分布。仿真中使用了 300 组数据，每组仿真结果为 30 次实验的平均值。在仿真过程中，分别从算法识别效率、系统通信传输量以及消耗的总时隙数三个指标对比了最优 Q 值（Cap-ALOHA）算法与传统基于 ALOHA 算法的性能。

图 1 展示了 ALOHA 算法和 Cap-ALOHA 算法在系统识别效率方面的对比情况。Cap-ALOHA 算

法，吞吐率稳定在 52%左右，最高可达 56.9%，相比 ALOHA 算法的 37%有了显著提升。

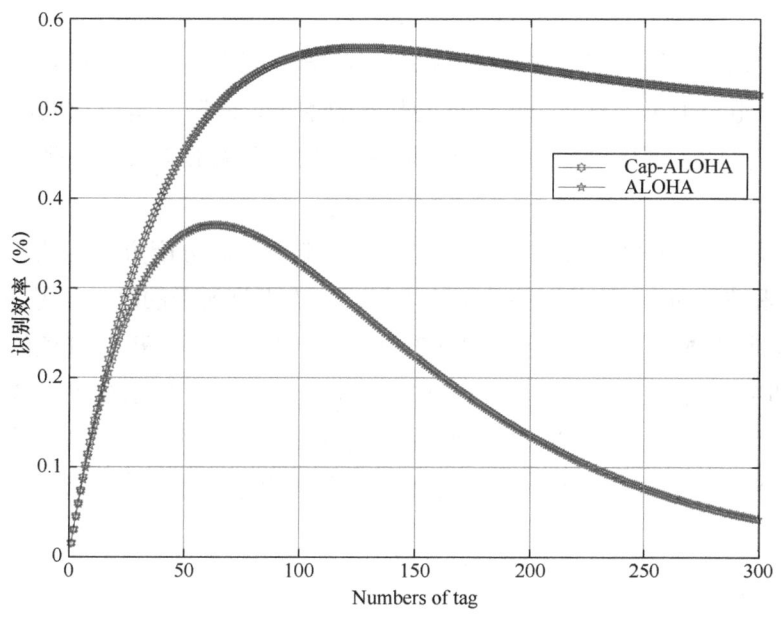

图 1　系统识别效率对比（a）

图 2 展示了四种算法在系统识别效率方面的比较，包括 Vogt 算法、Lowband 算法、Schoute 算法和 Cap-ALOHA（最优 Q 值分配）算法。在标签数量为从 0 到 300 的识别过程中，前三种算法的最优识别率分别为 33.2%、38.3%、38.5%左右，最终稳定在 30%、32%、33%左右。而最优 Q 值分配算法的表现优于上述三种算法，采用该算法后，系统的识别率可以稳定在 36.8%左右。

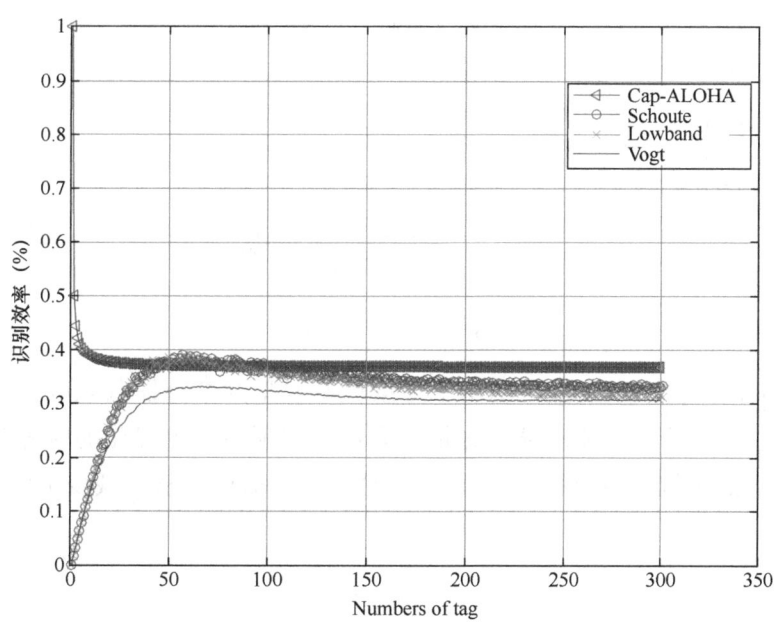

图 2　系统识别效率对比（b）

经过分析，理论上最优 Q 值分配算法在每次盘讯流程中能够实现最大的识别效率。然而在实际应用中，由于阅读器无法预先估计参与识别的标签数量，因此往往难以始终保持这一最优识别效率。

3.2 时隙使用率

为了全面描述系统的识别性能，本研究还探讨了时隙分配方案中的时隙分配效率。在不同的多标签识别方案中，时隙分配至关重要。随着标签数量的增加，时隙数量应相应增加；反之，时隙数量应减少。在少量标签的识别环境中，虽然大规模的时隙分配能够有效避免碰撞，但也会导致系统资源的浪费。

图 3 展示了四种方案的对比，直观地呈现了不同策略下时隙分配方案的效率。对于传统的动态分配方案 Lowband 和 Schoute，随着标签数量的增加，每次查询所需的时隙数量呈线性增长。在 300 个标签识别方案下，这两种方案分别需要近 1000 个时隙。相比之下，基于 Q 值的动态分配方案在前两者的基础上进一步减少了时隙需求。然而，在标签数量少于 100 的情况下，该方案的时隙分配略多。其原因在于，基于 Q 值分配的方案中，时隙数量由 2 的幂次决定。例如，当标签数量为 33 或 65 时，略大于 2 的 5 次方或 6 次方时，Q 值增加 1 会显著增加时隙数量，从而导致时隙数量略高于传统方案。

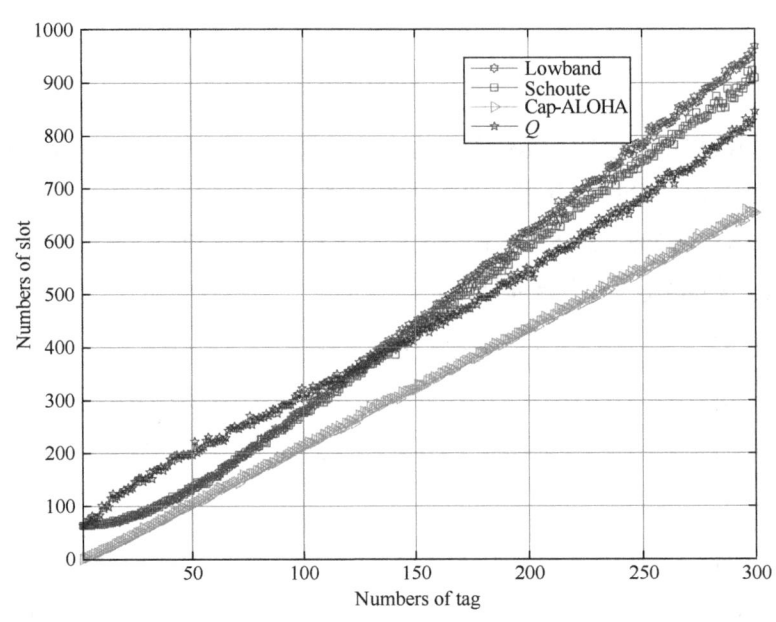

图 3 时隙利用率对比

在相同标签数量范围内，本文提出的基于连续概率模型并结合捕获效应的方案，不仅能够提高识别效率，还能进一步减少时隙需求。这是因为该方案采用了更优化的时隙分配策略，并考虑了捕获效应的影响，成功地将一些碰撞时隙转化为成功读取时隙，从而减少了后续查询所需的时隙数量。

4 结论

本研究针对 RFID 系统中的多标签碰撞问题，提出了一种改进的基于连续碰撞概率和捕获效应的防碰撞算法。该算法综合考虑了捕获效应和动态帧时隙更新策略，通过模拟实验验证了新算法的有效性。实验结果表明，与传统算法相比，新算法在识别效率上有显著提升，同时通过优化时隙利用效率，进一步提高了系统的识别效率和时隙利用率。这为提升自动识别系统的性能提供了重要的理论依据和实践意义。未来，我们将继续优化该算法，以适应更广泛的应用场景，推动 RFID 技术的进一步发展和应用。

参考文献

第四部分　网络流量检测

量子算法在网关异常流量检测中的应用与方法分析

王士通[1]，徐辉[1]，胡咏文[2]，潘伊特[1]，任鑫威[1]，徐凌潇[1]，周宏飞[1]，王慎[1]

（1. 浙江之江数安量子科技有限公司，浙江 311121；
2. 中国联合网络通信有限公司金华市分公司，浙江 310005）

摘要： 本文通过结合 Grover 算法和模糊哈希算法，将量子算法应用于网关的异常流量检测中。利用量子计算的并行搜索优势和模糊哈希算法在特征相似性检测中的鲁棒性，构建了一个高效的异常流量检测系统。该系统通过量子模拟，在 8 量子比特的情况下实现和验证，并分析了异常流量检测成功率的影响因素。本文详细阐述了如何在不同情况下调整流量特征的模糊哈希值的 Hamming 距离的允许误差，以优化检测性能。

关键词： 量子算法；网关；流量检测；Grover 算法；模糊哈希

1 引言

伴随物联网（IoT）技术的迅猛发展，物联网设备的大量连接与数据传输带来了显著的安全隐患，尤其是在流量安全方面[1]。面对这些挑战，传统基于规则或统计的异常流量检测方法存在多方面的不足。传统方法在大规模数据处理上效率低下，无法实时检测异常[2]；现有的流量检测技术无法直接分析加密流量的内容，导致检测准确率下降；物联网设备和网络具有高度异质性，不同设备和应用场景产生的流量模式各异，攻击行为复杂多样，传统规则或基于模型的检测难以涵盖所有可能的攻击手段。

为了应对这些挑战，量子计算凭借其强大的并行计算能力，提供了新的解决方案。量子算法，特别是 Grover 算法，能够提高在大规模无序数据库中搜索特定项的效率[3]。这一特性使得量子算法在流量特征比对与异常检测中具有巨大的潜力。通过整合量子算法，网关能够更快速地检测异常流量和隐藏在加密流量中的潜在威胁，从而为物联网系统提供更加高效的安全防护。

量子计算利用量子力学的特性，如叠加性和纠缠性，在处理特定类型的问题时展现出巨大的计算优势。与经典计算相比，量子计算能够并行处理多个状态，并在某些复杂问题上提供指数级的速度提升。在物联网流量检测和网络安全领域，量子计算的优势也在多个方面得到了体现。

量子计算的另一项潜在优势在于，可应对传统检测手段难以有效监测的加密通信。由于量子计算特别适合对复杂的数学结构进行快速分析，如在密码分析中使用的 Shor 算法可以在多项式时间内破解常见的公钥加密体系，其强大算力有望深入剖析加密流量的行为特征，从而检测隐藏在加密通信中的异常活动或攻击行为。

传统流量检测算法通常依赖于预定义的规则或模式，而这些规则往往难以覆盖所有可能的攻击类型和场景。量子计算则能够更高效地搜索、匹配和分类海量的流量特征数据，提升系统在未知攻击场景下的灵活性和检测能力。通过结合模糊哈希算法，量子计算能够在检测到与正常流量相似的特征值时加速搜索流程，而在检测到显著差异时则及时标记为异常流量，从而有效减少误报率和漏报率。

量子计算在流量分析领域的应用尚处于初步探索阶段，研究主要集中在流量特征的高效匹配和异常检测上。一些研究已经开始探索如何利用 Grover 算法加速流量特征匹配过程，以提高网络安全系统的实时性[4]。Grover 算法的并行搜索特性使其能够快速搜索大规模的流量数据库，从而在流量异常检测中展现出潜在的优势[5]。例如，Liu 等人提出了一个基于量子计算的流量检测框架，该框架通过 Grover 算法加速特征搜索，提高了流量异常检测的效率[6]。

为了应对物联网网络中的流量安全挑战，本文提出了一种结合量子计算和模糊哈希算法的网关流量检测方案。该方案利用量子计算的并行搜索优势，以及模糊哈希算法在特征相似性检测中的鲁棒性，构建了一个高效的异常流量检测系统。本文的方案设计包括以下几个关键环节：流量采集与预处理模块、特征提取与模糊哈希计算模块、量子搜索与异常检测模块。

2 背景技术

2.1 Grover 算法

Grover 算法是一种用于在无序数据库中搜索满足特定条件的状态的量子算法。与经典搜索算法相比，Grover 算法通过量子并行处理显著提高了搜索效率，其时间复杂度为 $O\sqrt{N}$。

2.2 模糊哈希算法

模糊哈希（Fuzzy Hashing）算法是一种通过比较文件相似性来检测细微变动的算法，广泛应用于数字取证、恶意软件分析和重复数据删除等领域。与传统的哈希算法不同，模糊哈希算法不仅能够识别完全相同的文件，还能识别在内容上有细微变化的文件。因此，模糊哈希算法在处理文件内容稍有改动但整体一致的情况时，具有显著优势。

3 量子网关架构概述

我们将按照下述方式设计网关的架构。

3.1 流量采集与预处理模块

1）流量采集

网关位于网络的边缘位置，负责监控通过它的数据流。该模块实时捕获所有进出网关的数据包，并记录每个数据包的时间戳、大小、源地址、目标地址等基本信息。对于每个时间窗口内的流量，网关会进行整体记录，以便后续进行详细分析。

2）预处理

捕获的流量数据通过预处理模块进行简化和结构化处理，提取出一系列具有代表性的流量特征。这些特征包括但不限于数据包总数、平均数据包大小、流量的偏离程度、传输频率等。这些特征为后续的模糊哈希计算和异常检测提供了基础数据。

3.2 特征提取与模糊哈希计算模块

1）特征提取

流量预处理后，将对从中提取的关键特征进行进一步处理。特征的选择基于对正常流量行为的分析，这些特征在统计学上能够有效区分正常流量和异常流量。例如，流量峰值、传输间隔分布等特征能够揭示网络流量的规律性和异常波动，为后续的流量分析和异常检测提供准确的依据。

2）模糊哈希计算

为了适应轻微的流量变化，采用模糊哈希算法对提取的流量特征进行处理。模糊哈希的目标是为相似的特征生成接近的哈希值，从而在检测过程中更有效地应对流量中的噪声。通过这种方式，即使在流量发生细微变化时，系统也能保持较高的准确性。计算出的哈希值将存储到本地数据库中，供后续的匹配和异常检测使用。

3.3 量子搜索与异常检测模块

1）量子搜索

本方案的核心创新在于利用 Grover 算法对模糊哈希值进行快速匹配。每隔固定时间段，网关会对新的流量特征进行模糊哈希计算，并利用 Grover 算法在存储的哈希数据库中查找相似值。与经典搜索算法相比，Grover 算法通过量子并行处理能够以较低的时间复杂度高效地搜索大规模数据集，显著地提高了流量检测的效率。

2）异常检测

通过量子搜索找到的最相似哈希值与当前流量的模糊哈希值进行比对。如果相似度超过设定阈值，则判定该流量为正常流量；如果与数据库中的所有哈希值相差较大，则判定为异常流量。一旦检测到异常流量，网关将触发相应的安全响应机制，如报警、流量限制或流量隔离，以保障网络安全并防止潜在的风险扩展。

3.4 硬件与软件的协同工作

1）量子计算硬件

为了实现量子加速,网关需要集成量子计算模块,或通过云端量子计算资源进行交互。目前,可以利用现有的噪声中尺度量子(NISQ)计算设备来运行 Grover 算法。尽管量子硬件仍处于发展阶段,但通过优化硬件配置与量子算法,本文提出的网关设计能够为未来的大规模流量实时检测奠定基础。

2）软件架构

在软件层面,每个功能模块通过接口彼此协作,确保流量从捕获、预处理、哈希计算到量子搜索与响应的完整流程得以顺利执行。

4 流量特征提取

为了在量子网关中检测异常流量或加密流量,本文采用模糊哈希算法对流量特征进行计算。通过该算法计算得到的哈希值将用于后续的相似度搜索,利用 Grover 算法对存储的哈希值进行高效匹配,从而快速发现潜在的异常流量。

4.1 流量特征提取

在每个固定时间窗口内,网关会从通过的流量数据中提取一系列特征,这些特征用于反映流量的总体行为。常用的流量特征包括数据包数量 $N(t_i)$(该时间段内通过网关的数据包总数)、平均数据包大小 $S_{avg}(t_i)$(该时间段内所有数据包大小的平均值)、数据包大小标准差 $S_{std}(t_i)$(该时间段内所有数据包大小的标准差)、平均传输频率 $v(t_i)$(每秒钟通过的数据包数量的平均值)、流量偏差 D_{flow}(数据包数量相对于时间的变化率,反映流量的不均匀性)、平均时延 L_{avg}(该时间段内的数据包到达时所花的平均时间)、抖动 J(该时间段内的数据包到达时所花时间的标准差)等。

提取的特征将形成一个特征向量 F: $F = [N(t_i), S_{avg}(t_i), S_{std}(t_i), v(t_i), D_{flow}, L_{avg}, J, \cdots]$。

具体的特征计算公式如下。

数据包数量:$N(t_i) = \sum_{t_i \leq t < t_i + \Delta t} 1$,其中 t_i 为监测时段的起始时间,Δt 为监测时段的持续时间,t 为收到数据包的时刻;平均数据包大小:$S_{avg}(t_i) = \dfrac{\sum_{t_i \leq t < t_i + \Delta t} S(t)}{N(t_i)}$;数据包大小标准差:

$S_{std}(t_i) = \sqrt{\dfrac{\sum_{t_i \leq t < t_i + \Delta t}[S(t) - S_{avg}]^2}{N(t_i)}}$,其中 $S(t)$ 为 t 时刻接收到的数据包的大小;平均传输频率:

$v(t_i) = \dfrac{N(t_i)}{\Delta t}$;流量偏差:$D_{flow} = \dfrac{N(t_i) - N(t_{i-1})}{\Delta t}$;平均时延:$L_{avg} = \dfrac{\sum_{t_i \leq t < t_i + \Delta t}[t - t_{sent}(t)]}{N(t_i)}$,其中 $t_{sent}(t)$ 为 t 时刻到达的数据包的发送时间;抖动:$J = \sqrt{\dfrac{1}{N(t_i)} \sum_{t_i \leq t < t_i + \Delta t}[t - t_{sent}(t) - L_{avg}]^2}$。

4.2 模糊哈希计算

在本文中，使用了 ssdeep 模糊哈希算法，该算法可以有效处理近似匹配场景。计算步骤如下。

（1）流量特征序列化：将特征向量 $\boldsymbol{F}$ 序列化为一个字符串，表示为：
$$\text{Serialized}(\boldsymbol{F}) = \text{to\_string}(N(t_i), S_{\text{avg}}(t_i), _{\text{std}}(t_i), v(t_i), D_{\text{flow}}, L_{\text{avg}}, J\cdots)$$

（2）模糊哈希值生成：使用模糊哈希函数对序列化的特征字符串进行哈希计算。设模糊哈希函数为 H_{fuzzy}，则模糊哈希值 $\boldsymbol{h}$ 为 $H_{\text{fuzzy}}(\text{Serialized}(\boldsymbol{F}))$。

（3）存储模糊哈希值：生成的模糊哈希值 $\boldsymbol{h}$ 将被存储到网关的数据库中。每个哈希值关联一个时间戳，记录特定时间窗口内的流量特征。存储格式如下。

- 时间戳：表示该哈希值对应的时间窗口。
- 模糊哈希值：通过模糊哈希算法生成的哈希字符串。

4.3 数据库中的模糊哈希值搜索

在网关检测异常流量时，首先从流量中提取特征并计算出当前时间窗口的模糊哈希值，然后通过 Grover 算法对数据库中已存储的模糊哈希值进行搜索。具体搜索过程将在下文详细描述。通过该流程，网关能够利用模糊哈希算法生成易于存储和比对的流量特征表示形式，并使用 Grover 算法进行快速的异常流量检测。

5 Grover 算法应用于异常流量检测

假设数据库中总共有 N 个记录，用 $\boldsymbol{h}_j$ 表示其中第 j 个记录。网关每隔一段时间 $(t_i, t_i + \Delta t)$ 就将这段时间的流量记录下来，这段时间的序列化特征向量的模糊哈希值用 $\boldsymbol{h}(t_i)$ 表示。为了搜索与 $\boldsymbol{h}(t_i)$ 的 Hamming 距离小于或等于给定阈值 T 的数据，相应的函数如下，$f(\boldsymbol{h}_j) = \begin{cases} 1 & \text{Ham}(\boldsymbol{h}(t_i), \boldsymbol{h}_j) \leq T \\ 0 & \text{Ham}(\boldsymbol{h}(t_i), \boldsymbol{h}_j) > T \end{cases}$，其中 Ham 为 Hamming 距离函数。初始化量子寄存器 $|\psi_0\rangle$，使其为所有正常流量的模糊哈希值所对应的量子态的线性叠加。将函数 f 作用上去以翻转与检测流量的模糊哈希值类似的数据库流量所对应的量子态的相位：$\boldsymbol{O}f|\psi_0\rangle = \sum_j (-1)^{f(\boldsymbol{h}_j)} \boldsymbol{\alpha}_j |\boldsymbol{h}_j\rangle$，如对于 $N=5, T=3$ 的情况，f 所对应的量子线路如图 1 所示，对于 N, T 取一般值的情况也是类似的。

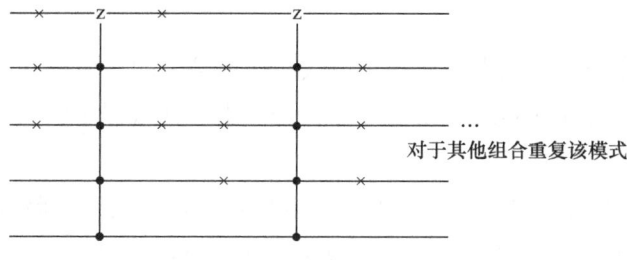

图 1　算符 $\boldsymbol{O}$ 的量子线路

然后，应用扩散算符 $D(D=2|\psi_0\rangle\langle\psi_0|-I)$。根据 Grover 算法，该迭代过程需要重复 $O(\sqrt{N})$ 次。通过测量获得的终态来检测异常流量，若 $h(t_i)$ 与数据库中的所有模糊哈希值的 Hamming 距离都大于阈值 T，就认为这段时间流量异常。

将图 1 的量子线路代入 Grover 算法的总线路，并将数据库中模糊哈希值所对应量子态的叠加态作为量子线路的输入，则经过总线路之后，可以以较大概率输出与当前进行检测的模糊哈希值所对应量子态的 Hamming 距离小于给定阈值的量子态。计算以最大概率输出的量子态对应的模糊哈希值与当前检测的模糊哈希值的 Hamming 距离，如果结果小于阈值，则意味着当前检测的流量为正常流量，如果结果大于阈值，则意味着无法找到 Hamming 距离小于阈值的态，即当前检测的流量为异常流量。

Grover 算法的量子态操作依赖足够数量的量子比特来表示数据库中的哈希值。对于存储大量正常流量的模糊哈希值数据库，所需的量子比特数将随着数据库规模的增长而增加。

例如，若数据库中存储了 2^n 个哈希值，则需要 n 个量子比特来表示这些哈希值。Grover 算法的运行时间与数据库的大小 N 成平方根关系，即需要 $O(\sqrt{N})$ 次迭代才能找到目标模糊哈希值。因此，随着数据库规模的扩大，系统依然能保持较高的效率。通过在网关中集成 Grover 算法来执行模糊哈希值搜索，能够显著提高流量匹配的效率，尤其在面对大规模的正常流量数据库时，Grover 算法的量子加速特性可以有效降低检测时间。相比传统的线性搜索算法，Grover 算法在搜索复杂性上具有量子优势，使网关能够以较低的计算资源成本处理庞大的流量数据。

6　实验与性能分析

在本研究中，我们设计并测试了量子网关中使用 Grover 算法和模糊哈希算法的流量异常检测方案。为了验证该方案的有效性，本文使用了如下实验环境和工具，包括数据集选择、量子模拟器平台以及准确性测量指标。

1）数据集

为了评估量子网关在异常流量检测方面的性能，本文使用了公开可用的流量数据集。该数据集包含正常流量和多种异常流量类型，适用于流量特征提取和异常检测。通常选用的数据集具有以下特征。

- NSL-KDD 数据集：该数据集是物联网流量检测的标准数据集，包含正常流量以及多种攻击类型（如 DoS 攻击、端口扫描、探测等）。此数据集提供了丰富的流量样本，适用于验证异常流量检测效果。
- CICIDS 2017 数据集：该数据集涵盖了现代网络环境下的流量行为，包含正常流量和各种网络攻击（如 DDoS、Brute Force、SQL 注入等）。由于其数据量较大，适用于测试量子算法在大规模数据库中的表现。

在实验中，特征提取模块从这些数据集中提取多种特征，并对这些特征进行模糊哈希计算，生成用于匹配和检测的模糊哈希值。具体而言，本文采用了 SDDP 算法。

2）实验步骤

由于当前真实量子计算硬件的资源有限，本文使用量子模拟器 Google Cirq 来模拟 Grover 算法在量子计算中的执行过程。实验过程中，我们依次执行以下步骤。

（1）流量特征提取与模糊哈希值计算：从流量数据集中提取特征，通过模糊哈希算法计算出每个时间窗口对应的模糊哈希值。

（2）量子搜索模拟：使用 Google Cirq 模拟 Grover 算法的执行，模拟的量子电路根据模糊哈希值生成量子态，进行叠加态初始化、黑盒函数标记、扩散算符迭代，最后通过测量获得匹配结果。

（3）输入：模拟的流量数据，包含正常流量和异常流量，并被封装为量子态；输出：匹配数据。

为了使程序在本环境中易于运行，在模拟情况下假设模糊哈希算法生成的模糊哈希值长度只有 8 个量子比特，那么我们可以获得以下结果，如表 1 所示。

表 1　异常流量检测成功率

比 特 数	阈 值 T	成 功 率
8	2	35%
8	3	70%
8	4	92%

给定一个流量数据段，对其进行异常流量判定的成功率取决于两个主要因素：一方面，由于 Grover 算法的概率属性，在使用该算法进行搜索时，存在一定概率会搜索到错误的结果。然而，只要选择了正确的迭代次数，获得正确搜索结果的概率将接近 100%。另一方面，更大的影响因素是模糊哈希算法对于正常流量和异常流量的分离质量，即我们必须保证使用模糊哈希算法获得流量特征的模糊哈希值后，异常流量与正常流量之间模糊哈希值的 Hamming 距离显著大于正常流量模糊哈希值之间的 Hamming 距离，并选择合适的 Hamming 距离阈值对正常流量和异常流量进行区分。下面我们分析成功率与阈值选择之间的关系。

令 traft 表示待检流量，hdmin(traff,base) 表示待检流量与数据库中正常流量的 Hamming 距离的最小值。如果对于正常流量，hdmin(traff,base)≤T 的概率为 $p_n(T)$（p_n 随 T 递增），对于异常流量，hdmin(traff,base)>T 的概率为 $p_a(T)$（p_a 随 T 递减），异常流量在总体流量中的占比为 x，那么在忽略 Grover 搜索错误率的情况下，检测流量时判定成功的概率为 $p_{success} = (1-x)p_n(T) + xp_a(T)$。所以，当异常流量较多时，为了提高判定的成功率，需要适当提高 p_a，或者降低阈值 T，当异常流量较少时，则需要适当提高 p_n，或者提高阈值 T。如果存在一种理想情况：待检流量为正常流量当且仅当 hdmin(traff,base)≤T_0，其为异常流量当且仅当 hdmin(traff,base)>T_0，那么此时如果将阈值取为 $T=T_0$，则 $p_n = p_a = 1$，判定的正确率接近 100%。

为了进一步阐释本文所提方案在不同流量场景下的最佳阈值选择，我们在原有实验基础上，额外设置了三种具有不同恶意流量占比的网络流量环境进行统计分析。我们依然将一些正常流量的模糊哈希值作为判定基准，并将其记录在一个小规模数据库（约 256 条记录）中，使用 8 个量子比特来记录这些基准流量对应的地址。

对于数据集中的每个流量样本，我们计算其与小规模正常流量数据库中流量的 Hamming 距离的最小值，并将其统计分布绘制，如图 2 所示。从图中可以粗略估计，这种情况下合理的阈值应该取

在 $T=5$ 附近。而对于特定异常流量占比，为了获得最佳阈值的确切值，需要根据 p_{success} 的表达式计算使其取最大值的阈值。

图 3 展示了在异常流量占比 x 分别为 0.3、0.4 和 0.5 的情况下，检测成功率（忽略 Grover 算法的失败率）随阈值变化的曲线。从图中可以看出，当异常流量占比增加时，最佳阈值会降低；在三种不同的异常流量占比下，阈值分别在 6、5、4 时成功率达到最大值。

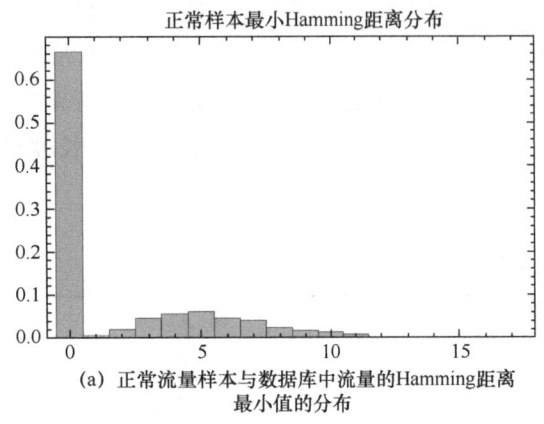
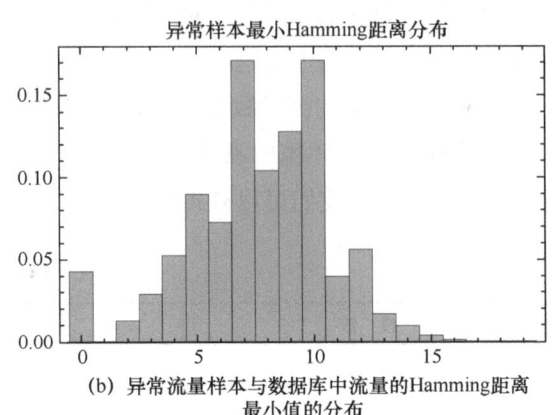

图 2　正常流量样本和异常流量样本与数据库中流量的 Hamming 距离最小值的分布

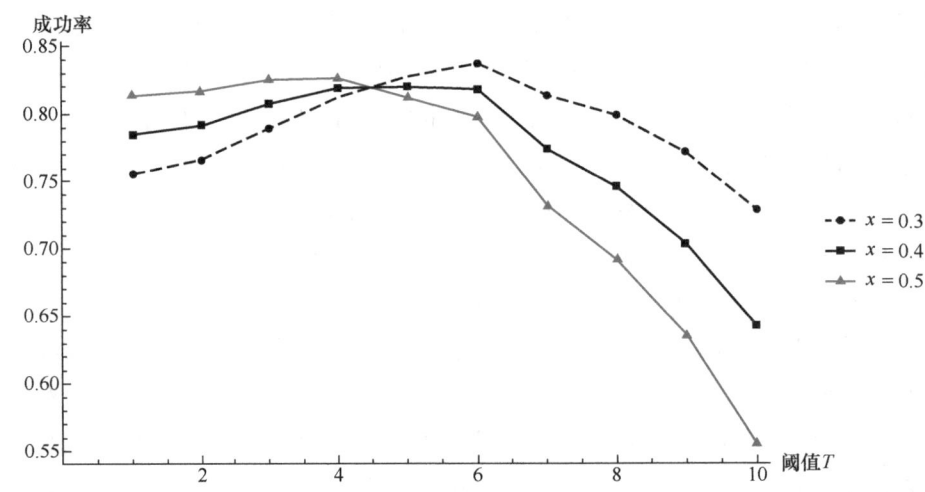

图 3　异常流量占比分别为 $x=0.3$、$x=0.4$、$x=0.5$ 时检测成功率（忽略 Grover 算法的失败率）随阈值 T 的变化曲线

然而，在实际场景中，$p_n(T)$、$p_a(T)$ 和 x 都是未知的，如何对它们的取值进行建模，以及如何选择合适的流量特征和模糊哈希算法，需要结合具体情况进行进一步分析。

7　总结与展望

在本文中，我们提出了一种基于量子搜索的异常流量检测机制，利用量子计算的独特优势，特别是 Grover 算法的高效性，提高了大规模流量检测的速度。传统的流量检测方法往往依赖逐一比对和复杂的统计分析，处理大规模流量时效率低下。而量子搜索算法则能以平方根时间复杂度实现异常模式的快速搜索，从而增强实时检测的能力。

量子计算在理论上具有显著的优势，尽管目前量子计算硬件尚处于发展初期，但随着未来在量子比特数量和质量等方面的进展，我们有理由期待能够实现更大型的量子算法，使得本文提出的方案可以处理更大规模的流量。现阶段，量子态容易受到环境噪声的影响，这会影响计算结果的稳定性。因此，量子纠错和量子态保持技术的发展成为一个重要研究方向，这为量子计算在实际应用中的落地提供了巨大的可能性。

另外，模糊哈希算法的应用为不确定性流量的检测提供了良好的适应性。通过对正常流量特征的模糊哈希处理，我们能够在容忍一定程度变化的情况下，依然有效识别流量模式。这种方法能够有效应对由于网络波动或其他环境变化引起的流量变化。

除了本文研究的问题，该领域仍有许多有待解决的课题。例如，寻找高效的方法检测隐藏在加密流量中的攻击行为，以及进一步提高检测效率和准确性。我们将在未来的研究中继续探索这些重要问题。

参考文献

基于SDN的ROADM网络链路故障快速检测及恢复的研究

杨锦旻

（中国通信建设集团设计院有限公司第四分公司，郑州 450007）

摘要：传统的ROADM网络加载WSON可以实现全网预置重路由恢复及动态重路由恢复。然而，单纯使用WSON方案，无论是预置重路由还是动态重路由，都需要在故障发生前或故障发生后进行全网信令迭代计算，以确定端到端的恢复路径，这样不仅消耗资源较大，而且恢复时间较长。本文提出了一种在ROADM网络中引入SDN控制平面协同WSON的路由保护恢复机制。该机制通过直接根据波道信息头部的MPLS-TP标签进行数据转发，当光层链路发生故障时，链路状态会上报至SDN集中控制器，从而能够迅速感知链路故障，并实现故障路由的快速恢复。

关键词：ROADM；WSON；动态重路由；SDN；MPLS-TP

1 引言

随着5G、云计算、物联网等技术的兴起，光传送网正朝着IP化、宽带化、集成化和智能化方向发展。在这一背景下，可重构光分插复用器（Reconfigurable Optical Add-Drop Multiplexer，ROADM）设备应运而生，并在网络智能管理、灵活调度等方面取得了显著进展。

当前，ROADM网络引入了波长交换光网络（Wavelength Switched Optical Network，WSON），实现了全光网中光层损伤的评估检测及故障路由的恢复。ROADM加载WSON后，全光网具备了预置重路由恢复和动态重路由恢复的能力。预置重路由恢复是指为工作路由提前计算出一条端到端的恢复路径，并通过预先交换信令预留资源。此方法恢复速度较快，但存在预留资源占用率较高、预置路径部署方式不够灵活等问题。动态重路由恢复则是在故障发生前不预先建立恢复路径，而是在故障发生后，利用信令实时建立恢复路径。如果当前恢复路径失效，则需重新进行重路由。

目前，ROADM网络基本采用WSON动态重路由恢复机制。动态重路由受网络规模和负荷的影响，网络规划计算难度较大，通常需要通过专业软件对全网进行故障模拟，并预先配置恢复资源等。WSON动态重路由恢复机制的故障检测及恢复时间一般较长，通常达到分钟级别，适用于对故障路径恢复时延要求不高的业务场景。

为此，本文提出了一种在 ROADM 网络中采用软件定义网络（Software Defined Network，SDN）集中控制器的方案，通过 SDN 流信息对光层链路进行故障感知。当检测到光层链路发生故障时，SDN 集中控制器与 WSON 控制平面协同工作，将波道路径切换至备份路径，从而实现波道路径的快速恢复。该方案能够满足 ROADM 网络在承载业务时对链路故障恢复时延要求较高的应用场景。

2 ROADM 网络引入 SDN 控制平面

2.1 SDN 基本架构

传统网络将控制平面和数据平面集成在同一网络设备中，导致网络控制平面非常复杂，无法充分体现其灵活性和扩展性。斯坦福大学 Ethane 项目团队提出了 SDN 三层架构，分为应用层、控制层和基础设施层，如图 1 所示。该架构将传统网络设备的控制平面与数据平面解耦，并提供网络的可编程功能。全局视角的整网逻辑控制由控制平面的控制器负责，SDN 通过控制器实现整个网络的集中控制。控制器以可编程方式管理 ROADM 设备网元，并根据网络流量变化实时动态调整转发策略，从而提升整个网络的性能。

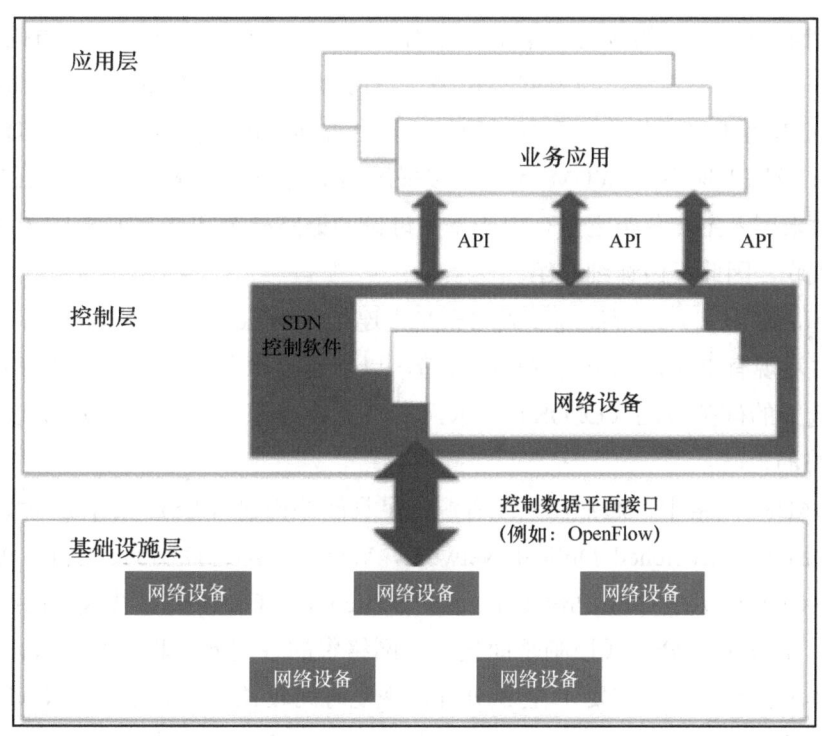

图 1　SDN 三层架构

2.2 ROADM 网络特点

ROADM 的本质是基于波分复用（Wavelength Division Multiplexing，WDM）技术，但与传统的密集波分复用（Dense Wavelength Division Multiplexing，DWDM）不同，ROADM 能够动态地对波长业务进行上下调整，实现波长业务在任意方向的交叉调度。

ROADM 可广泛应用于长途网络和本地网络，并支持多种常见的拓扑结构，如链型、环型和网状型等。ROADM 设备的典型组网如图 2 所示。

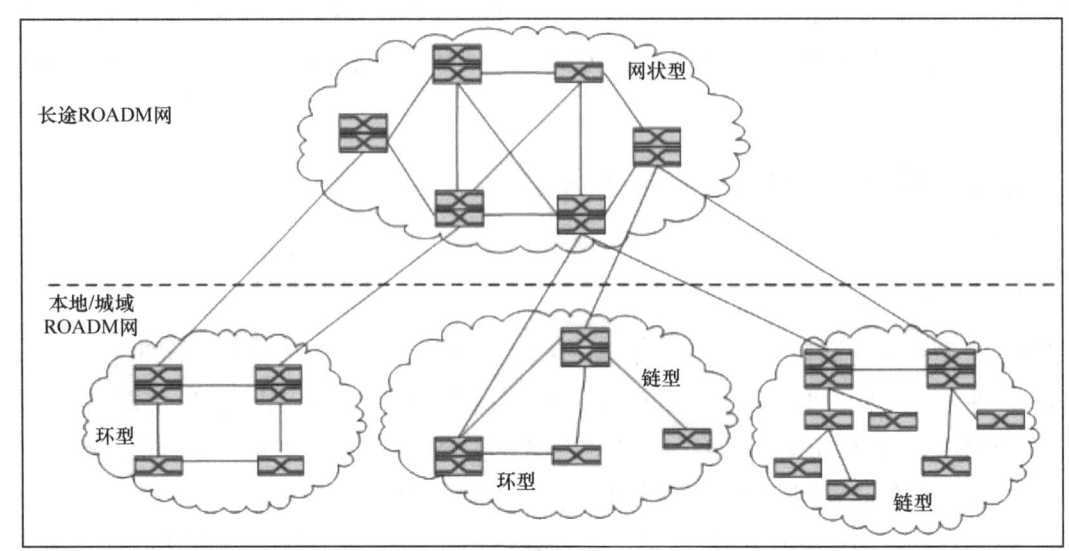

图 2 ROADM 设备的典型组网

目前，ROADM 组网设备的应用方案主要分为三种类型：与波长无关、与方向有关、与内容有关的 C-ROADM；与波长不相关、与方向不相关、与内容相关的 CD-ROADM；与波长、方向和内容都不相关的 CDC-ROADM。此外，还有一种与波长、方向和内容都相关的 ROADM 设备类型，但由于当前 100Gb/s 及以上速率的 WDM 系统大多采用相干可调的线路模块，因此该类型设备在网络中的应用较少，故未列入主要分类之中。由于本文讨论的链路检测和恢复方案与 ROADM 不同设备的形态没有直接关联，因此不做详细介绍。

自 2023 年起，国内三大运营商逐步采用光交叉连接（Optical Cross-Connect，OXC）设备新建 ROADM 网络，并对现有 ROADM 进行 OXC 改造，以节省电源和空间。OXC 和 ROADM 设备均基于相位控制波长选择的硅基液晶（LCOS）技术，本质上没有区别。因此，OXC 设备的组网也可以归入 ROADM 网络的范畴。

在传统的 ROADM 网络中，通常在光缆资源充足且能够构建 MESH 拓扑的环境下，会加载波长交换光网络（Wavelength Switched Optical Network，WSON）融合控制面。然而，WSON 采用通用多协议标签交换（Generalized-Multi-Protocol Label Switching，G-MPLS）协议、路径计算元素（Path Compute Element，PCE）等分布式控制平面技术，网络中的各网元全程参与计算，从而实现波长路由的调度。由于其波长路由恢复需要 1 至 3 分钟，恢复时间较长，因此在 ROADM 网络中，我们通常采用毫秒级别的光线路保护（Optical Line Protection，OLP）、光通道 1+1 保护等协议，或者在部署光传输网（Optical Transport Network，OTN）的网络中启用子网连接保护（Subnetwork Connection Protection，SNCP）协议。

2.3 引入 SDN 控制平面

ROADM 引入 SDN 控制平面与 WSON 相似，但有所区别，SDN 采用集中式控制方式。具体而言，SDN 控制平面集中在网络上层的 SDN 控制器，通过 G-MPLS 协议实现。光通道传送单元（Optical Channel Transport Unit，OTU）作为流量工程（TE）链路，ROADM 被视为 G-MPLS 网络，从而可以应用流量工程的路由协议和信令协议。

对于引入光电混合交叉网络（ROADM+OTN）的情况，光数据单元（Optical Data Unit，ODU）也同步归类为 TE 链路，融入 G-MPLS 网络。因此，本文研究的链路检测及恢复方案适用于 ROADM 纯光交叉和光电混合交叉网络，且不特别区分两者。

在引入 SDN 架构的 ROADM 网络中，需要对控制平面进行功能分解。具体而言，本地标签转发信息库、本地光电交叉连接信息等都以分布式方式部署在全网各网元上，而 TE 链路状态数据库和整网的路径计算模块则集中在 SDN 控制器上。传统 ROADM 网络引入 SDN 控制平面后的拓扑示意图如图 3 所示。

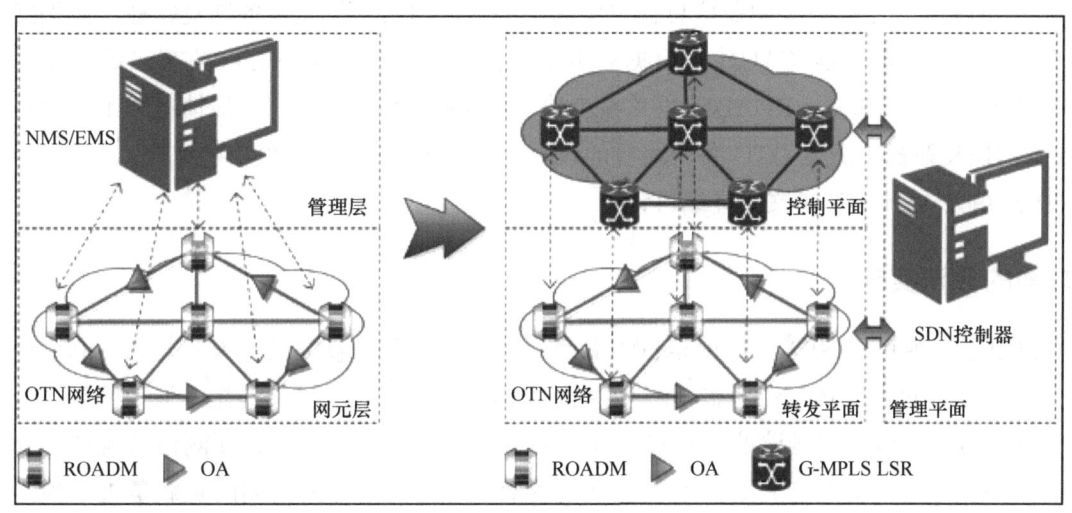

图 3　传统 ROADM 网络引入 SDN 控制平面后的拓扑示意图

在 ROADM 这样的多域网络中，SDN 控制器利用 PCE 协议实现传输层的跨域标签交换路径计算。同时，网络管理配置通常采用简单网络管理协议（SNMP）。如果 ROADM 设备配置了 YANG 数据模型，那么将使用 Netconf 或 Restconf 协议作为网络和设备管理的配置接口。这些协议的使用是目前主流光传输设备厂商在推出 SDN 架构时所采取的主要形式。

3　链路故障快速检测及恢复的方案

3.1　方案的基本思想

在集成了 SDN 的 ROADM 网络中，ROADM 网络单元负责实时采集 SDN 流信息，并将这些信息上报给 SDN 控制器。SDN 控制器利用这些 SDN 流信息对光层链路进行故障感知。在未检测到光层链路故障时，波道路径遵循预先设置的工作路径；一旦检测到光层链路发生故障，SDN 控制器将与 WSON 控制平面协同，将波道路径切换至备份路径，以实现波道路径的快速恢复。波道路由通过链路信息建立、光层链路负载预测、初始工作路径建立、初始备份路径建立、链路信息注入、故障链路定位、工作路径检测以及备份路径实时更新等步骤，实现故障链路路径向备用路径的快速倒换恢复。

ROADM 网络的 SDN 控制器通过 G-MPLS 和 PCE 协议，对光层进行适时的链路负载感知，并进行链路状态及流量预测。工作路径通过 PCE 信令交互迭代出最优路径，并通过 MPLS-TP 标签的方式将链路信息封装在波道数据的头部。在发生故障时，无须重新计算备份路径，也无须采集波道其他特性信息进行 SDN 流表项的扫描和匹配，路径中的其他通信网元可以直接根据波道信息头部的 MPLS-TP 标签进行数据转发。这种方式节省了大量的路径寻找、数据扫描、故障仿真时间，极大地提高了故障路由恢复到备用工作路径的效率。

在 ROADM 网络加载 WSON 进行路径恢复时，根据业务中断信息确定业务中断段落，并关断业务中断段落。判断中断业务在正常工作时是否存在电中继 OTU（Optical Transmission Unit）。如果不存在电中继 OTU，则根据业务中断信息计算中断业务对应的第一优先业务恢复路径，并根据该路径进行恢复；如果存在电中继 OTU，则根据业务中断信息计算中断业务对应的第二优先业务恢复路径，并根据该路径进行恢复。ROADM 网络在考虑 WSON 恢复成本时，一般情况下不会设置两次电中继 OTU 的恢复路径。上述 OTU 备份路径的设置在 WSON 本身功能模块中完成，不属于 SDN 控制器负责的功能，因此不在本文中详细讨论。

3.2　方案的算法实现

本文提出了一种基于 SDN 的 ROADM 链路故障快速检测及恢复的启发式算法。利用该算法，SDN 控制器能够通过探测信息流对整个网络中的 ROADM/OXC（光交叉连接）通信网元执行遍历探测。这一过程可以获取光层链路的负载量，并对其进行动态更新和保存。探测信息流被划分为多个探测周期，并且基于历史探测周期的光层链路负载量，对下一个探测周期的负载量进行预测，从而得到光层链路负载的预测结果。

通过这些预测结果，可以筛选出满足负载需求的路径，并通过最优化模型来寻找最优路径，该最优路径将被设置为初始工作路径。在此基础上，通过启发式算法为初始工作路径建立对应的初始备份路径。当满足更新条件时，系统将按照既定的更新逻辑对备份路径进行实时更新，以确保网络在发生故障时能够快速恢复。

最优化模型的目标是寻求最优路径，包括建立目标函数和求取最优路径的过程。具体的步骤如下：

1）建立目标函数 $F(X_i)$

目标函数可以表示为：

$$F(X_i) = \sum [D_s(X_i), N_s(X_i), T_s(X_i), O_b(X_i)] \quad i \in N$$

其中，X_i 表示编号为 i 的路径；N 表示光层链路中的有限路径集合，路径必须满足负载需求；$D_s(X_i)$ 表示路径全程的距离；$N_s(X_i)$ 表示路径经过的节点数；$T_s(X_i)$ 表示路径全程所需的时间；$O_b(X_i)$ 表示路径带宽占比。

2）求取最优路径 X

最优路径的求取方式为：

$$\text{Min} F(X)$$

其中，$F(X)=[F(X_i), i \in N]$，即有限路径集合对应的目标函数集合；$\text{Min} F(X)$ 表示获取目标函数集合中最小的函数值；最优路径通过输出路径中最小的函数值 X 来表示。

通过这种方式，可以得到满足负载需求的最优路径，并输出该路径对应的最小目标函数值。

通过 SDN 集中控制器获取工作路径的光层链路负载预测结果，如果发现当前备份路径的负载能力低于光层链路负载预测结果，则需要对备份路径进行更新；如果备份路径的负载能力满足要求，则保留当前备份路径不变。通过上述启发式算法，建立与当前工作路径相对应的备份路径，确保此备份路径的负载能力不小于光层链路负载预测结果。

在 ROADM 网络中，波道数据在光层链路上传输时，直接通过波道数据头部中的 MPLS-TP 标签进行数据转发，无须再采集用于扫描和匹配流表项的光层波道信息，从而简化了数据传输流程。

当前的 ROADM/OXC 通信网元编号、相邻的 ROADM/OXC 通信网元编号、保活消息和故障链路编号表均设置在 SDN 流信息中。SDN 控制器通过 SDN 流信息判断光层链路是否发生故障，如果发生故障，则记录此故障链路编号。

ROADM 的每个网元通过发送保活消息向 SDN 控制器证明节点的在线状态。在约定时间内，当控制器收到保活消息时，表示 ROADM 网元在线；如果控制器不能收到保活消息，则表示 ROADM 网元失联。SDN 控制器保存有全网节点编号表，并接收来自各 ROADM 网元的 SDN 流信息。通过保活消息确定节点在线的 ROADM/网元节点，并通过全网节点编号表筛选出节点失联的 ROADM 网元节点，形成失联节点编号表。

ROADM 当前活动的网元发送通信信号到相邻的网元以确认连接状态。如果在约定时间内收不到相邻网元的确认响应，则认为这两个网元之间无法通信，存在故障链路，并记录这两个网元对应的编号，形成故障链路编号表。

工作路径检测的目的是确认当前的工作路径是否经过了故障链路，具体步骤如下：

（1）依次遍历失联节点编号表和故障链路编号表。

（2）将失联节点编号表中网元的所有光层链路视为故障链路。

（3）将失联节点视为故障节点，并将故障节点对应的故障链路添加至故障链路编号表中。

（4）将当前工作路径与故障链路编号表进行对比，如果工作路径涉及故障链路编号表中的任一故障链路，则需要进行快速倒换恢复，并统计使用当前工作路径进行数据传输的波道数据；如果没有涉及，则无须进行快速倒换恢复。

（5）遍历全网工作路径，统计需要恢复的波道数据，生成波道数据恢复表。

快速倒换恢复针对需要进行快速倒换的波道执行，将波道路径切换至备份路径，以实现波道路径和数据传输的快速恢复，具体步骤如下：

（1）获取波道数据恢复表，确定待恢复的波道数据。

（2）找到待恢复波道数据的头部，读取其中的 MPLS-TP 标签。

（3）从 MPLS-TP 标签中提取链路信息，确定待恢复波道数据的备份路径。

（4）调用 WSON 网络控制平面，启动快速倒换功能，将待恢复波道数据的路径从工作路径切换至备份路径。

（5）对所有待恢复波道数据重复执行步骤（1）至步骤（4），完成波道路径的快速恢复。

（6）待恢复波道数据通过新的波道路径传播，到达出口后完成数据传输。

基于上述流程，建立目标函数并通过计算最优路径算法，可以确定业务波长的工作路径和备份路径。通过 MPLS-TP 标签将链路信息封装在波道数据的头部。当发生故障时，无须重新计算备份路径，路径中的其他通信网元可以直接根据波道信息头部的 MPLS-TP 标签进行数据转发。这种方法节省了大量路径寻找和数据扫描的时间，显著提高了故障路由恢复到备用工作路径的效率。

3.3 方案的实施流程

通过方案的算法实现分析，基于 SDN 的 ROADM 网络光层链路故障快速检测及恢复的方案总体实施概要流程如图 4 所示。

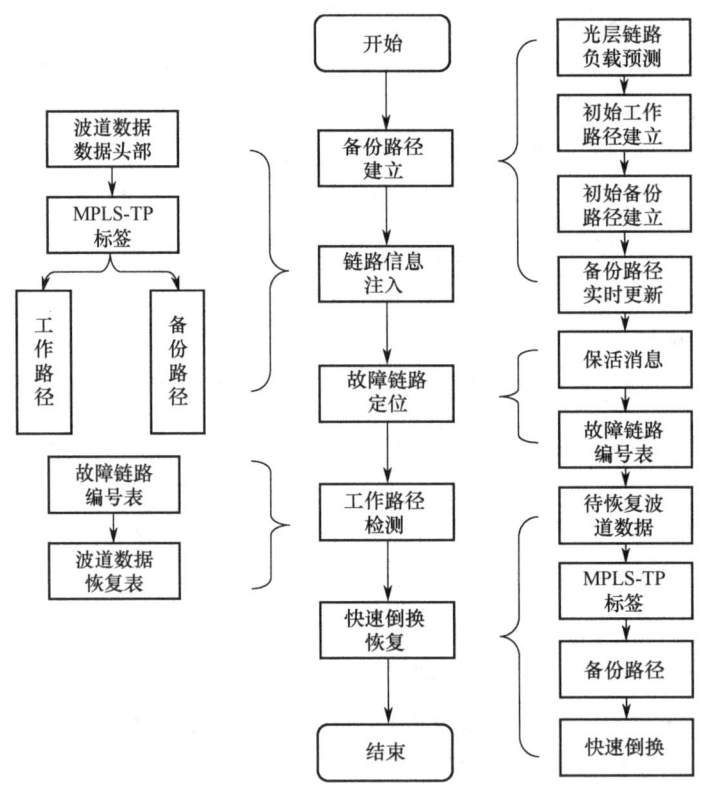

图 4 基于 SDN 的 ROADM 网络光层链路故障快速检测及恢复的方案总体实施概要流程

4 结束语

本文提出了一种基于 SDN 架构的 ROADM 网络光层链路故障快速检测及恢复方案，结合 WSON 路由保护恢复机制。在该方案中，初始工作路径和初始备份路径通过光层链路负载预测结果进行建立，链路信息采用 MPLS-TP 标签的方式封装在数据头部，路径中的其他 ROADM 通信网元直接根据 MPLS-TP 标签转发波道数据。当光层链路发生故障时，分布式的 SDN 流信息会即时向

SDN 控制器上报，控制器迅速感知链路故障，并与 WSON 协同启动故障光层波道的倒换，确保路径的快速恢复。该方案实现了光层链路的快速检测与恢复，提高了网络的可靠性与可用性。然而，目前该方案仍面临一些挑战，特别是在备份路径数量较多和全网路径较复杂的情况下，可能影响系统的优化与效率。因此，未来的研究将重点关注备份路径的优化，旨在减少不必要的备份路径，从而提升网络性能和资源利用率。

参考文献

基于 TextCNN 的恶意云服务流量异常识别方法

邓晨[1]，高翔[1]，陈周国[2,3]，毛嘉悦[4]，李欣泽[1,3]，胡航宇[1]

（1．电子科技大学，成都 611731；2．东南大学 计算机科学与工程学院，南京 211189；3．中国电子科技集团公司第三十研究所，成都 610041；4．广东实验中学深圳学校，深圳 518100）

摘要：随着云计算服务和安全技术的快速发展，越来越多的企业开始深度绑定业务与云服务。然而，针对云服务的恶意攻击也逐渐愈演愈烈。由于云服务日志中的流量包含更加全面和丰富的语义信息。因此，恶意流量检测可以视为一种异常文本分类任务。为此，本文提出了一种基于字段特征深度学习的检测方法。具体而言，首先通过字段选择、解码和字符编码对数据进行单词矢量化预处理；然后使用改进的深度学习模型 TextCNN 从多维度提取字段特征；最后进行分类。实验结果表明，与经典模型 SVM 和 RF 相比，本文提出的方法在恶意云服务流量检测任务中取得了更优的分类效果。

关键词：云安全；特征提取；深度学习；TextCNN；恶意流量检测

1 引言

随着云计算技术和安全技术的快速发展，云服务逐渐成为互联网不可或缺的一部分。越来越多的业务和数据被部署在云端，云服务已成为许多企业和个人托管网站与应用程序的首选。然而，随着云服务功能的日益复杂，进行系统安全审计的难度也随之增加，这使得云服务更容易受到非法请求的攻击[1]。

非法请求种类繁多，包括文件包含攻击、SQL 注入攻击、XSS 攻击等。这些非法请求可能导致托管的云服务面临服务中断、内容篡改、数据泄露等风险，从而造成重大损失。为了防范这些风险，这些非法请求通常会通过 WAF（Web 应用防火墙）进行管理和保护，从而生成云服务流量日志。

在当前的云服务安全技术中，针对云服务环境中的恶意请求检测仍存在以下问题。

（1）规则匹配的过滤方法能够精确检测已知攻击，但无法识别未知攻击；传统机器学习方法虽然能检测新型攻击，但需要依赖人工特征工程；而深度学习方法则存在可解释性差的问题，同时还需要高质量的数据集。

（2）现有方法虽然利用了统计特征和字段特征，但未能有效地利用云服务日志中蕴含的丰富信息，这些信息包括原始负载字段特征和更高层次的抽象字段。

为解决以上问题，本文通过字段选择、解码和字符编码等操作，从云服务流量日志中提取具有语义的特征向量。同时，采用改进的深度学习模型 TextCNN，该模型能够自动学习并提取抽象特征，从而有效应对已知和未知的攻击。通过优化模型，增强了对局部特征的捕捉能力。

2 相关工作

近年来，云服务恶意流量检测在网络安全领域引起了广泛的研究关注。现有的检测方法根据技术手段可以分为 3 种类型：基于规则匹配的方法、基于传统机器学习的方法和基于深度学习的方法。

在基于规则匹配的方法中，Denning[2]基于统计特征，借助专家知识构建规则库，用于对未知请求进行实时判别；Snort[3]则基于规则匹配构建了一个开源网络入侵检测系统。基于规则匹配的方法高度依赖恶意请求的规则库，难以检测到新的攻击类型，并且需要不断更新规则库；同时，检测精度对规则的强度和完整性非常敏感。

在基于传统机器学习的方法中，Zhang[4]基于专家经验对请求报文的 URL 字段进行特征提取与向量化，然后利用机器学习方法训练分类模型，Shahin[5]通过 N-gram 词向量模型对攻击请求进行编码，并基于决策树算法对 Web 恶意请求进行分类；Ma[6]等人则基于 TF-IDF 对请求进行词嵌入表示，然后利用 SVM 模型对恶意请求进行检测。基于传统机器学习的方法能够检测到新的攻击，但需要依赖人工特征工程，同时获得的稀疏高维特征向量容易在数据训练过程中出现维度灾难问题，从而降低检测性能。

在基于深度学习的方法中，Jin[7]将 HTTP 请求报文视为一种文本序列数据，采用循环神经网络模型对恶意流量请求进行检测与识别；Wang 等人[8]则通过一种特殊的卷积神经网络模型对请求报文进行局部特征提取，但由于未对请求报文数据进行针对性优化，检测准确率较低。在自然语言处理领域，Kim[9]提出了文本卷积神经网络，并将卷积核宽度与词向量维度设为一致，从而提取文本特征。基于深度学习的方法能够自动学习抽象特征。

受上述基于深度学习的方法的启发，本文将云服务日志数据视为一种文本序列数据，结合日志字段预处理和深度学习模型 TextCNN，以识别各种类型的恶意流量。

3 整体流程

如图 1 所示，整体流程包括基于字段选取和解码、字符编码的预处理，基于字符嵌入、使用改进 TextCNN 进行字段特征提取的模型训练，以及分类网络等。

预处理：基于字段选取与字段处理，从日志数据中获得规范文本向量。本文根据字段含义与异常表征，从原始的云服务日志中选取有效的日志字段；对字段中原始数据存在编码的文本进行解码，还原其语义信息；在规范化长度后，对文本输入进行基于 ASCII 码的字符级编码，随后通过独热编码将处理后的文本转变为文本向量。

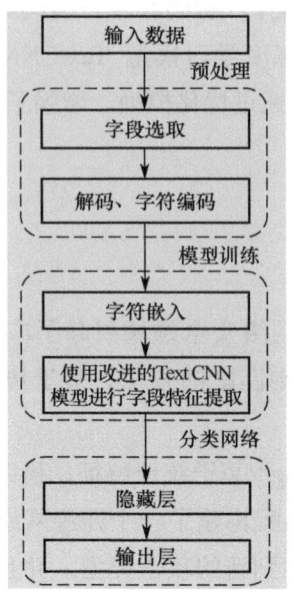

图 1 整体流程

模型训练：通过字符嵌入和改进的 TextCNN 模型提取字段特征。首先，使用字符嵌入层对稀疏的高维文本向量进行降维，从而获得信息密度更高的字符嵌入向量。接着，使用改进的 TextCNN 模型对字符嵌入向量沿着堆叠方向进行卷积，并进行最大池化操作，有效捕捉字段特征，最终获得特征向量。

分类网络：通过隐藏层对特征向量进行进一步表征，并将其输入到分类器中，进行恶意云服务流量的分类。

4 预处理

云服务日志中丰富的语义信息不能直接用于训练，冗余字段、编码文本、不统一的文本长度等因素会影响模型特征提取的效果。因此，如何合理利用这些信息以提高模型训练效果是本节的关键所在。

4.1 字段选取

云服务日志中多样的字段储存着丰富的信息，但并非所有字段都适用于训练。一方面，部分字段存在信息冗余或含义重叠的情况，若全部引入，将会带来额外的开销，并可能导致在冗余特征上的过拟合。例如，Header 字段可能会覆盖 Cookie 字段中的 Cookie 信息，以及 Params 字段中的 URI 后参数信息等；另一方面，某些字段并不有助于识别攻击，如包含后端服务器协议、状态、端口等信息的 Backend 字段，这些信息更适合用于分析后端服务的安全性，而非攻击检测。

因此，本文通过分析大量真实的云服务日志数据，并结合各个字段的功能与行为，总结出 5 种具有丰富语义信息且能够标识用户行为、用于检测异常行为的字段参数，如表 1 所示。

表 1 云服务日志的字段范例

字 段	描 述
Transmission_Parameter	识别 HTTP 请求中包含的数据元素，并指示请求的行为
Cookie	存储在用户设备上的小型数据文件，用于记住状态或偏好设置
User_Agent	浏览器发送的字符串，用于识别客户端的浏览器和操作系统
Referer	HTTP 头部，指示导致当前请求的页面的 URL
X_Forwarded_For	HTTP 头部，用于确定通过代理连接的客户端的原始 IP 地址

4.2 解码

部分攻击者会通过编码将攻击代码进行伪装，将其字符串形态转换，隐藏原本的语义信息，而这些请求信息常常原样保存在云服务日志中。请求报文中常见的编码方式包括 Base64 编码、URL 编码、Hex 编码等。本文将对存在编码的数据进行解码。如图 2 所示，经过解码后的 URL 参数呈现出文件包含攻击的特征。

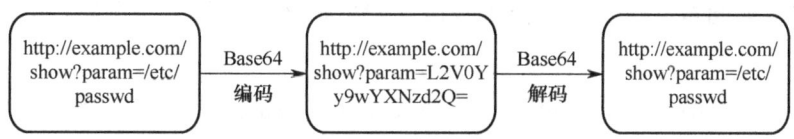

图 2 基于 Base64 编码的编码与解码过程

4.3 字符编码

为了将各字段属性转换为计算机可量化的形式，本文对云服务日志中的字段信息进行了字符级分割，并采用字符编码处理。云服务日志中的字段信息具有较大的随机性，相较于单词级文本映射（如 word2vec），字符级文本映射能够提供更细粒度的特征表示，有助于捕捉微妙的差异，同时避免了未知词问题。此外，由于云服务日志字段中的字符取值较为固定，主要由大小写字母、数字及一些特殊符号组成。因此，本文采用基于 ASCII 码的独热编码对数据进行字符编码，将文本转化为文本向量。

序列化及编码过程如图 3 所示。对于某字段文本序列 X，设其共有 N 个字符构成，即 $X=[x_1,x_2,\cdots,x_N]$。由于标准 ASCII 字符集去除设备控制符还有 95 个符号，因此构成字段文本 X 的 ASCII 码索引序列 $W=[w_1,w_2,\cdots,w_N]$ 的各个索引的取值范围为[1, 95]。对于每个字符 x_i，可以使用一个 95 维的向量 h_i 进行表示，且该向量仅在第 w_i 位为 1，其余位均为 0，即 $h_i=[0,\cdots,0,\underset{w_i}{1},0,\cdots,0]$。

对于字段文本 X，对各个字段进行如上的 ASCII 码序列化以及独热编码处理，便可得到其对应的独热编码矩阵 H，其大小为 $N\times 95$，该矩阵我们称之为文本向量，文本向量可以作为改进 TextCNN 模型的输入进行训练。

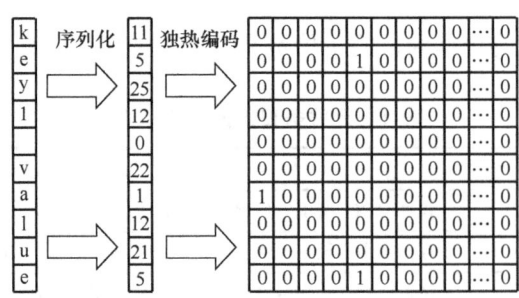

图 3 基于 ASCII 码的文本序列化及独热编码的文本编码

5 模型训练

5.1 字符嵌入

基于独热编码的方法虽然能够有效地创建稀疏矩阵，但它会导致低空间效率和较高的存储成本，同时也无法捕捉字符之间的关系，因为每个字符都是独立编码的。为了解决这个问题，本文采用字符嵌入层生成稠密向量，这些向量能够反映字符之间的关联性——意思相近的字符，其向量距离也更近。

首先应用独热编码，然后通过字符嵌入层将其转换为稠密向量。字符嵌入层在模型训练过程中会被优化，从而提高模型理解语义关系的能力，进而增强其对恶意流量检测的性能。

5.2 基于 Text CNN 的字段特征提取

在得到各字段属性对应的嵌入矩阵后，本文通过深度学习模型 TextCNN 进行字段特征的提取。鉴于 TextCNN 算法对文本特征提取有着良好的表现，本文模型将基于该算法对云服务流量日志各字段的字符嵌入矩阵进行特征提取，从而获得各字段的特征向量。

特征提取算法的模型结构如图 4 所示。模型输入为请求报文中各字段的嵌入矩阵，首先，通过多个不同高度的卷积核来对该字符嵌入矩阵执行卷积操作，从而提取出多组局部特征；接着，对各卷积核提取的结果进行最大池化处理，以去除冗余特征并将保留局部最优特征；最后，将各池化层处理得到的结果进行拼接，最终得到字段对应的特征向量。

具体地，设 HTTP 请求某字段的嵌入矩阵为 v，其由 m 个字符向量构成，即 $v=[v_1,v_2,\cdots,v_m]$。对于由 n 个卷积核构成的序列 $k=[k_1,k_2,\cdots,k_n]$，其中卷积核 k_i 的宽度与字符向量的宽度相同。对于字符嵌入矩阵 v，基于 k_i 对其进行卷积操作可得：

$$h_i = v * k_i \tag{1}$$

其中，h_i 表示字符嵌入矩阵与卷积层第 i 个卷积核进行卷积得到的向量，*表示卷积操作。通过卷积核序列对字符嵌入矩阵依次进行卷积可以得到特征序列 $h=[h_1,h_2,\cdots,h_n]$。对于上述序列中的特征向量 h_i，通过最大池化操作，将向量中的最大值作为该向量对应的卷积核所提取的特征，对该特征序列各向量依次重复该操作，便可得到各字段所对应的特征向量 w：

$$w = [\max(h_1), \max(h_2), \cdots, \max(h_n)] \tag{2}$$

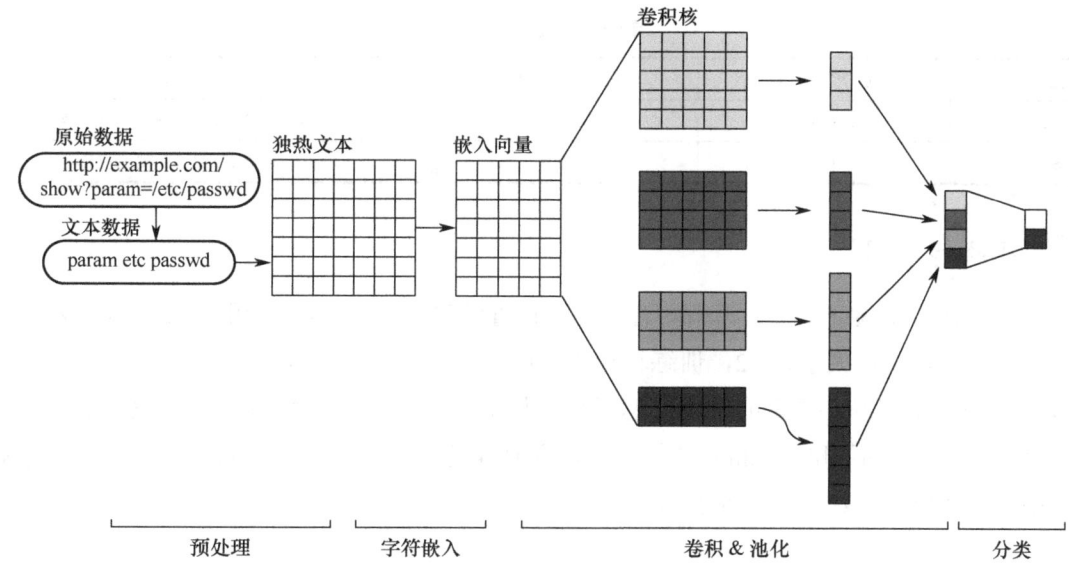

图 4 特征提取算法的模型结构

在本文的 TextCNN 模型中，为能从不同感受野下对恶意请求报文的特征进行提取，分别采用了大小为 2×95、3×95、4×95、5×95 的卷积核来进行卷积操作，且相同大小的卷积核选择数量为 4。

5.3 分类网络

各字段文本经过特征提取后，通过隐藏层进行转换，并与其他字段特征进行拼接，最终获得联合字段特征值。输出层通过对联合字段特征值应用 Softmax 函数来确定分类标签。模型输出的标签与实际标签进行比较，计算得到误差更新值，随后通过随机梯度下降和反向传播机制，将误差反馈到前几层，及时更新网络结构中的参数。

与一般的多层感知机分类模型相比，本模型首先将字段特征向量通过不同的隐藏层进行映射，而不是直接对特征向量进行拼接。这样的设计使各隐藏层能够学习到每类特征的最佳参数权重，并有效缓解了输入特征维度不均匀时可能导致的过拟合或欠拟合现象。这使模型能够更有效地捕捉特征的复杂性与多样性，从而提升分类性能。

6 实验

6.1 数据集

如表 2 所示，本文使用了 CSIC 2010 数据集[10]和基于真实云服务日志的云服务数据集（CSD）来评估我们的方法。对恶意流量的二分类任务，使用准确率（Acc）、召回率（Recall）、精确率（Pre）和 F1 值等分类性能指标，对所有数据集进行性能评估。

表 2 实验数据集

数 据 集	正 常 样 本	异 常 样 本	攻 击 类 型
CSIC 2010	27000+	12000+	SQLi、XSS、文件遍历攻击等
CSD	15000+	15000+	CC 攻击、SQLi、爬虫攻击等

6.2 实验结果与分析

本文通过对比实验验证了我们模型的有效性，设置学习率为 1e-4，使用 Adam 优化器，采用交叉熵作为损失函数，批量大小为 32，训练轮次为 30。

在该模型中，字符嵌入向量的维度对恶意请求检测的效果有重要影响。为了找到最佳的维度值并提高准确率，进行了不同的 f_dim 参数测试，同时保持其他参数不变。实验通过两个数据集对模型的准确率进行了测量，结果如图 5 所示。

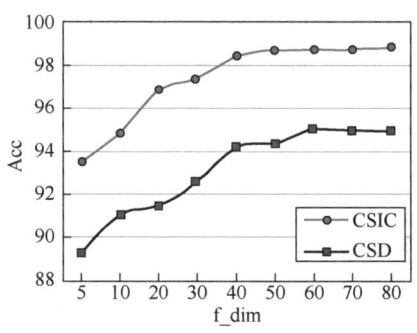

图 5 f_dim 参数对模型性能的影响

实验结果表明，参数选择对准确率有显著影响。在 CSIC 2010 和 CSD 数据集上，随着参数值的增加，检测准确率逐渐提高，并稳定在 60 附近。这表明较高的参数值有助于字符嵌入矩阵更好地反映恶意请求的攻击特征。然而，当参数值超过某一阈值后，保留的特征信息达到了极限，导致检测率趋于稳定。因此，在这两个数据集上，模型的参数值设置为 60，将字符嵌入向量的维度设定为 60。

为了进一步验证所提出方法的检测效果，本研究将该方法与文献[11]和[5]中提出的方法进行了对比，结果如表 3 和表 4 所示。文献[11]中提出的方法通过从日志数据中提取统计特征，并应用支持向量机（SVM）模型进行分类；而文献[5]中提出的方法则通过提取日志数据中的字段特征，使用 n-gram 和 TF-IDF 方法将请求 URL 字段特征转换为词向量，并通过随机森林（RF）模型进行分类。

表 3 CSIC 2010 数据集上不同模型的表现

方 法	Acc	Pre	Recall	F1
SVM	0.9494	0.9507	0.9263	0.9383
RF	**0.9881**	**0.9879**	**0.9757**	**0.9818**
TextCNN	0.9872	**0.9892**	0.9729	0.9810

表 4 CSD 数据集上不同模型的表现

方法	Acc	Pre	Recall	F1
SVM	0.8973	0.8707	0.8863	0.8784
RF	0.9342	0.9470	0.9231	0.9349
TextCNN	**0.9505**	**0.9482**	**0.9496**	**0.9489**

7 结论

本文通过分析恶意云服务流量日志的结构和特征，解决了恶意流量检测问题。提出了一种基于字段特征的检测方法，从请求数据包中提取相关属性。使用解码、字符编码和字符嵌入等技术来表示多个字段，并利用 TextCNN 模型提取特征。然后基于这些特征训练分类模型。通过在 CISC 2010 和 CSD 数据集上的实验，结果表明，所提出的模型优于现有方法。

考虑到不同字段之间存在某些其含义并未被其他字段覆盖的关联，未来的工作中，我们将不再局限于字段内文本的前后关联，而是采用 Transformer 机制，赋予不同字段不同级别的注意力，进一步探讨不同字段之间的关联对恶意流量检测的影响，以实现更高水平的检测率与更强的模型泛化能力。

参考文献

SAM-TE：具有服务适应性的组播 TE 协议

吴果红[1,2]，姜雨欣[3]，刘越[3]，罗龙[1]，范文韬[4]，虞红芳[1]

（1. 电子科技大学，成都 611731；2. 紫金山实验室，南京 211111；3. 北京邮电大学，北京 100876；4. 中移（苏州）软件技术有限公司，苏州 21500）

摘要： 随着 6G 应用场景的日益复杂，组播传输工程（TE）方案面临更高的适应性要求。然而，现有方法在应对多样化业务和动态网络环境方面存在一定的不足。为了解决组播 TE 中服务适配的问题，本文提出了一种面向服务适应性的组播 TE 协议——SAM-TE。SAM-TE 引入了两项具有代表性的组播 TE 原理，使其具备了更强的适应性特性。通过建立一套可以调节两种原理有效范围的处理流程，SAM-TE 能够灵活应对不同的服务需求。本文基于硬件 P4 交换机实现了 SAM-TE 协议的原型，并在跨域实验网络中进行了性能测试。测试结果表明，SAM-TE 的硬件处理开销在可接受范围内，封装的处理时间为 304.57 纳秒，执行一次复制的时间为 40.62 纳秒。此外，实验还表明，SAM-TE 能够保持稳定的数据包序列，验证了其在实际应用中的可行性。

关键词： 组播；流量工程；SRv6；BIER；P4

1 背景概述

在 6G 网络中，允许用户自主发起组播服务正逐渐成为关键的技术需求之一[1]。随着 6G 网络在沉浸式扩展现实（XR）[2]、实时物联网（IoT）通信[3]和远程医疗[4]等场景中的逐步应用，未来对自主发起组播业务服务的需求将大幅增长。

随着组播传输工程（TE）技术的不断发展，基于 IPv6 的段路由技术（SRv6）已逐步融入组播 TE 技术体系中，旨在实现动态的路径调度与优化，从而提升组播 TE 的智能化能力。目前，基于 IPv6 和 SRv6 的组播 TE 技术可以根据其工作原理分为两类，如图 1 所示。

（1）源路由指示型：该类组播 TE 路由方案基于源路由的基本原理[5]，通过为组播树设计专用的节点堆叠格式，将组播树内部节点的拓扑结构以及上下游的复制转发关系编码为源路由策略。通过这种方式，源节点可以指定数据包的具体转发路径，从而实现更加灵活和高效的组播流量调度。

（2）位串编码型：此类方案借鉴了 BIER（Bit Indexed Explicit Routing）中的位串（Bitstring）技术理念，首先将网络整体拓扑中的节点数量映射为一个与节点数量等长的位串。在多播树构建过程中，参与该组播业务的节点会将对应的比特位标记为 1，从而实现组播树拓扑结构的表征。通过这种方式，可以更加简洁地表示和管理组播路径，进而提高网络的可扩展性和灵活性。

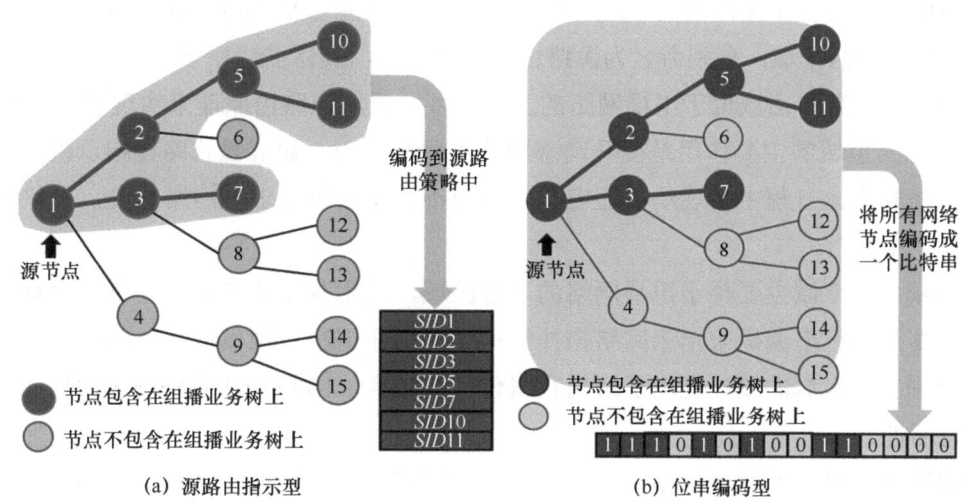

图 1 基于 IPv6 与 SRv6 的两种主要组播 TE 方案原理

然而，当前主流的组播 TE 方案在服务适应性方面仍存在局限性，难以满足多样化业务场景下的差异化需求。为了解决这一问题，本文提出了"服务适应性"概念，具体定义如下。

定义 1：某种组播 TE 方案的服务适应性是指该方案在满足以下条件时所适用的组播业务场景范围，即当性能开销处于最优状态，或虽未达到最优但仍处于可接受的非最优状态时，该方案能够有效支撑组播业务运行的能力边界。

由于 6G 网络具有虚拟网络定制技术的特性[6-8]，组播业务在网络规模和应用规模两个维度均呈现高度动态变化的特征。现有的组播 TE 方案难以通过单一协议架构同时满足差异化业务场景中的多样化业务需求。因此，本文提出了一种服务自适应的组播传输工程协议——SAM-TE，旨在构建具备广泛服务适应性的组播服务能力。

本文的主要贡献如下：

（1）提出了服务自适应的组播 TE 协议 SAM-TE，融合了源路由指示和位串编码两种原理，为动态服务适配能力奠定了协议基础；

（2）基于硬件 P4 可编程交换机实现了 SAM-TE 协议原型系统，为 SAM-TE 协议的主要功能提供了原生支持；

（3）在未来网络试验设施（CENI）上选取了 3 座城市部署 SAM-TE 原型系统，并对数据处理开销等关键性能指标进行了测试和验证。

2 SAM-TE 设计

2.1 两层域原理

在原理上，SAM-TE 融合了源路由指示与位串编码两种原理，并基于这两种原理将组播业务划分为两层域。在这两层域中，源路由指示与位串编码分别工作于不同层级的域，并通过动态调整两层域的边界来实现对多样化组播服务的适应性。

根据源路由指示与位串编码两类原理，SAM-TE 将组播业务从上游（根节点方向）至下游（叶子节点方向）划分为两个域，分别命名为源路由域和位串域，具体描述如下。

（1）源路由域：源路由域位于组播网络的上游区域，采用源路由原理来实现组播 TE 能力。在 SAM-TE 中，源路由域的主要作用是提升动态的路由适应能力。通过显式路径指示机制，源路由域能够确保在组播树构建过程中实现动态适应，以适应不同的业务需求与网络状况，提供灵活、高效的路径调度与优化能力。

（2）位串域：位串域主要位于组播网络的下游区域，采用基于位串的转发复制原理。在位串域中，能够通过高效的位串编码来指示网络拓扑结构，确保在组播域规模可承载的范围内进行有效的组播转发与复制。位串域的设计提高了组播数据传输的效率，同时在网络拓扑较大时能够提供更优的扩展性和灵活性。

两层域的原理示例图如图 2 所示。在图 2 中，拓扑表示为某组播业务的组播树，该组播树被划分为源路由域与位串域。在这两个域之间，连接部分的节点集合被定义为连接域。连接域作为源路由域与位串域的分界区域，通过动态调整连接域的上下游位置，SAM-TE 能够灵活地适应不同的服务需求。在 SAM-TE 中，连接域是一个逻辑区域，由位串域进行管控。

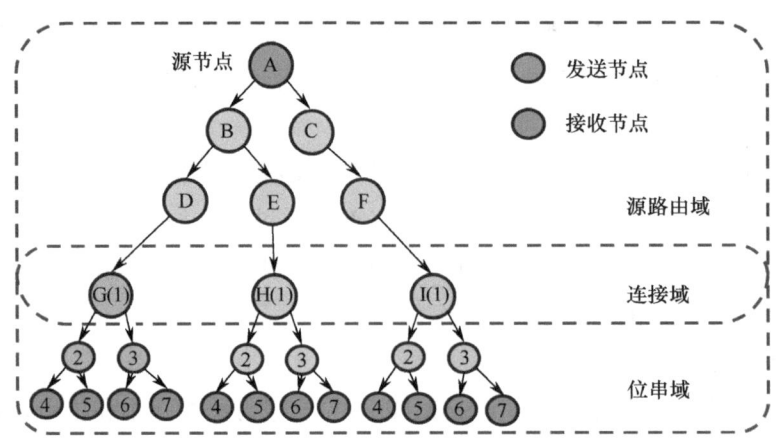

图 2　两层域原理示例图

2.2　两层域中节点标识设计

在 SAM-TE 中，由于组播 TE 策略显式封装在数据包内部，因此在两层域中都需要特定的标识来标记组播 TE 中的行为。为此，SAM-TE 提出了两种不同的标识机制，分别用于标识源路由域和位串域中的路由、转发与复制行为。

1）源路由域

在源路由域中，组播 TE 能力基于源路由原理实现。因此，组播 TE 策略中的节点标识需要具备可路由能力，即标识应直接表示网络位置。因此，在源路由域中，节点的标识采用 SRv6 体系下的标识方式。

在源路由域中，SAM-TE 直接利用 SRv6 SID 来标记网络中的节点。一方面，SAM-TE 沿用 SID 中的 LOC（Locator）部分来标识网络位置；另一方面，扩展了 FUNCT 和 ARGS 部分，引入新的字段和逻辑，以描述组播树上复制和转发的上下游节点关系。由于直接沿用了 SID 中的 LOC 部分，节点标识是可路由的，因此在源路由域中，组播 TE 策略无须逐节点指定。

图 3 展示了一个源路由域中标识的示例。在图 3 中，SRv6 的 Local SID 被直接应用于标识中，用于标识节点的网络位置。在组播 TE 策略中，控制器能够直接选择组播域中的节点组成组播树，并将这些节点的 SID 按照一定方式组装成 SRv6 策略列表，通过扩展功能在 SID 中指定节点之间的上下游关系。如图 3 所示，节点 A 到 F 是某组播树上的节点，并按照图中顺序形成上下游转发关系，同时被划分为源路由域与位串域两层。在源路由域中的组播 TE 策略的内涵是从节点 A 复制到节点 B 和 C，并从节点 B 和 C 复制到更下游的位串域节点（D、E 和 F）。

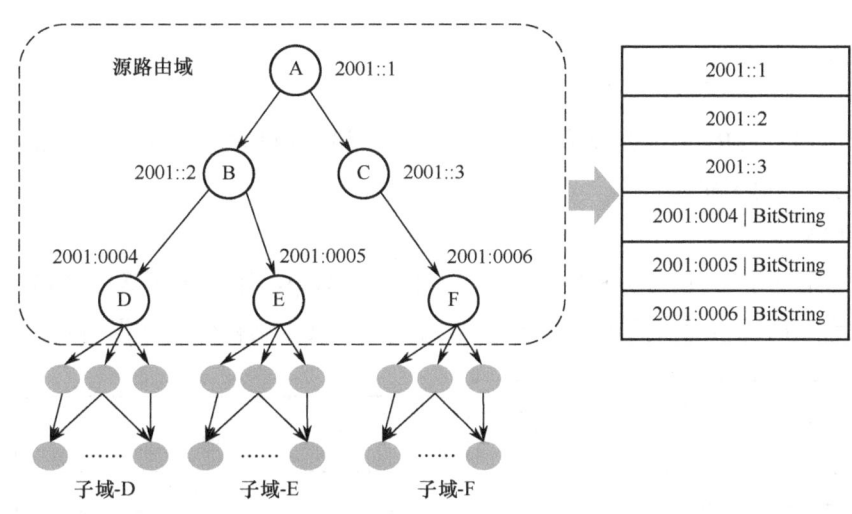

图 3 源路由域标识示例

2）位串域

在位串域中，SAM-TE 采用位串（BitString）原理来编码网络整体及网络中的组播树。位串域中的位串长度可变，以适应不同规模的网络，并且仅支持标识复制和转发操作（不涉及路由标识）。

由于位串域位于源路由域的路由下游位置，因此在 SAM-TE 中，每个位串域都会分配一个隐藏位置（HL）作为可路由前缀地址，以确保源路由域能够正确路由到达该位串域。在位串域中，HL 具有两个层面的含义：

首先，HL 作为位串域起始节点的标签，确保来自上游源路由域的流量能够正确路由到达位串域。

其次，HL 作为节点的标识符，用于区分不同位串域中的节点表项。HL 一方面为位串域提供了作为路由目标的能力，另一方面，允许多个位串域之间存在相互重叠的情况。

图 4 展示了一个位串域相互重叠的示例。在图 4 中，节点 4 同时属于两个位串域。在节点 4 中，HL 能够标识位串域，并区分不同位串域中的流量处理表项，从而在逻辑层面实现节点在多个位串域中的共存。

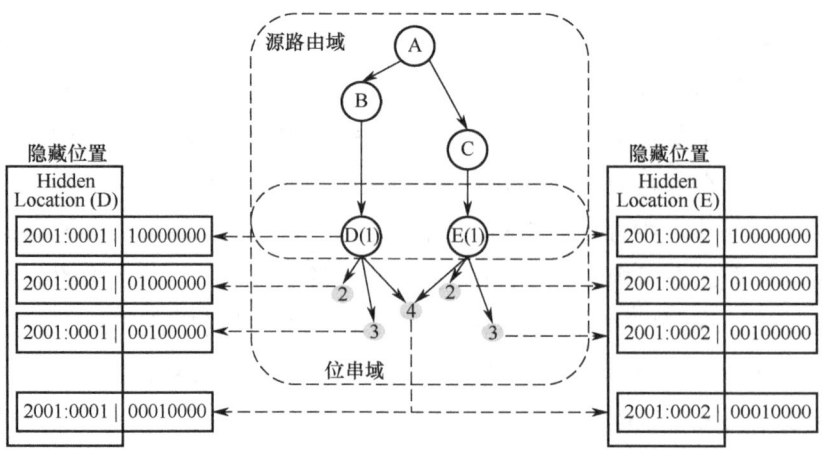

图 4 位串域标识示例

2.3 SAM-TE 中的 SID 扩展

SAM-TE 设计基于 SRv6 可编程扩展性，因此在源路由域和位串域中，标识的含义均以 SRv6 SID 为基础进行语法与语义扩展。

1）END.SRrep

在源路由域中定义了一种新的 SID 类型，即 END.SRrep，用于表示源路由域中的组播 TE 策略。END.SRrep 是在 END 类型的基础上扩展而来的，且其具有结构化的数据格式，如图 5 所示。

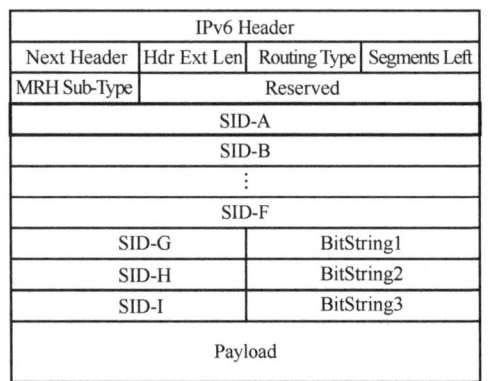 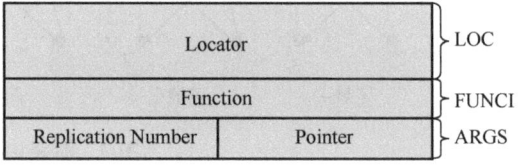

图 5 END.SRrep 数据格式

如图 5 所示，END.SRrep 遵循 SRv6 可编程性中定义的 LOC、FUNCT 和 ARGS 结构。在 ARGS 字段新增了两个参数，即复制次数（Replication Number）和指针（Pointer）。END.SRrep 各字段的详细说明见表 1。

表 1 END.Srrep 各字段的详细说明

字段名称	字段含义
Locator	SID 的前缀部分，用于将数据包路由到组播中的正确段或节点
Function	用于标识与节点关联的行为，只在节点本地生效
Replication Number	用于指示当前节点需要执行复制操作的次数
Pointer	用于指示第一个子节点（第一个下游节点）在该 SID 策略中的位置的指针，该节点将接收复制后的数据包

2) END.BITrep

在位串域中定义了 END.BITrep，用于表达组播 TE 策略。END.BITrep 利用位串来编码当前组播树的路径信息和组播复制与转发行为。同样，END.BITrep 具有结构格式，其详细结构如图 6 所示。

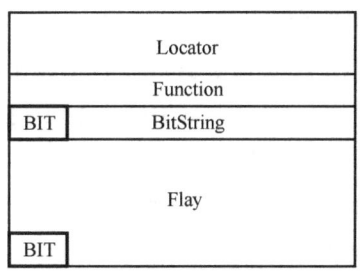

图 6　END.BITrep 的数据格式

END.BITrep 同样遵循 SRv6 可编程性中定义的 LOC、FUNCT 和 ARGS 结构。END.BITrep 各字段的详细说明见表 2。

表 2　END.BITrep 各字段的详细说明

字 段 名 称	字 段 含 义
Locator	HL 标识，指示位串域中源节点的定位信息
Function	用于标识与 HL 对应的本地处理行为
BitString	用以指示数据包在位串域中的转发路径，其中每一位对应位串域中的一个特定节点
Flag	作为标志位，若设置为 1，节点将继续解析接下来的 128 位以拼装 BitString；否则，解析将在此终止

2.4　服务适应的组播 TE 策略构建

基于 SAM-TE 的两层域原理，本节提出了一种在跨越源路由域与位串域之间构建服务适应性组播 TE 策略的方法。

针对源路由域和位串域，SAM-TE 将组播业务需求分为两大类：一种是针对稀疏的组播树，更多依赖于可路由能力；另一种是针对密集的组播树，涉及大量边缘节点，需要通过使用位串来更加灵活地指定数据包路径，从而实现对组播业务路径的灵活控制。

在 SAM-TE 中，组播 TE 策略的构建包括 TE 策略的指定和 TE 策略的分层封装。TE 策略的指定由控制器根据组播业务的需求方向来确定源路由域和位串域的范围；而 TE 策略的分层封装则需要定义指针，指示源路由域中子节点的第一个下游 END.SRrep；同时，位串域中的复制转发信息则通过位串域中的 SID END.BITrep 进行携带。

在源路由域与位串域的边界节点上，会分配 HL 用于标识位串域的起始节点。至此，组播树中节点的上游与下游层次关系得以建立，并支持组播 TE 路径的动态调度。

3 SAM-TE 性能测试

基于 P4 实现了 SAM-TE 的协议原型，并在未来网络试验设施 CENI[9]上进行了性能测试。

3.1 硬件环境设定

未来网络试验设施 CENI 是我国通信与信息领域首个国家重大科技基础设施，拥有超过 40 个城市的骨干网和 100 个边缘节点，覆盖中国大陆的主要城市。在 SAM-TE 的测试实验中，选择了北京、武汉和南京三个骨干城市节点来部署 SAM-TE 协议原型。

在测试环境中，采用了五台 P4 硬件交换机作为 SAM-TE 的核心节点，交换机型号为 Ufispace S9180-32X，搭载 Intel Tofino BFN-T10-032D 芯片。此外，还使用了两台 Dell PowerEdge R740 服务器，模拟服务器和客户端的运行环境。

性能测试的拓扑结构如图 7 所示。在北京节点中的服务器负责对测试数据包进行封装，而在南京节点中的服务器则作为客户端接收数据包。在北京的 P4 交换机 1 负责按照 SAM-TE 输出的组播 TE 策略进行数据包的封装。武汉和南京的 P4 交换机 2、3 作为源路由域中的节点，而 P4 交换机 4、5 则作为位串域中的节点。

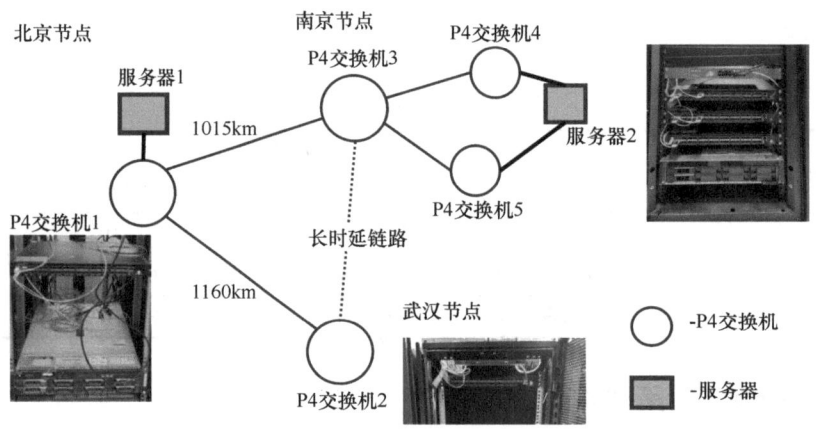

图 7 性能测试的拓扑结构

基于在 CENI 部署的测试环境，重点测试了 SAM-TE 在处理时延、数据包序列稳定性方面的性能表现。

3.2 处理时延

实验中测量了 SAM-TE 各项行为的处理时延，以评估其处理开销。测试中，基于 P4 实现了 MSR6-TE[10]、MSR6-RLB[11]以及 BIER-TE[12]原型，作为对比参考。

处理时延的测量基于数据包在 P4 交换机中的 Ingress 和 Egress 两个阶段的流水线时间戳。SAM-TE 的主要处理行为在 Ingress 流水线中实现。在实验中，通过将 Ingress 和 Egress 的流水线时间戳封装到同一数据包中并进行转发，从而能够计算出从进入 Ingress 到进入 Egress 阶段的处理时间差值，即 SAM-TE 在 Ingress 流水线中处理数据包所引起的延迟。

考虑到组播 TE 主要涉及封装和转发操作,实验从两个角度测试处理时延。

(1)封装时延:指由于封装组播 TE 策略而产生的处理时延。

(2)转发时延:指一个数据包的复制与转发所造成的时延。对于某个复制后的数据包,它的转发时延表示从接收到原始的数据包到完成复制并转发该数据包副本所花费的时间。

1)封装时延

图 8 展示了 SAM-TE、MSR6-TE、MSR6-RLB 和 BIER-TE 的封装时延测试结果。在图 8 中,MSR6-RLB 的封装时延最大,平均为 318.53 纳秒。SAM-TE 的封装时延位居第二,平均为 304.57 纳秒。BIER-TE 的封装时延略优于 SAM-TE,平均值为 303.72 纳秒。而 MSR6-TE 的封装时延最小,平均为 286.59 纳秒。

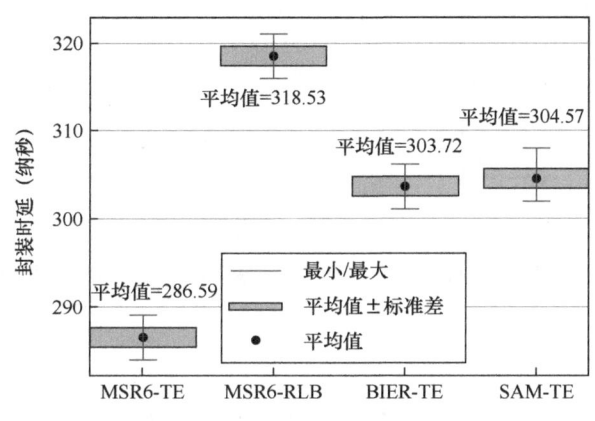

图 8 封装时延测试结果

图 8 的结果表明,SAM-TE 在处理过程中存在一定的开销。与封装时延最低的 MSR6-TE 相比,SAM-TE 的时延增加了 17.98 纳秒,约占 6.27%的相对比例。从时延增加量来看,平均 17.98 纳秒对数据包处理的线速性能不会造成显著影响;而从增加比例来看,6.27%的提升也在可接受的开销范围内。

2)转发时延

由于 SAM-TE 涉及源路由指示和位串编码两种原理,因此分别在源路由域和位串域测试了 SAM-TE 的转发时延,并在不同域中与采用相同原理的方案进行了对比。

表 3 展示了 SAM-TE 在源路由域内前两份复制数据包的转发时延,以及 MSR6-TE 和 MSR6-RLB 的对应数据。对于第一份复制数据包,SAM-TE 的转发时延最大,为 371.00 纳秒,分别比 MSR6-TE 和 MSR6-RLB 多出 74.08 纳秒和 42.92 纳秒。到了第二份复制数据包时,转发时延的增加幅度减小,分别为 32.65 纳秒和 8.75 纳秒。

表3 SAM-TE 在源路由域内前两份复制数据包的转发时延结果

数据包类型	SAM-TE	MSR6-TE	MSR6-RLB
第一份复制数据包	371.00ns	296.92ns	328.08ns
第二份复制数据包	411.62ns	378.97ns	402.87ns

图 9 展示了 SAM-TE 在位串域内前两份复制数据包的转发时延。由于位串的长度是可变

的，因此分别测量了长度为 8、16、32、64 和 104 的转发时延。结果表明，不同长度的位串对转发时延的影响较小。由于第一份复制数据包的处理更为复杂，其转发时延比后续复制数据包的更长。总体来看，处理延迟维持在 370 纳秒左右，SAM-TE 在位串域中的处理不会引起数据包的显著延迟或滞后。

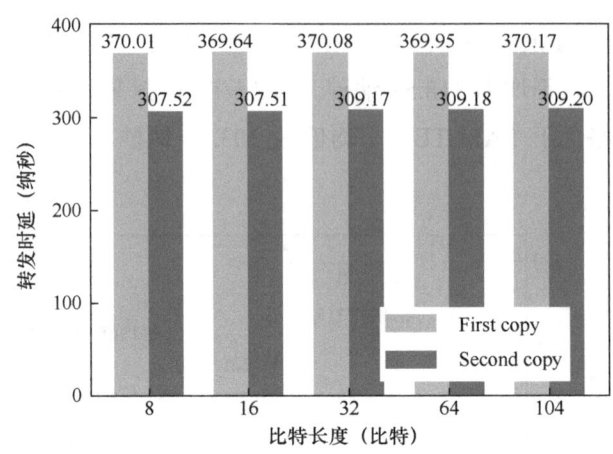

图 9 SAM-TE 在位串域内前两份复制数据包的转发时延测试结果

3.3 数据包序列稳定性

考虑到 SAM-TE 引入了新的 SID 类型和相关处理方式，实验还进行了测试，以评估其对组播应用中数据包序列延迟稳定性的影响。

在数据包序列稳定性实验中，使用基于 IPv6 的 UDP 组播数据包，并在数据包中封装了北京服务器的本地时间戳（记作 t_i，其中 i 表示包序列的编号）。组播流量在 SAM-TE 的 P4 原型上进行处理，并被复制转发到武汉和南京的节点。在南京服务器端捕获了接收的数据包，并获取了南京服务器的本地时间戳（记作 T_i）。考虑到南京和北京服务器之间的时间不同步性，实验采用 $|(T_{i+1}-T_i)-(t_{i+1}-t_i)|$ 来描述包序列的稳定性。

实验考虑了 2 种稳定性测试场景：

（1）固定路径：所有的数据包都在南京的交换机 3 中进行复制。

（2）切换路径：复制的节点在武汉的交换机 2 与南京的交换机 3 之间通过调整 SAM-TE 策略进行切换，切换周期为 1 秒。

图 10 展示了 $|(T_{i+1}-T_i)-(t_{i+1}-t_i)|$ 的累计分布函数（CDF）结果。图 10 的结果表明，组播 TE 策略中路径的变化会对包序列的稳定性产生影响。在固定路径和切换路径的情况下，当 CDF 达到 0.9 时，SAM-TE 相较于 MSR6-TE 在路径切换情况下只多出 5 微秒。考虑到稳定性统计指标是跨越超过 1000 公里的端到端的时延，5 微秒的波动几乎不会对多播数据包的稳定性造成明显影响，因此 SAM-TE 不会对长距离情况下的数据包序列稳定性造成明显影响。

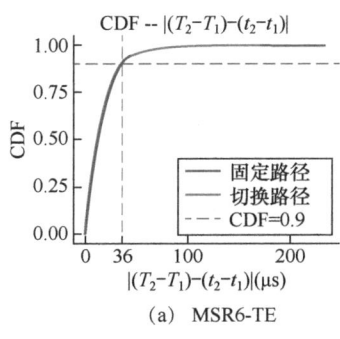 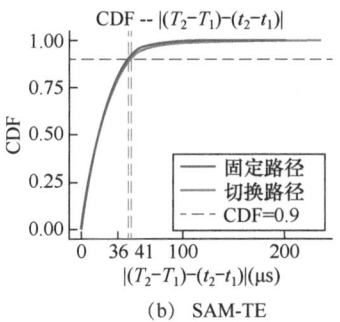

图 10 $|(T_{i+1}-T_i)-(t_{i+1}-t_i)|$ 的累积分布函数结果

4 总结与展望

本文研究了面向 6G 服务驱动的组播 TE 的服务适应性问题。提出的 SAM-TE 融合了当前主流的两大组播 TE 技术原理，设计了一种将组播树划分为两层域的协议结构，并实现了 SAM-TE 的原型系统，进行了硬件实验测试。实验结果表明，SAM-TE 的硬件处理开销在可接受范围内。

未来，计划进一步深入研究 SAM-TE 的优化算法，并通过建立 SAM-TE 与组播用户之间的交互机制，进一步探索自动化和分布式的 SAM-TE 策略调整方案。

5 致谢

本文受国家自然科学基金（62102066）资助，受中国科协青托工程（2022QNRC001）资助，受中央高校基金（ZYGX2022J003）资助。

参考文献

第五部分 通感算智

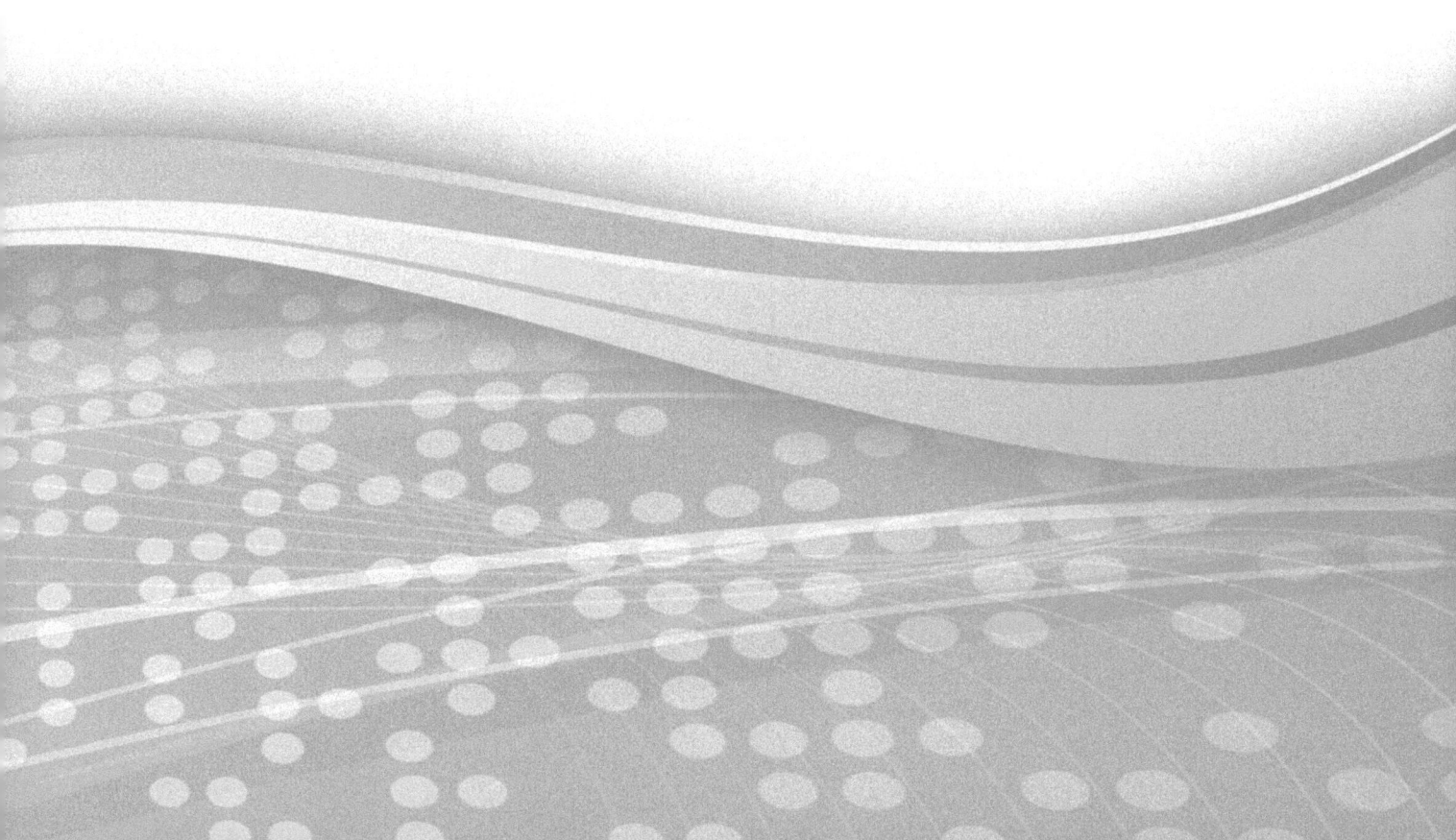

边缘计算网络中基于混合 Transformer-MLP 的端到端时延预测研究

江帆，舒畅，刘磊

（西安邮电大学 通信与信息工程学院，西安 710121）
（陕西省信息通信网络及安全重点实验室，西安 710121）

摘要：在 B5G/6G 边缘计算网络中，网络时延是影响实时应用响应和用户体验的关键因素，也是时延敏感任务卸载和网络优化的核心问题。针对这一挑战，本文提出了一种基于 Transformer-MLP 架构的端到端网络时延预测模型。该模型通过权重层聚合路径中的关键链路特征，充分考虑链路对路径时延的独特贡献，并设计了多层关系混合多尺度 Transformer-MLP 链路和特征混合 Transformer-MLP 路径更新块，以更好地表达路径与链路之间的关系。实验结果表明，在 NSFNET 和 GEANT2 数据集上，该模型在时延预测的准确性和性能上显著优于 MixerNet、RouteNet 等模型，能够有效促进边缘计算网络的智能化管理，提升用户体验，并为未来的研究提供了坚实的基础。

关键词：边缘计算网络；时延预测；Transformer；MLP

1 引言

在当今数字化时代，边缘计算网络逐渐成为 B5G 和 6G[1]应用的核心支撑平台，承担着高带宽、低时延、高可靠性等关键职能，以满足异构业务对时延的严格要求[2]。网络时延作为衡量数据传输效率的核心指标，对实时应用的表现和用户体验具有决定性影响[3]。在边缘计算网络中，时延是服务质量优化的关键指标，用于评估任务卸载和路由方案的性能[4]。精准的时延预测有助于减少延迟波动，确保任务按时完成，并实现资源的动态优化配置，从而避免系统瓶颈[5]。特别是对于时延敏感型应用，提前预知传输路径的时延情况可以帮助系统选择最优路由方案，进一步提升整体网络性能和运行稳定性[6]。

随着访问策略和异构资源需求的快速增长，网络拓扑和流量特征变得愈加复杂，显著增加了时延预测的难度[7]。网络拓扑的动态变化、资源分配的不确定性以及访问策略的多样性，使得传统的排队论和网络微积分模型难以全面刻画实际网络的动态特性[8]。近年来，为应对这些挑战，基于深度学习（Deep Learning，DL）和图神经网络（Graph Neural Networks，GNN）的方法逐步兴起[9]。

这些方法凭借其强大的特征表示能力和自适应能力，能够更好地捕捉复杂的网络特征。然而，现有研究中仍存在对链路间相互影响的忽视，这成为限制其应用的主要原因[10]。例如，PLNet[11]通过基于路径链接特征的简单更新来调整路径特征，但忽视了链路之间的依赖关系；RouteNet[12]结合 GNN 与 GRU[13]聚合链路特征，虽然能够表达链路的序列关系，但对链路交互的描述仍不足；MixerNet[14]通过路径和链路模型的层次结构更新特征，尽管提升了模型捕捉网络特征的能力，但其固定结构在应对动态变化的复杂网络环境时仍显得不足。

因此，本文提出了一种新型的端到端网络时延预测模型——Transformer-MLP 模型，主要研究工作如下。

（1）Transformer-MLP 模型设计。本文提出了一种融合 Transformer 和 MLP 的预测模型，用于精准预测边缘计算网络的时延。该模型通过聚合层提取路径中的关键链路特征，确保链路对时延的独特贡献。所设计的路径和链路更新块结合了多尺度的关系混合和特征混合 Transformer-MLP，扩大了模型的接受域，增强了对路径与链路复杂关系的表达，为更精准的网络性能预测提供了基础。

（2）网络性能状态动态更新机制。该机制引入了动态更新方法，首先对路径特定的链路矩阵加权，以准确表达各路径下链路的影响。然后，将所有加权链路矩阵按链路索引求和，生成新的链路特征，并通过链路更新块在每次迭代中动态聚合链路特征，反馈给路径更新块。结合多头自注意力和多尺度特征提取，设计了能够捕捉长程依赖的机制，增强了特征提取的深度与广度，使模型能够更有效地应对复杂网络中的动态变化。

（3）高效模型训练优化。为提高训练效率，本文对模型训练过程进行了优化，采用了 GELU 激活函数和层归一化（LayerNorm），以增强训练稳定性并加速收敛速度。同时，使用余弦退火学习率调度策略提升训练效果。通过残差连接，有效缓解深层网络中的梯度消失问题，确保模型在大规模网络下仍具备高效的学习能力和准确的预测能力。

2 系统模型架构

在本节中，首先定义了网络特征和时延的表示符号。接着，展示并介绍了一种新的时延预测模型系——Transformer-MLP 模型。

2.1 概念

在边缘计算网络中，网络结构可以表示为 $O=\{L,R,P\}$，其中 $L=\{l_1,l_2,\cdots,l_i\}$ 表示链路的集合，i 为链路的数量。$P=\{p_1,p_2,\cdots,p_k\}$ 表示端到端路径的集合，k 为路径的数量。$R=\{r_1,r_2,\cdots,r_k\}$ 是与每条路径相关的链路矩阵集合，每个矩阵包含对应路径的链路特征序列。对于网络特性和时延，可以表示为 $S=\{B,T,D\}$，其中 $B=\{b_1,b_2,\cdots,b_k\}$ 是每条链路的带宽，$T=\{t_1,t_2,\cdots,t_k\}$ 是每条链路的流量，$D=\{d_1,d_2,\cdots,d_k\}$ 是每条链路的时延。

2.2 模型架构

网络特征可分为路径特征和链路特征，前者反映特定路径上的流量分布，后者描述链路的带宽和传输能力。路径特征与链路特征之间的关系是复杂网络性能的关键，直接影响网络在不同条件下的表现。在现代网络环境中，流量模式展现出多尺度特征，既包含局部链路间的短期相关性，也涉及端到端路径的长程依赖关系。因此，准确捕捉和分析这种多尺度关联性对于提升网络时延预测的精度至关重要。

现有模型如 RouteNet 和 MixerNet 已在一定程度上优化了路径特征与链路特征之间的关联性，但在处理多尺度特征方面仍存在一定的局限性。为深入分析路径对相邻链路的影响，并应对复杂网络的动态变化，本文基于 MixerNet 设计了一种新模型——Transformer-MLP 模型。该模型采用了多头自注意力机制，通过不同注意力头捕捉不同尺度的特征关联。具体而言，我们设计了 8 个注意力头，其中 4 个关注局部链路关系（attention span=2），另外 4 个则用于捕捉长距离依赖（attention span=8）。这种多尺度设计显著提升了模型对网络动态特征的感知能力。

该模型通过多层特征融合与更新，提高了对网络状态变化的敏感度。在特征提取层面，我们采用了 3 层 Transformer 编码器和 2 层 MLP 结构。Transformer 层主要负责捕捉特征间的动态关联，而 MLP 层则通过非线性变换增强特征表达能力。

在特征融合方面，本文创新性地设计了自适应加权机制。首先，使用聚合层将路径特定的链接矩阵 R 聚合，然后通过精心设计的路径更新模块来学习路径特征 P 和相应链接矩阵 R 之间的关系。该更新模块采用了残差连接结构，有效缓解了深层网络中的梯度消失问题。对于所有更新的特定于路径的链接矩阵进行加权时，权重系数通过注意力分数动态计算，从而使得模型能够自适应地调整不同路径对链路的影响程度。根据链路索引将所有链接矩阵 R 相加，形成新的链路特征。这种多层次的特征融合机制使得模型能够在面对复杂动态网络时展现出优异的泛化能力。

3 端到端网络时延预测算法

在本节中，首先介绍时延预测算法的整体核心流程，接着详细介绍具体的路径和链路模块更新算法。

3.1 Transformer-MLP 算法

图 1 展示了 Transformer-MLP 模型的架构图，该架构整合了信息交互模块、多头注意力模块和多尺度卷积模块来处理网络数据。该模型架构以路径特征、链路特征和路由方案作为输入，经过 N 次迭代更新后，通过 MLP 生成时延抖动预测。在初始阶段，路径特征从通过路径段的流量值分配获得，链路特征则通过带宽值分配获得。随后，这些特征通过线性层投影到低维空间，以便进行后续的特征更新和处理。

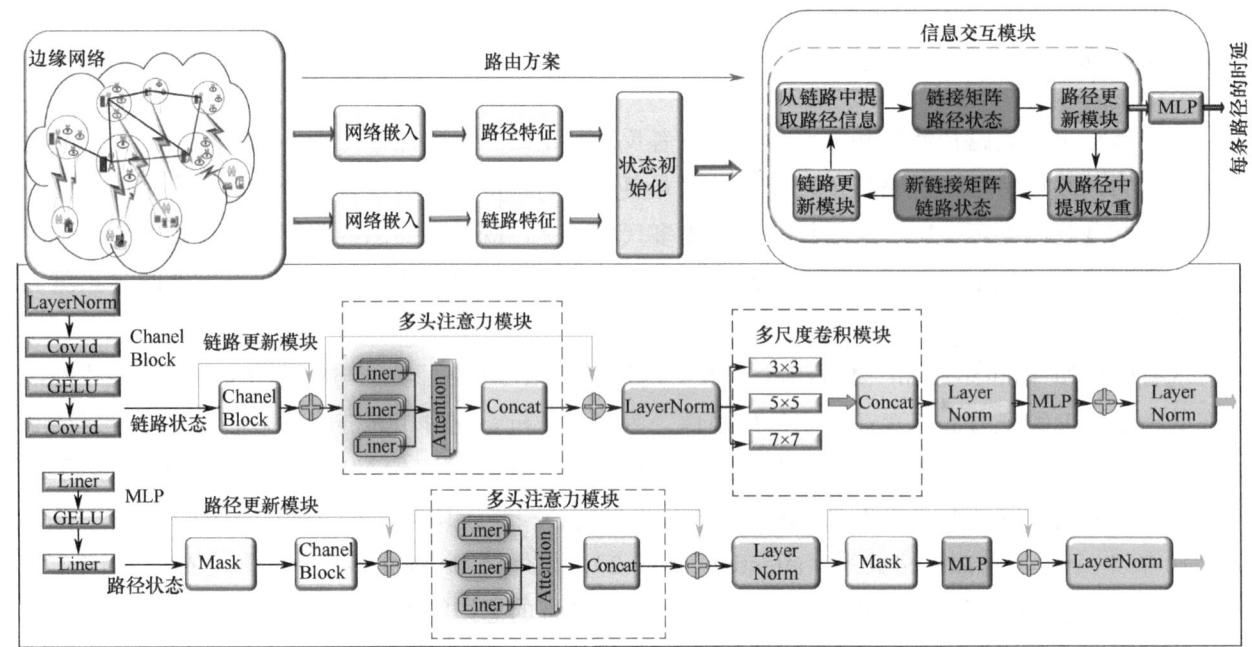

图 1 Transformer-MLP 模型的架构图

为提升模型的表征能力，引入了聚合层，将链路特征与路由矩阵结合，建立路径和链路之间的关系，进而捕捉网络的复杂动态。路径更新模块采用了关系混合 Transformer-MLP 架构，用于学习路径特征和链接矩阵之间的交互。与传统的 GRU 和 LSTM 等更新机制不同，Transformer 通过多头自注意力机制有效地捕捉长程依赖，从而在表征复杂路径特征方面展现出更优的性能。同时，MLP 作为特征融合模块，执行非线性变换并重构输入特征，以增强模型的表达能力和鲁棒性。这样的双组件设计确保了路径层面特征的全面提取和处理，进一步提升了模型在动态网络环境下的适应能力和预测精度。

虽然路径更新模块专注于高层特征学习，但链路层面的交互同样需要复杂的处理。为了更有效地处理路径和链路之间的交互，我们对更新后的链接矩阵进行了加权，以捕捉不同路径对各链路的不同影响程度。这些精炼的链路特征随后被反馈到路径更新模块，实现路径和链路特征之间的动态迭代优化。在链路更新模块中，采用了多尺度混合 Transformer-MLP 架构，其中多尺度卷积增强了模型在不同尺度下对网络时延和抖动特征的感知能力。通过在多个核大小上同时提取特征，模型能够捕捉局部和全局尺度上的时延与抖动模式变化。这种设计有效处理了时空特征，增强了对复杂网络拓扑和动态环境的适应性，并在不同尺度上聚合链路特征，使模型能够捕捉多粒度网络动态，进一步增强链路状态的表征能力。

通过路径和链路更新模块的协同运作，所提出的模型在 N 次迭代中逐步精炼特征。最终，更新后的路径状态经 MLP 层处理，为每条路径生成时延抖动预测。这种设计展示了模型对网络动态变化的敏感性，并突显了其在复杂网络环境中的显著优势和稳健泛化能力，特征更新过程在算法 1 中详细说明。

算法 1：基于 Transformer-MLP 的端到端时延预测算法

输入：网络状态，路由方案

输出：每条路径的预测时延

开始
1：初始化路径状态 $P_0 = \text{path-init}(T, 0, \cdots, 0)$
2：初始化链路状态 $L_0 = \text{link-init}(B, 0, \cdots, 0)$
3：循环 N 次计算每条路径的链路特征
$r_k^n = \gamma(L^{n-1}, R)$
5：更新路径 Path-Transformer-MLP：
$p_k^n = \text{Path} - \text{Transformer}(p_k^{n-1}, r_k^n)$
6：计算每条路径对链路的贡献：
$w_k^n = \text{MLP}(p_k^n)$
7：聚合路径贡献 $R_l^n = \sum_{k \in R} w_k^n$
8：更新链路 Link-Transformer-MLP：
$\text{MultiScale}(L_l^{n-1}) = (1/M) * \sum_{i=1}^{M} \text{Conv}_{k_i}(L_l^{n-1})$
$L_l^n = \text{Link} - \text{Transformer}(\text{MultiScale}(L_l^{n-1}), R_l^n)$
9：时延预测
$D(J) = \text{MLP}(P_N)$
结束

3.2 模块更新算法

时延预测算法的核心是路径和链路模块更新算法，该算法旨在解决传统方法在路径和链路状态更新中的局限性。为此，我们参考了 MixerNet 架构[12]，并优化了其传统结构，引入 Transformer、多尺度卷积和深度残差网络。新的架构利用 Transformer 的自注意力机制，动态捕捉网络中不同部分的重要信息。Transformer 根据输入特征的上下文自适应调整注意力权重，尤其在处理不定长序列表现出色。提取链路和路径信息后，采用多层混合 Transformer-MLP 模型路径模块更新这些信息，每层包含自注意力机制和 MLP 网络，能够有效提取路径和链路信息，捕捉特征间的关系。更新后的路径状态反映了不同位置特征的关联性，并整合为新的路径状态。第 n 个更新模块的核心计算过程为：

$$x_k^{n-1} = \text{concat}(p_k^{n-1}, r_k^{n-1}) \tag{1}$$

$$x_k^* = x_k^{n-1} + W_2^p \cdot \sigma(W_1^p \cdot x_k^{n-1}) \tag{2}$$

$$Q = f_1(p_k^{n-1}, L), K = f_2(p_k^{n-1}, L), V = f_3(p_k^{n-1}, L) \tag{3}$$

$$x_k^{**} = \Omega(\text{Attention}(Q, K, V) + x_k^*) \tag{4}$$

$$x_k^n = x_k^{**} + W_4^p \cdot \sigma(W_3^p \cdot x_k^{**}) \tag{5}$$

$$\text{Output}(p_k^{(n)}, r_k^{(n)}) = \kappa(x_k^{(n)}) \tag{6}$$

通过式（1）形成新的特征，$p_k^{(n-1)}$ 和 $r_k^{(n-1)}$ 表示上一层的路径和链路特征，concat 表示拼接。接着，式（2）利用通道方向更新模块对拼接后的特征进行更新，W_1^p 和 W_2^p 是线性变换的权重矩阵，σ 是激活函数（GELU）。式（4）表达了自注意力机制的状态，其中查询 Q、键 K 和值 V 是基于函数 f_1、f_2 和 f_3 对路径表示 $p_k^{(n-1)}$ 的作用计算得出的。随后，式（5）在特征方向上进一步更新特征，W_3^p 和 W_4^p 是特征方向更新的线性层权重。最后，式（6）将经过更新后的特征向量 x_k^n 被分解为新的路径特征 p_k^n 和链路特征 r_k^n，其中的 κ 是分割操作，将更新后的特征分配到路径和链路部分，作为下一层的输入。

4 仿真结果及讨论

本节主要验证了所提出的 Transformer-MLP 模型在边缘计算网络中的预测精度和通用性。通过大量实验，本文对比了 RouteNet[12]、MixerNet[14]模型与本文模型在不同流量强度、网络拓扑以及路由场景下的延迟预测结果和误差分布。

4.1 仿真设置

本研究的仿真实验基于 PyTorch[15]框架在 RTX 2080Ti GPU 上进行。实验采用了来自开源知识定义网络(KDN)项目的 14 节点 NSFNET 和 24 节点 GEANT2 数据集[16]。这些数据集由 OMNet++[17]仿真器生成，提供了在不同网络拓扑下的时延、抖动和丢包的仿真结果。KDN 数据集假设网络流量是针对每个端到端节点对随机生成的。在边缘计算场景中，流量分布较为分散。生成的 NSFNET 和 GEANT2 数据集的网络特征分布与实际边缘计算环境中的分布十分接近，从而确保了仿真结果在实际边缘计算环境中的可靠性和有效性。表 1 展示了 KDN 数据集的详细信息。

表 1 KDN 数据集的详细信息

数 据 集	节 点	链 路	最 长 路 径	平 均 长 度
NSFNET	14	42	4	2.14
GEANT2	24	74	7	2.92

4.2 评价指标

为描述评价指标的计算过程，本文将网络在某一时间段的实际路径延迟定义为 $D=[d_1,d_2,\cdots,d_k]$，模型预测的时延定义为 $D'=[d'_1,d'_2,\cdots,d'_k]$。为了衡量预测误差和准确性，本文采用了以下四个评价指标。

均方误差（MSE）：

$$\text{MSE} = \frac{1}{k}\sum_{i=1}^{k}(d_i - d'_k)^2 \tag{7}$$

其中，k 为网络的路径数。

平均绝对误差（MAE）：

$$\text{MAE} = \frac{1}{k}\sum_{i=1}^{k}|d_i - d'_k| \tag{8}$$

Pearson 相关系数（PCC）：

$$\text{PCC} = \frac{E[(D-E[D])(D'-E[D'])]}{\sigma_D \sigma_{D'}} \tag{9}$$

其中，E 为期望，σ_D 和 $\sigma_{D'}$ 分别为 D 和 D' 的标准差。

一般而言，MSE 是评估实际值与预测值之间差异广泛使用的指标。然而，当误差较小时，由于平方运算的影响，该指标可能变得不太有效。为了解决这一局限性，MAE 也被用来进行稳健评估。

此外，PCC 用于量化实际值和预测值之间的线性相关性。因此，一个高性能的时延抖动预测模型应当表现出较高的 PCC 值，以及较低的 MSE 和 MAE。为了验证模型在不同流量强度下的表现，本文在 NSFNET 和 GEANT2 数据集上进行了实验。

表 2 对比了 Transformer-MLP 模型、MixerNet 模型和 RouteNet 模型的性能。Transformer-MLP 模型在 NSFNET 和 GEANT2 数据集上的 MSE 和 MAE 指标显著低于 RouteNet 和 MixerNet，而 PCC 指标则表现出更高的线性相关性，接近 99.99%。这表明，Transformer-MLP 模型能够更准确地捕捉实际值与预测值之间的复杂关联性，展现出优异的性能。

表 2 指标对比表

Dataset	Traffic	$MSE/10^{-4}$ (RouteNet/MixerNet /**Transformer-MLP**)	$MAE/10^{-3}$ (RouteNet/MixerNet /**Transformer-MLP**)	PCC/% (RouteNet/MixerNet /**Transformer-MLP**)
NSFNET	9	0.20/0.12/**0.008**	3.24/2.56/**0.68**	99.93/99.96/**99.99**
	12	0.54/0.19/**0.08**	4.55/3.10/**1.93**	99.94/99.98/**99.99**
	15	3.06/0.56/**0.39**	9.87/4.93/**4.10**	99.96/99.99/**99.99**
	all	1.33/0.30/**0.19**	6.04/3.59/**2.82**	99.96/99.99/**99.99**
GEANT2	9	0.26/0.17/**0.05**	3.30/2.76/**1.34**	99.93/99.95/**99.99**
	12	1.03/0.38/**0.16**	5.04/3.42/**2.28**	99.95/99.98/**99.99**
	15	3.06/0.84/**0.69**	8.74/4.87/**4.63**	99.97/99.99/**99.99**
	all	1.48/0.47/**0.26**	5.74/3.70/**3.13**	99.97/99.99/**99.99**

具体而言，在 NSFNET 数据集上，对于流量强度为 9 的场景，Transformer-MLP 模型的 MSE 和 MAE 分别降低至 0.008×10^{-4} 和 0.68×10^{-3}，显著优于 MixerNet 的 0.12×10^{-4} 和 2.56×10^{-3}。在所有流量强度（all）的综合场景下，Transformer-MLP 模型的 MSE 和 MAE 分别为 0.19×10^{-4} 和 2.82×10^{-3}，同样远低于 MixerNet 的 0.30×10^{-4} 和 3.59×10^{-3}。此外，PCC 指标始终保持在 99.99%，展现了其在线性相关性建模上的卓越能力。

在 GEANT2 数据集上，Transformer-MLP 模型的性能提升同样显著。在流量强度为 15 的场景下，MSE 和 MAE 分别降低至 0.69×10^{-4} 和 4.63×10^{-3}，而 MixerNet 模型的对应值为 0.84×10^{-4} 和 4.87×10^{-3}。在综合场景下，Transformer-MLP 模型的 MSE 和 MAE 分别为 0.26×10^{-4} 和 3.13×10^{-3}，优于 MixerNet 模型的 0.47×10^{-4} 和 3.70×10^{-3}，并且其 PCC 始终保持在 99.99%。这种性能提升主要得益于模型在多尺度特征建模上的能力：通过局部链路关系（attention span=2）和长程依赖（attention span=8）的多头自注意力机制，Transformer-MLP 模型能够更精细地捕捉路径和链路特征之间的动态关联。

同时，实验结果表明，多尺度机制对模型性能的提升贡献显著。以 NSFNET 数据集为例，加入 attention span=8 的长程依赖建模后，MSE 指标平均降低了约 35%，而 MAE 指标则降低了约 40%。

此外，自适应加权机制进一步提升了模型对复杂流量模式的感知能力。在综合场景中（流量强度为 all），Transformer-MLP 模型能够动态调整不同路径对链路特征的贡献，使得全局网络性能得到了最优的权衡。

这些实验结果验证了 Transformer-MLP 模型在多尺度建模、特征融合以及动态加权上的设计优势，为复杂动态网络环境中的时延抖动预测提供了一个强有力的解决方案。

4.3 Transformer-MLP 模型的性能

为了演示 Transformer-MLP 模型的性能，采用以下 3 种方法进行说明。图 2 为预测误差分布图，从图中可以观察到误差的峰值位于 0 附近，说明模型的预测值整体上接近真实值，且大部分误差位于-0.01 到 0.01 之间，极少数误差位于-0.03 到-0.02 之间。这表明模型的预测误差较小且相对集中，且误差分布接近正态分布，进一步证明了模型的预测效果较为可靠。

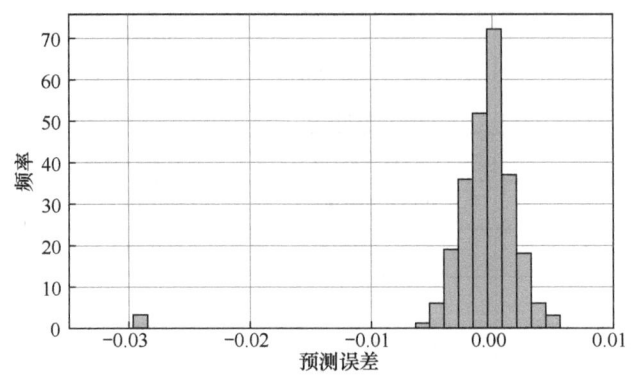

图 2　预测误差分布图

图 3 展示了经过训练的 Transformer-MLP 模型在 GEANT2 数据集上对随机选取的拓扑进行预测的回归图。图中的点表示预测值，虚线代表真实时延值。实验结果表明，该算法的整体预测误差较低，但在高时延情况下，预测误差明显高于低时延时。这是因为具有高时延的端到端节点在训练过程中较少出现，因此在训练时受到的关注较少。

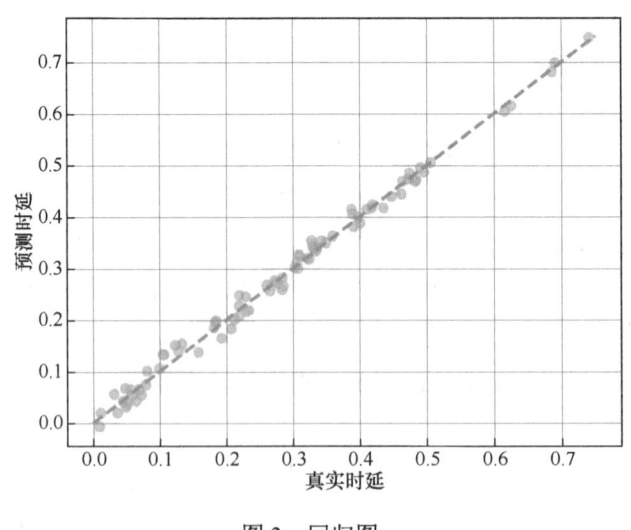

图 3　回归图

图 4 通过小提琴图展示了消融实验的对比结果，分别对完整的 Transformer-MLP 模型、单独的 Transformer 模型和单独的 MLP 模型进行了分析。实验结果表明，Transformer-MLP 模型展现出最优

的性能，其误差分布最为集中，在 0 点附近形成显著的高峰，且分布形状最窄，说明预测结果具有最高的稳定性。单独的 Transformer 模型表现次之，虽然保持了相对良好的预测稳定性，但其误差分布形状略宽于完整模型，且中心峰值较低。相比之下，单独的 MLP 模型表现最差，其误差分布呈现最宽的形状，并且尾部延展明显，意味着产生较大预测误差的概率更高。这一结果明确证实了 Transformer 和 MLP 模型之间存在显著的协同效应。Transformer-MLP 模型的性能优于单独使用任何一个模型，表明这两个模型能够有效互补，共同提升 Transformer-MLP 模型的预测能力。其中，Transformer 模型在保证预测准确性方面发挥了主要作用，而 MLP 模型则在提供补充特征和增强模型鲁棒性方面做出了重要贡献，为采用 Transformer-MLP 模型的设计决策提供了有力的实证支持。

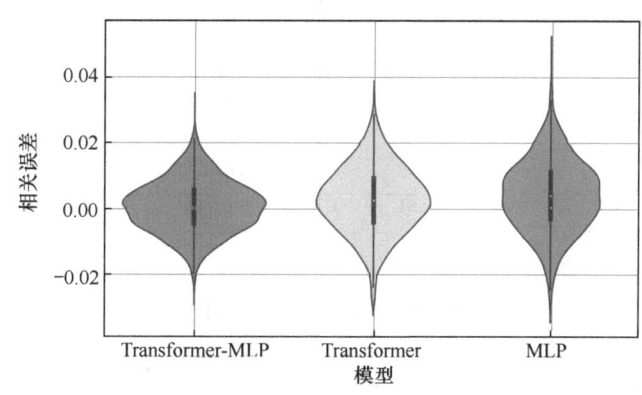

图 4 消融实验对比

4.4 时延预测对比

在边缘计算网络中，时延预测模型的预测误差分布越集中，表明其稳定性越高。然而，这些误差可能未能在整体预测结果中得到充分反映。因此，本文通过比较多个模型的累积分布函数（CDF）来对模型性能进行全面评估。相对误差定义如下：

$$\text{re} = \frac{d - d'}{d} \tag{10}$$

其中，re 是相对误差，d 是真实时延，d' 是预测时延，对于准确预测的模型，其相对误差函数曲线在 re->0 时快速接近 0，在 re->1 时快速接近 1。

图 5（a）展示了 RouteNet、MixerNet 和 Transformer-MLP 三个模型在 14 节点 NSFNET 数据集上的相对误差累积分布函数（CDF）。与其他两种相比，所提出的 Transformer-MLP 模型的 CDF 曲线在-0.02 到 0.02 的关键相对误差范围内最快达到 1。值得注意的是，在相对误差接近 0 的区域，CDF 曲线的增长明显更陡峭，表现出更好的斜率。这表明预测误差集中在更窄的范围内，从而产生更准确的预测。这一优势可归因于所采用的 Transformer-MLP 模型，该模型有效利用了多尺度网络拓扑特征，并捕捉了复杂的路径和链路关系。

图 5（b）展示了 3 种模型在更复杂的 24 节点 GEANT2 数据集上的相对误差累积分布函数（CDF）。由于该数据集具有复杂和动态的网络拓扑，对模型的预测能力提出了更高的要求。与其他两种相比，Transformer-MLP 模型的 CDF 曲线在-0.02 到 0.02 的关键范围内最快达到 1，展示了其对

复杂网络环境的高效适应能力。这一性能优势可归因于其强大的特征提取与融合能力，以及动态信息更新机制，这些因素共同提升了其预测精度。这些结果突显了 Transformer-MLP 模型的鲁棒性和适应性。

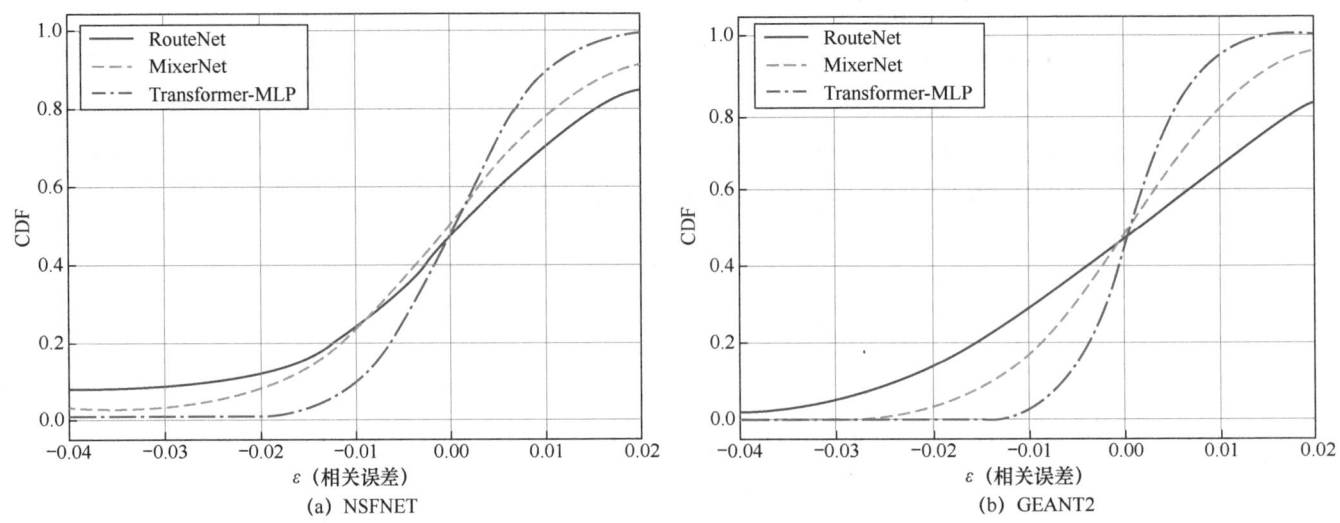

图 5　不同模型的 CDF 对比图

图 6 对比了 20 条路径的实时时延与 3 个模型的预测时延。Transformer-MLP 模型在大多数路径上与实际时延紧密匹配，展现了优异的预测性能。特别是在路径 10 和路径 13 等高时延路径上，该模型提供了最准确的预测，预测值与实测值的误差极小。这种模型在捕捉复杂网络条件下的行为和细粒度特征方面表现出色。具体来看，在路径低时延区间，Transformer-MLP 模型能够很好地追踪时延的微小波动；在路径中等时延区间，模型准确把握了时延的整体趋势和局部变化；而在路径高时延区域，相比其他模型，Transformer-MLP 表现出更强的鲁棒性，即使在网络条件复杂、时延波动较大的情况下，仍能保持较高的预测准确度。这种出色的表现得益于 Transformer 结构强大的特征提取能力，以及 MLP 层对这些特征的有效整合，使模型能够充分理解并准确预测网络环境中的各种复杂模式。

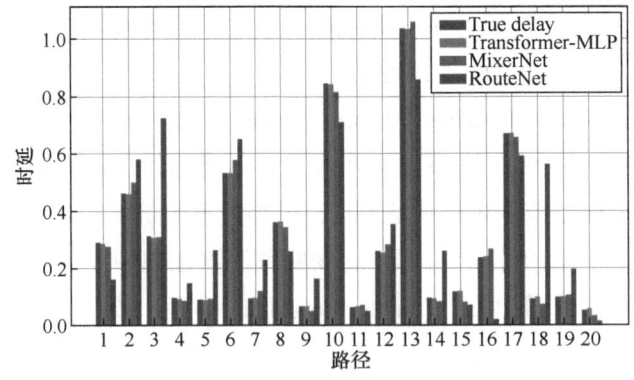

图 6　时延预测直方图

5 结束语

在本文中,首先概述了时延预测模型在边缘计算网络中的应用场景,并评估了传统网络建模方法,如网络算法和排队论的优势与局限性。接着,深入分析了机器学习在网络建模领域的应用进展,特别是选择使用 Transformer-MLP 架构的原因。基于此,提出了一种基于 Transformer-MLP 架构的端到端网络性能预测模型。通过在链路和路径更新模块中采用 Transformer-MLP 架构,使模型能够在特征更新过程中扩大路径和链路的接收域,并通过建模链路与路径之间的潜在关系来增强其表达能力。此外,模型中的权重层设计有效地捕捉了各链路在不同路径中所扮演的差异化角色。最后,在两大主流网络延迟预测数据集上,本文对 Transformer-MLP 模型与其他主流模型进行了对比实验。实验结果表明,Transformer-MLP 模型在预测精度和泛化能力方面表现优异,并能够更有效地应对网络中的动态变化。

未来的研究将重点验证 Transformer-MLP 模型在预测网络抖动、丢包率等多维性能指标上的表现,同时扩展到更大规模的网络拓扑(如包含 50+节点的网络)和更多样化的流量模式(如移动边缘计算、物联网等场景),以全面评估模型的可扩展性和通用性。此外,计划引入真实世界的边缘计算流量数据集,进一步验证模型在实际部署环境中的性能,并深入探讨该混合架构在各种网络性能预测场景中的适用性和泛化能力。

参考文献

面向新型工业化的"感通控智"融合技术研究及应用

刘玮哲，张悦，张春天，马泽瑞，杨博涵

（中国移动通信有限公司研究院，北京 100053）

摘要： 随着新型工业化的深入推进，新一代信息技术与工业控制技术加速融合，如何为工业生产的核心环节提供 OICT（Operational, Information and Communications Technology，运营、信息和通信技术）融合能力，已成为工业创新发展的关键突破点。首先，分析新型工业化的发展趋势，构建"感知-通信-控制-智能（简称感通控智）"融合技术体系。其次，阐述各领域主要的关键技术，并介绍在汽车生产场景下的技术实践。最后，展望"感通控智"融合技术与智能体技术协同，共同推动新型工业化发展。

关键词： 新型工业化；感通控智融合；无线感知；确定性传输；虚拟化 PLC

1 新型工业化的发展趋势及挑战

新型工业化是基于科技创新，由新质生产力牵引的"技术—经济"新范式。其实质是通过颠覆式技术创新，构建工业生产新模式、新业态，赋能全要素生产率的提升。新型工业化的发展目标与发展路径如图 1 所示。

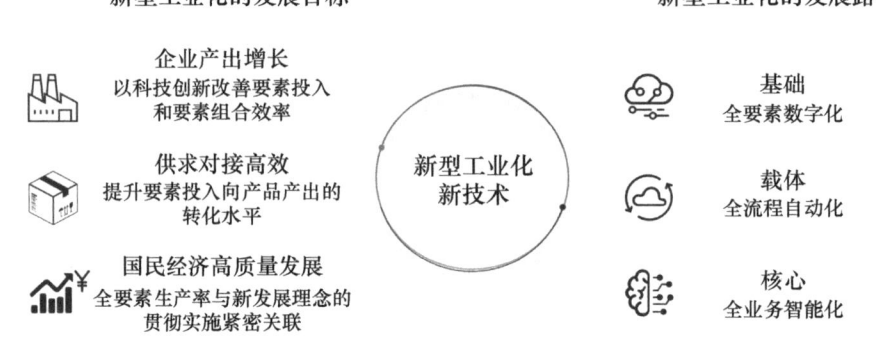

图 1 新型工业化的发展目标与发展路径

随着新型工业化的深入推进，工业正呈现出要素感知泛在化、工业网络无线化、工业控制开放化、生产流程智能化的发展趋势[1-2]。面向未来，基于新一代感知、通信、控制和智能技术，开展信息与通信技术（Information and Communications Technology，ICT）与运营技术（Operational Technology，OT）的交叉创新，打造"感通控智"融合技术体系，为工业生产提供开放、网联、协同、智能的新一代工业控制系统。该系统将实现"信息采集、数据传输、认知决策、反馈执行"四位一体，助力工业制造向高端化、智能化、绿色化发展转型。面向新型工业化的"感通控智"技术组网架构如图2所示。

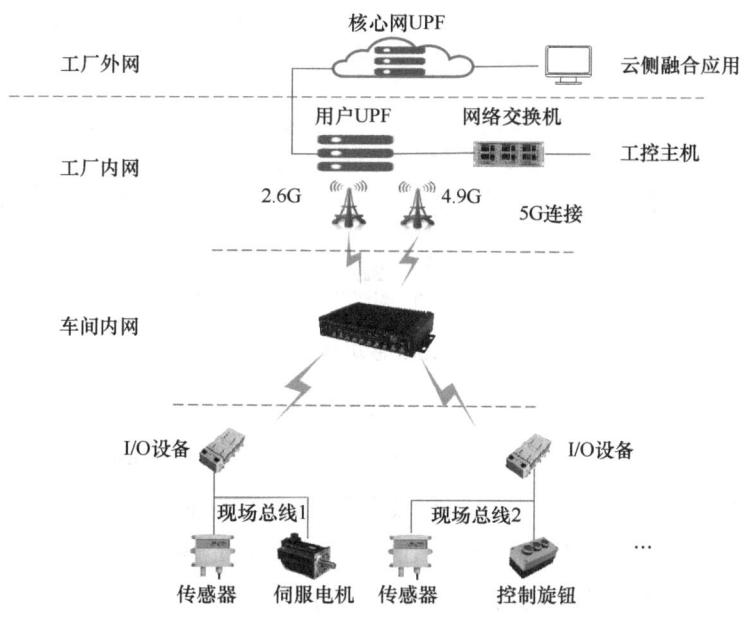

图2　面向新型工业化的"感通控智"技术组网架构

2　面向新型工业化的"感通控智"融合关键技术

面向新型工业化的发展需求，构建"感通控智"融合的工业控制能力体系，突破无源无线感知网、5G确定性网络、虚拟化PLC等关键技术。

2.1　感知：无源无线感知网

感知是连接物理世界与数字空间的桥梁，是实现物理实体精准数字化映射的关键手段。在当前新型工业化背景下，工业生产现场对低功耗、免维护、低成本、易部署等方面提出了高质量的感知需求。传统的感知终端大多依赖电池供电，需要定期更换或充电，这不仅增加了维护成本，还可能影响系统的稳定性和可靠性。此外，传统感知终端通常基于有线连接，当出现新的感知需求时，往往需要重新布线进行拓展，导致感知服务的可扩展性较差。因此，亟需摆脱网线和电源线的束缚，以推动工业柔性化生产的发展。

面对工业现场对无源化、无线化感知的需求，无源无线感知网（Passive Wireless Sensor Network，PWSN）为各类工业生产要素提供了数字化基础，并为实现多维泛在感知提供了有效的技术方案。无源无线感知网主要包括无源感知与无线感知两大使能技术。无源感知技术主要通过数能同传、能量采集等方式实现信息与能量的融合，而无线感知技术则通过采集信号信息、构建感知模型，实现通信与感知的融合。无源无线感知网架构示意图如图 3 所示。

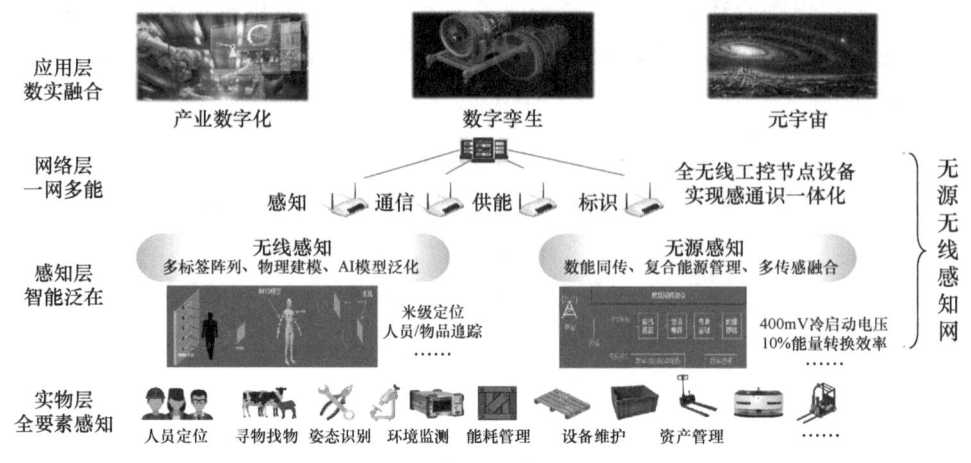

图 3 无源无线感知网架构示意图

（1）无源感知技术[3]：从周围环境中收集并利用微小能量以实现感知功能。能量收集方式包括从专有供能设备中获取稳定的能量源，或采集光能、风能、振动能等环境能量。无源感知技术主要包括天线设计、RF-DC 转换、复合微能源管理等技术，可以实现 390mV 超低电压冷启动，在 −26dBm 接收功率条件下，能量转换效率超过 10%，并能够稳定输出 2.2V 电压。无源感知技术解决了物联网终端依赖直流供电的问题，实现了终端用能的"零碳化"。以基于能耗感知的无源智能传感器为例，它能够对电压、电流、功率因数、温度等参数进行全面采集，具备非侵入式安装、无电池免维护、安全隐患小、采集精度高等优点，可广泛应用于能效管理、用电安全、设备维护等多个工业场景。无源感知技术架构图如图 4 所示。

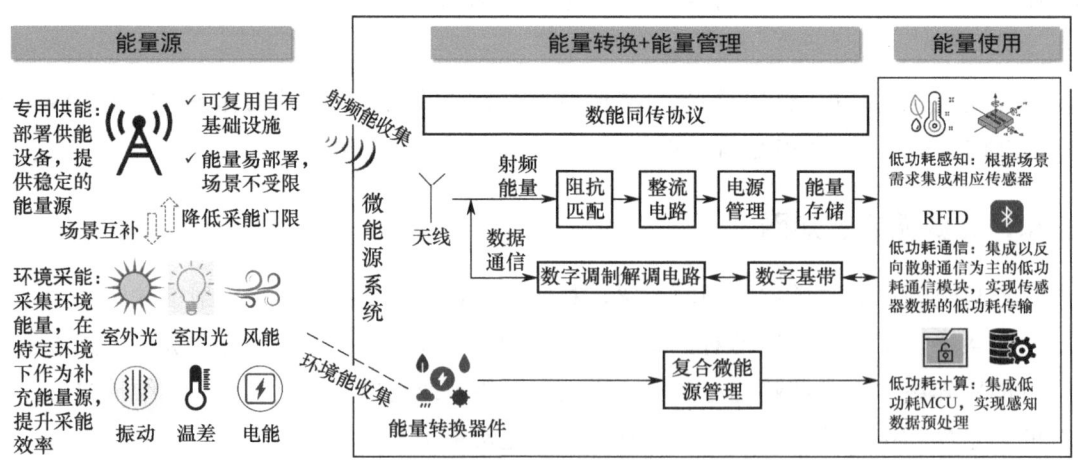

图 4 无源感知技术架构图

（2）无线感知技术：利用无线信号在传播过程中的反射、衍射和散射等现象，捕捉信号的复杂传播路径。由于信道状态信息（Channel State Information，CSI）的幅值和相位受到多种因素的影响，包括发射端和接收端的位置、周围物体的存在以及人的位移和运动等，这些因素的变化都会导致 CSI 的相应变化。借助导频信号或探测参考信号，发送端以特定方式发送已知的参考信号，接收端在接收机上提取信号的 CSI，并检测多普勒频移，通过物理建模和人工智能（Artificial Intelligence，AI）泛化处理，实现对环境和对象的精确感知。无线感知作为一种独特的感知手段，能够提升自动化生产、智能仓储管理、企业信息化管理和工业机器人运行的效率与安全性，助力工厂降本增效。

2.2 通信：5G 确定性网络

传统以太网"尽力而为"的传输机制无法满足工业时延敏感型业务的需求[4]。因此，确定性网络技术已成为当前网络演进的主要方向之一[5]。5G 确定性网络（5G Deterministic Networking，5GDN）通过采用高精度时钟同步等技术，在 5G 网络切片基础上实现有界时延、有界抖动和超高可靠性特性，构建可预期、可规划、可验证的无线网络。

（1）时间感知性是实现 5G 确定性网络的先决条件。在 5G 系统内部各个节点时钟同步的基础上，数据在网络中传输时携带时间信息，提前规划端到端时延，并在各个节点根据实时的时延进行路径规划和资源重新分配，实现网络内部各域之间的协同确定性[6]。为支持工业现场设备间的时钟同步，5G 系统将内部时钟向工业设备进行授时。基于 5G 工业网关的全网高精度时钟同步架构如图 5 所示。5G 工业网关作为终端，通过 5G 系统内部时钟同步过程与基站实现时钟信息对齐，并通过 B 码或 PTPv2 协议南向授时给现场设备，实现全网高精度时钟同步，误差小于 1μs。

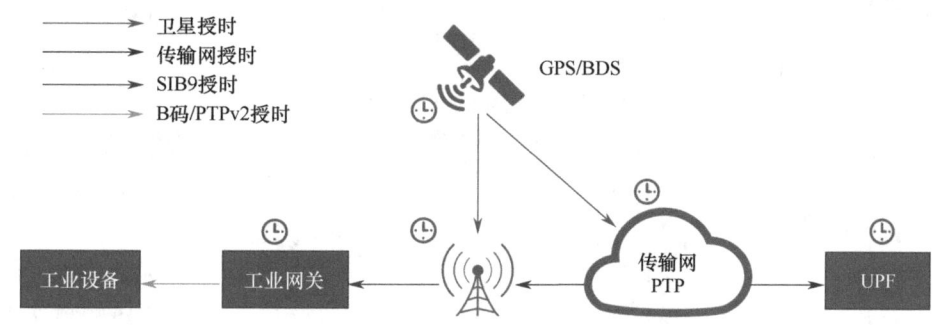

图 5 基于 5G 工业网关的全网高精度时钟同步架构

（2）传统通信网络的主要关注点是数据速率，而 5G 确定性通信系统的目标是确保确定的时延下界和时延上界[7]。通过对 5G 核心网侧引入时间敏感网络（Time-Sensitive Networking，TSN）的流量整形等能力机制，控制时延上界[8]。5G+TSN 通过采用循环排队转发和帧抢占等技术进一步降低时延，确保关键流量优先传输，同时引入三层确定性网络技术-确定性 IP（Deterministic IP，DIP）[9]。DIP 技术在传统 IP 的基础上引入周期转发机制，通过控制每个数据包在每跳的转发时机来减少微突发，消除长尾效应，最终实现端到端时延确定性。根据网络演算理论，传统 IP 网络端到端时延无上界[10]，存在长尾效应，若已知跳数的传统 IP 网络端到端时延上界如式（1）所示，其中 α 为最大链路利用率，e 为最大节点处理时延，β 为最大初始突发度串行化时延（流初始突发总和除以链路带宽），$H*$ 为端到端跳数，则应用了周期性整形和调度机制的 DIP 端到端时延上界如式（2）所示，其中，ζ 是 DIP 周期长度，l_i 为第 i 跳的周期相对时间差，h 为端到端跳数。根据公式推导可知，DIP 端到端时延和跳数为线性关系，可实现端到端微秒级确定性。

$$\text{如果} \alpha < \frac{1}{H*-1}, \text{则} D_{H*} \leq \frac{H*(e+\beta)}{1-(H*-1)\alpha}, \text{否则} D_{H*} \to \infty \tag{1}$$

$$d = \sum_{i \leq h}(\zeta + l_i) \pm \zeta \tag{2}$$

2.3 控制：虚拟化 PLC

随着控制科学与计算、信息、通信等学科的交叉融合，传统工业控制系统逐渐向新型工业化控制系统演进：一方面，封闭孤立的专用控制架构向开放解耦的通用控制架构转变；另一方面，单一控制任务处理向分布式多任务协同处理发展[11-12]。其中，虚拟化 PLC（Virtualization Programmable Logic Controller，vPLC）是新型工业控制技术的典型代表。

虚拟化 PLC 旨在通过实时虚拟化手段，在开放硬件平台上为实时工控任务提供抽象的运行环境，实现 PLC 的白盒化、软件化和虚拟化。虚拟化 PLC 提供了一种"控制即服务"（Control as a Service，CaaS）的开放体系架构，使工业控制功能能够实现泛在部署、灵活复用，并在异构网络环境下实现设备的即插即"控"。5G 虚拟化 PLC 系统基于"端–边–云"协同的理念进行设计，支持在 5G 各类网元中部署 vPLC，为工业控制提供"连接+算力+PLC 能力"的一体化服务[13]，如图 6 所示。

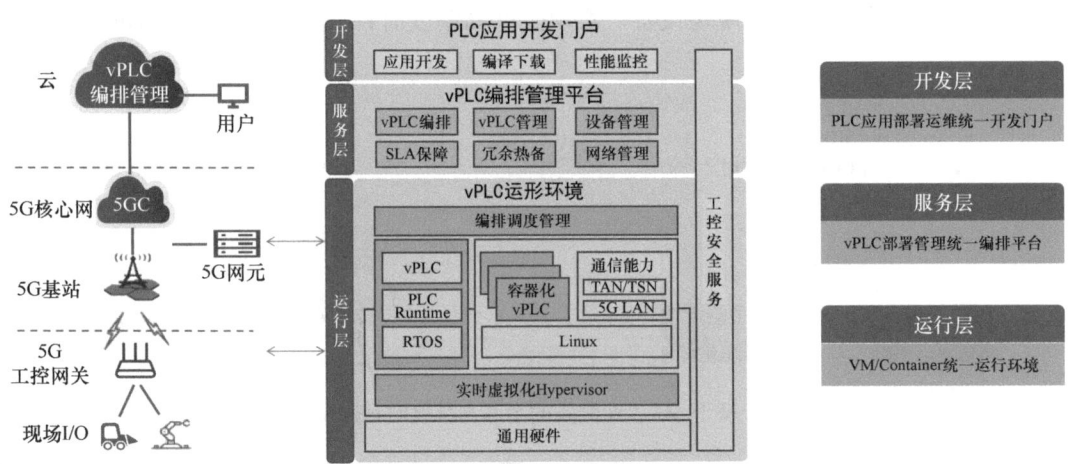

图 6 新型工业控制系统

（1）运行层：采用实时容器或实时虚拟机构建混合关键系统，在开放硬件上为 vPLC 提供统一的运行环境，实现 ICT 与 OT 业务的融合承载，大幅简化系统层级，降低互联互通难度。

（2）服务层：提供 vPLC 编排调度、冗余热备等管理服务。其中，vPLC 编排调度服务支持将 vPLC 根据业务需求部署到不同物理设备上，实现 PLC 工控服务泛在部署和统一管理。对于中低速控制应用，将 vPLC 编排到 5G 边缘 UPF/MEC，实现 PLC 控制集中化部署。对于中高速控制应用，将 vPLC 编排到 5G 工控网关，实现工业现场控制。

（3）开发层：提供 PLC 应用开发环境、编译、调试工具，为新型工业化控制系统提供统一的开发运维门户。降低工业控制应用开发成本，推动"软件定义工业"走向成熟。

2.4 智能：感通控赋能

目前，以生成式大模型引领的人工智能技术正呈现爆发式发展，对工业发展模式产生深刻影响。人工智能将在"感、通、控"三方面全面赋能工业控制系统，使其从制造的旁观者转变为主动的参与者，赋能工业生产全流程[1,14-15]。

（1）智能感知增强技术：通过"AI+感知"技术，实现对无线节点感知功能的增强。利用无线感知节点实时监测环境和设备状态，并将采集到的感知数据传输通过 AI 算法进行处理，提升感知定位的精确性，并增强系统的可扩展性[16-17]。

（2）通信智能增强技术：通过"AI+通信"技术，在工业生产环境下对电磁干扰和组网干扰进行预测，提前识别潜在问题，实现精细颗粒度的干扰感知。同时，采用 AI 技术赋能工业网络设备，使其具备网络故障预测能力，减少工业生产中的停机时间和生产损失[18-20]。

（3）智能控制增强技术：通过"AI+控制"技术，增强面向人机交互的端到端控制能力。通过将图片、语言和动作整合在一个统一的输入输出空间，AI 能够直接生成可供机械臂执行的动作指令，避免了复杂指令的编写，使机械臂能够像 ChatGPT 一样灵活操作，提升自动化水平[21-22]。

3 面向新型工业化的"感通控智"融合技术实践

中国移动 2024 年联合合作伙伴推出了业界首个"感通控智"融合的汽车产线创新应用。传统的汽车生产线通常依赖有线网络，但这种方式存在诸多挑战，如每隔数百小时需要更换线缆、生产停工 1 小时可能造成数百万损失等问题。为解决这些问题，该方案采用了 5G 确定性与新型短距异构融合组网技术，旨在为机器人、阀岛、控制器等设备提供高性能、低成本的工业无线控制网络，实现 PLC 南北向的完全无线化。

此外，该方案还引入了 5G 虚拟化 PLC 技术，实现计算、通信与控制的一体化。如图 7 所示，方案中主控 vPLC 通过虚拟化技术集中部署在 UPF（用户平面功能）上，并配备智能化任务调度服务。这项服务能够实现虚拟化 PLC 任务与端侧资源的智能动态编排，并负责接收制造执行系统（MES）下发的任务指令。任务指令被封装为控制指令，并通过 5G 确定性网络发送给从 PLC。现场的机械臂、阀岛则集成了新型短距模组，利用短距技术接收从 PLC 发送的控制指令，实现阀岛 I/O 与从 PLC 之间的无线通信。

该应用中的 5G 确定性网络在恶劣环境下表现出色，时延降低超过 40%，丢包率减少 65%，为高生产节拍和多任务并发的工业场景提供了可靠支持。新型短距通信技术支持 I/O 与从 PLC 之间的 8ms 控制周期（Cyclic Time）、99.999%的可靠性以及多并发能力（T 节点能够同时支持 80 个并发业务）。引入 5G 虚拟化控制技术后，系统不仅具有高度的灵活性和资源优化能力，而且虚拟化 PLC 任务时延抖动低于 150us，实时性达到传统硬 PLC 的主流水平。

此外，系统还能够根据任务和资源需求进行控制任务的编排和调度。这不仅大幅降低了工业控制硬件成本，还显著提升了生产线的柔性化生产能力。面向新型工业化的"感通控智"融合技术在实际应用中展现了更高的效率、更低的成本和更强的适应性，是对传统有线控制系统的全面升级。

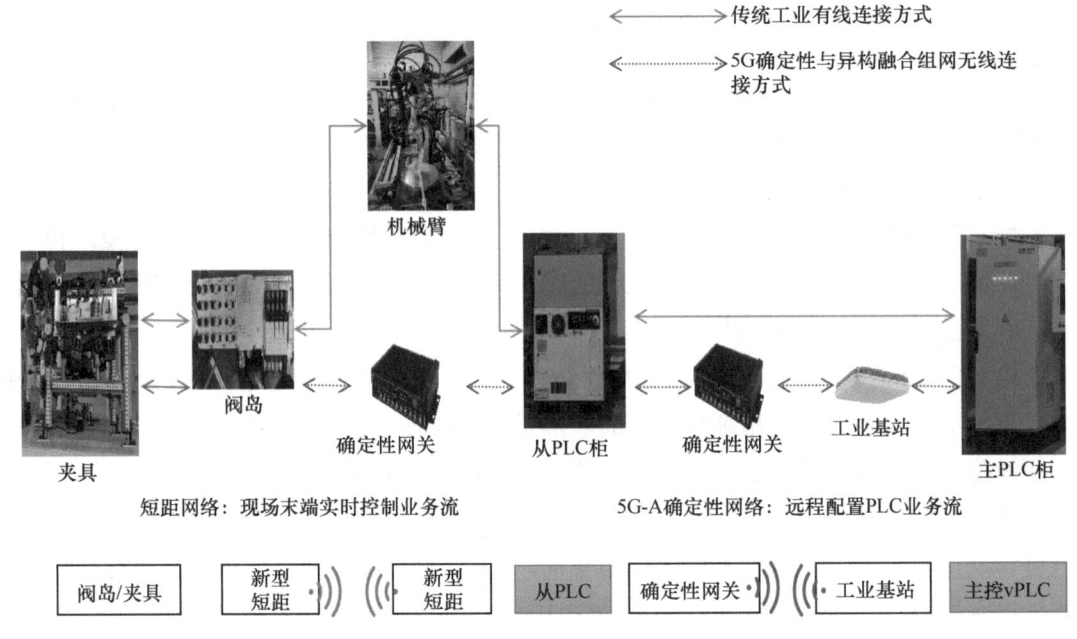

图7 面向新型工业化的"感通控智"工业控制技术实践组网图

4 结束语

随着面向新型工业化的"感通控智"融合技术和产业的不断发展，未来有望与智能体（Agent）技术相结合，推动工业生产实现深度变革。智能体是具备感知、决策、执行和学习能力的自主系统，未来随着传感技术的不断轻量化，智能体将能够全方位感知环境与物体，从而在动态环境中更好地适应并执行复杂任务。同时，未来超低时延网络的应用将进一步提升智能体的实时协作能力，使其能够在更复杂的工业环境中高效工作。此外，虚拟化控制技术与人工智能的深度融合，将赋予智能体更强的自主决策能力和执行能力。结合高度智能化的组网技术和自组织算法，智能体系统将在复杂任务中实现动态任务分配与协同执行。综上所述，基于"感通控智"融合技术的能力，将极大推动智能体与环境之间的深度协作及智能自主组网，为新型工业化的发展带来全新的变革和机遇。

参考文献

面向通信感知一体化的环境感知技术

陈晨，王毅扬，王帅，李玲香，陈智

（电子科技大学 通信抗干扰技术国家级重点实验室，成都 611731）

摘要：通信感知一体化（ISAC）被国际电信联盟无线通信部门（ITU-R）定义为下一代蜂窝网络的一项新特征，是 IMT-2030（6G）六大愿景之一。本文调研了通信感知一体化在环境感知技术方面的现有研究成果。首先，介绍了通信感知一体化的概念以及传统的环境感知技术；随后，重点探讨了当前在通信感知一体化框架下的环境感知模式、环境感知技术及其实现程度，并说明了感知对通信的辅助应用；最后，提出了面向多基站、多用户、AI 赋能和多资源融合的环境重构解决方案，结合人工智能技术，并整合不同维度的资源，满足通信感知一体化系统的环境感知需求。本文还展望了环境感知技术的未来研究趋势，旨在为未来 6G 通信感知一体化技术中环境感知技术的发展和应用提供参考。

关键词：通信感知一体化；环境感知；感知辅助通信；人工智能

1 引言

随着第六代（6G）通信系统的快速发展，通信感知一体化（ISAC）将成为 6G 中具有代表性的新场景，推动 6G 网络进入融合物理世界和数字世界的数字孪生时代。ISAC 系统能够利用无线通信信号完成环境感知和重构，获取额外的环境信息[1]。这些信息不仅可以用于支持感知辅助通信技术，如信道估计、信道预测等，还能促进新服务的实现，如被动目标检测、跟踪与成像、动作识别[2]等。研究通信感知一体化的环境感知技术，将有助于实现更高效的资源管理与优化，提升通信系统的智能化水平。同时，通过融合通信与感知能力，可以增强系统对复杂环境的适应性，推动智能交通、智慧城市、自动驾驶等应用的发展，进而促进各行业的数字化转型与创新。

2 通信感知一体化中环境感知的需求与目标

环境感知长期以来通过传统雷达技术及其后续演变的联合雷达与通信技术[3]实现。后者通常旨在实现雷达设备与通信设备之间的软件与硬件共享，以及时频资源的共享。与传统雷达或早期的联合雷达与通信系统相比，ISAC 系统的两个主要设计目标是：一是有效利用现有通信系统中的通信信号，进行高分辨率、高精度、低时延且能量消耗适中的环境感知；二是高效利用环境感知结果，以增强通信性能，如提高通信质量、传输速率、信噪比和降低传输延迟等。实现第一个目标的直接方式是充分利用接收到的通信数据中嵌入的环境信息，因为环境散射体的分布显著影响无线多路径信道。对于第二个目标，可以基于环境中散射体的感知分布和特性进行定位、信道预测、信道测量、快速波束赋形与追踪等应用，从而实现对无线频谱资源、网络计算资源、切片等的灵活高效管理与调度，提升网络资源利用率并减少能源消耗。

3 通信感知一体化中的环境感知技术及应用

3.1 环境感知技术

图 1 展示了通信感知一体化框架下的室外场景，场景中配置了若干基站和用户，如楼房、电话亭等常见散射体分布其中。信号从发射端经过散射体的反射与散射，最终到达接收端。信道中蕴含着丰富的物理环境信息，通过对信道或接收信号的处理与分析，可以提取有效的环境信息，从而实现环境感知或重构。

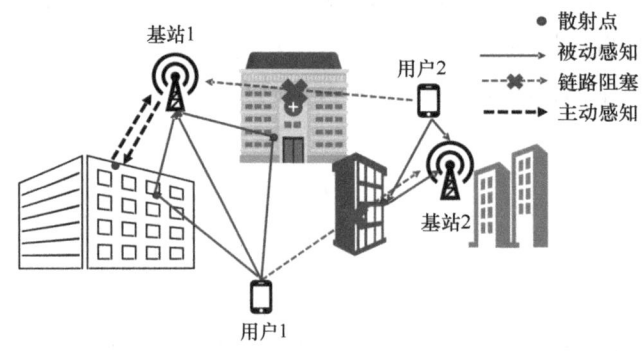

图 1 ISAC 通信链路示意图

在目前的 ISAC 框架下，根据感知者与目标对象之间的关系，环境感知模式可以分为主动感知和被动感知，如表 1 所示。主动感知是指通信感知一体化系统主动发送探测信号，然后根据目标反射回来的回波信号进行感知和测量的过程。主动感知适用于需要高精度的环境感知和目标检测，如车联网中的车距感知、无人驾驶中的周边环境重构。例如，Zhao 等人[4]提出，在每个用户的波束管理阶段，基站与每个用户在码本中的所有方向上执行波束扫描；Zeng[5]则考虑了单个自发自收的移动毫米波设备，该设备对整个空间进行扫描并接收回波信号。主动感知的优势在于其高精度，但由于需要额外发送感知信号，因此存在较大的能量消耗问题。

而被动感知通过获取目标对象发射的电磁波或反射来自网络侧、终端及目标对象之外的电磁波进行环境感知。典型应用包括利用移动通信网络中的通信信号来被动检测移动目标，或通过现有的广播信号进行环境感知。例如，Hu[6]在太赫兹频段下，通过部署在环境中的传感器收集通信信号，并生成环境功率谱密度图。被动感知不需要额外发送信号，但从无线信号中提取有效信息的难度较大，且其精度受到信号质量和干扰的严重影响。在恶劣环境下，往往无法实现理想的环境感知效果。

表 1 环境感知模式比较

特　性	主　动　感　知[4-5]	被　动　感　知[6]
信号来源	自身发射	其他信号
精度	高	相对较低
资源需求	高（需要单独发射信号）	低（无需额外信号）
应用场景	雷达、环境重构等	通信感知、安防等

目前，对于通信辅助感知服务的实现程度有所不同，可以大致分为三个阶段：高精度定位、高分辨率成像和环境重构。在 ISAC 系统中，可以基于通信中的参考信号获取设备的位置信息，也可以通过对反射无线信号的时延、角度等信息的感知，获得距离、角度等数据。Zeng[5]和 Wang[7]分别通过张量分解和基于贝叶斯的方法实现了定位与地图构建（SLAM），但这些方法仅实现了环境中散射点的定位，尚未对整个环境进行全面认知。Tong[8]考虑到遮挡效应，基于消息传递算法，设计了多基站多用户联合方案来实现环境感知成像，虽然能够扩展环境感知的范围和完整度，但成像结果的信息有限，未能实现完整的环境重构，且对通信性能的提升有限。Lu[9]首先定位出环境中的散射点位置，并基于深度学习网络增强散射点的密度，通过增强后的散射点来重构 ISAC 系统下的整个环境。Lin[10]则将定位出的散射点信息与视觉信息相融合，利用人工智能学习融合后的信息，进而重构环境。上述两个研究工作实现了环境的重构，但在定位散射点的过程中，波束扫描存在较大计算开销，且目前仅能实现简单的二维环境重构。目前 ISAC 环境感知的进展如表 2 所示。

表 2 ISAC 环境感知的进展

感知实现程度	定　位[5,8]	环 境 成 像[9]	环 境 重 构[10-11]
模式	主动感知/被动感知	主动感知/被动感知（多基站多用户）	主被动感知结合（多节点多视角）
复杂度	中等	高	很高
技术路线	张量分解、压缩感知等信号处理方法	人工智能、稀疏重构等	人工智能、多模态信息融合等

3.2 感知辅助通信

通信感知一体化的核心设计理念是将无线通信与无线感知这两个独立的功能在同一系统中实现，并实现互惠互利[11]，即这两个功能并非相互独立提供服务，而是通过相互融合，共同促进系统性能的提升。感知功能能够辅助通信进行波束管理、智能调度、设备节能、加速组网等[12-15]，进而提升无线通信系统的整体性能，达到节能和提高频谱效率的效果。目前，感知辅助通信技术的研究主要集中在 ISAC 辅助的波束对准和跟踪技术上。

传统的波束对准和跟踪技术可分为信道估计方法和波束扫描方法[12]。这类方法通常面临链路反馈烦琐且延时较长的问题，在信道时变性较大的通信场景下，传统方法的波束难以实时追踪目标，进而可能导致波束失准和通信中断[13]。毫米波信道的特点是主要由用户和基站之间的相对位置决定，因此基站（BS）可以通过感知用户设备（UE）的空间位置和运动趋势，实现实时的波束对准和跟踪。扩展卡尔曼滤波（EKF）方法是目前 ISAC 辅助波束跟踪中较为常用的技术。EKF 方法结合不同场景下 UE 的运动规律，能够实现对 UE 运动趋势的感知。此外，曲线坐标系的引入使 EKF 能够在复杂场景下感知目标的运动趋势。在实际应用中，基站可以通过设计帧结构，实时从回波信息中预测 UE 下一时刻的位置信息，提前计算出与信道状态相匹配的波束形状，从而有效减少了由于波束训练所带来的资源消耗[13-15]。在城市场景中，由于无线传播环境相对稳定，可以提前构建信道知识地图（CKM），为 UE 提供可实时调用的相关信息。CKM 是基于特定基站的数据库，记录了典型发射机和接收机的位置及相关信道信息，用于实现环境感知。UE 可以访问 CKM，直接获取当前位置的主要信道信息，并用于波束对准，从而避免了传统波束训练过程中的资源消耗[16-17]。

4 面向多基站多用户-AI 赋能-多资源融合的环境重构方案

根据 ISAC 系统的高精度、低时延和低复杂度的感知需求，我们提出了一种面向多基站、多用户、AI 赋能和多资源融合的环境重构方案，旨在实现感知有效辅助通信的目标。整体方案架构如图 2 所示。

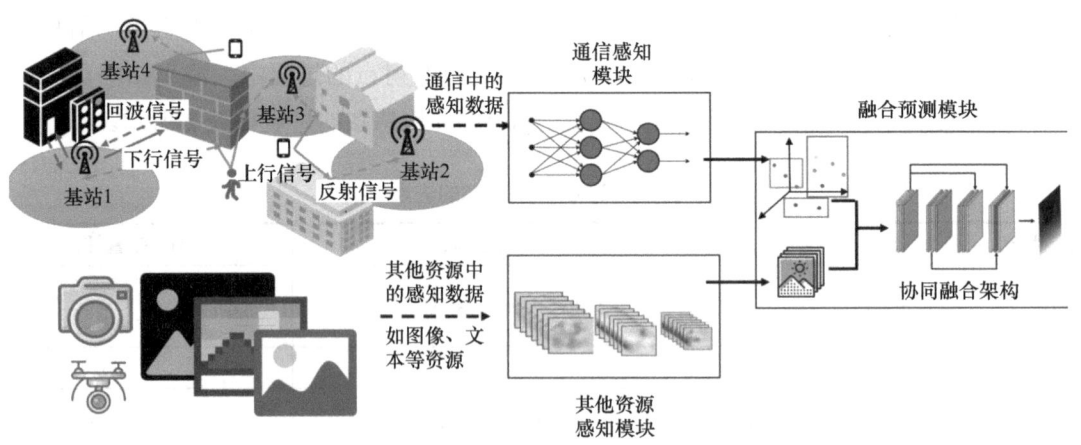

图 2　环境重构方案框架图

该方案的核心是多模态融合网络，主要由三部分组成：通信感知模块、其他资源感知模块和融合预测模块。通过融合通信信号的感知数据与基于光学信号的感知数据，能够从多源信息中提取互补特征，从而提高环境重构的准确性和完整性。与传统方法相比，融合网络的学习机制能够高效地处理复杂的异构数据，减少数据丢失和信息冲突的问题，使最终的环境重构结果更加理想和可靠。

具体来说，ISAC 系统首先采用多基站、多用户方案，基站之间实现数据共享，并将数据传送到云端。在上行和下行通信过程中，系统通过提取环境参数实现散射点的定位，并通过处理这些散射点来实现对环境的初步成像。同时，设备或基站上还配备了其他资源的感知器，如摄像头，用于收集环境中的视觉信息。随后，通信感知结果与其他资源的感知结果通过深度学习方法相结合，融合后的数据将输入专门设计的深度学习网络中进行训练，网络通过学习数据特征，最终输出准确的环境重构结果。

在通信系统中，从用户层面来看，多用户方案具有提高频谱效率和服务质量等优势，并且能够较好地克服单用户方案中信息单一性的问题。在 ISAC 系统中，多用户方案能显著提升环境感知的信息量,同时增强环境重构系统的鲁棒性。从基站层面来看,单基站系统难以满足新场景下对高精度、低时延等需求。相比之下,多基站系统能够实现感知信息的共享,通过多条路径进行测量和感知,从而有效提升感知精度。同时,多基站能够获取不同视角的环境信息,进而重构出更为完整的环境。由于信息的共享与基站间的协同,信息融合能够有效提升感知效率,减少感知时长。

在本感知方案模式中,基站在下行时段发射感知信号,从而实现基站侧的主动感知;而在上行时段,用户设备将摄像头捕捉的视觉信息传回基站,基站则利用该信息与回传信号中的数据,完成基站侧的被动感知。通过合理融合这两种感知模式,不仅能够节省功率,还能捕获更多的环境信息,从而提高系统的感知能力。

本方案还考虑了多种资源共同辅助感知功能,通过融合无线信号的信息资源、图像资源、无线电频谱信息资源,从而提供更全面的环境理解。目前,用户通信设备通常配备摄像头,可以利用摄像头拍摄照片来获取图像资源。此外,用户还可以额外配备感知器来获取信号强度信息,构建环境频谱地图,从而获得无线电频谱资源。不同维度资源的相互补充与支撑,能够更全面地捕捉环境信息,并对获取到的环境信息进行交叉验证,这有助于识别错误信息,最终帮助重构出更精确、更完整的环境。

虽然多类资源融合能够提供更完备的环境信息,但如何有效融合这些资源以最大化信息利用,以及如何处理融合后的复杂、无结构化数据,仍然是传统方法难以解决的问题,这对环境重构的目标提出了挑战。在本方案中,用户首先从基站下载散射点信息,然后借助多模态融合网络将散射点信息与图像进行融合,以实现深度估计。该多模态融合网络包括三个主要模块:视觉感知模块,用于提取图像特征;通信感知模块,用于提取散射点特征;融合预测模块,负责融合特征并重构出环境。

本方案采用人工智能技术来处理复杂的环境理解和多模态数据处理问题,能够实现高精度、低时延的快速环境重构,有效满足 ISAC 系统中对环境感知的高分辨率、低时延要求。通过这种方式,能够实现感知有效辅助通信的目标,同时为信号处理和通信网络优化提供反馈。通过对环境的精准感知,系统可以动态调整传输策略和资源分配,从而提高通信质量和效率。

5 结论与展望

环境感知和重构对通信系统具有显著的帮助。为了克服点云的稀疏性,目前通常需要增设多个感知器,或让更多的用户和基站参与,以获得足够多的点云数据。同时,为了得到完整的环境信息,参与感知的设备需要从不同的视角进行感知,因此基站和用户(感知器)的摆放位置也需要进行精心设计。为了将感知到的点云有效重构为真实的环境,深度学习作为一种强大的学习工具,被认为是可行的解决方案之一。如何设计优秀的网络模型,探索通信数据与其他模态数据的融合机制,并将多源信息进行有效融合,是提高重构准确度的关键。

参考文献

第六部分 星地通信

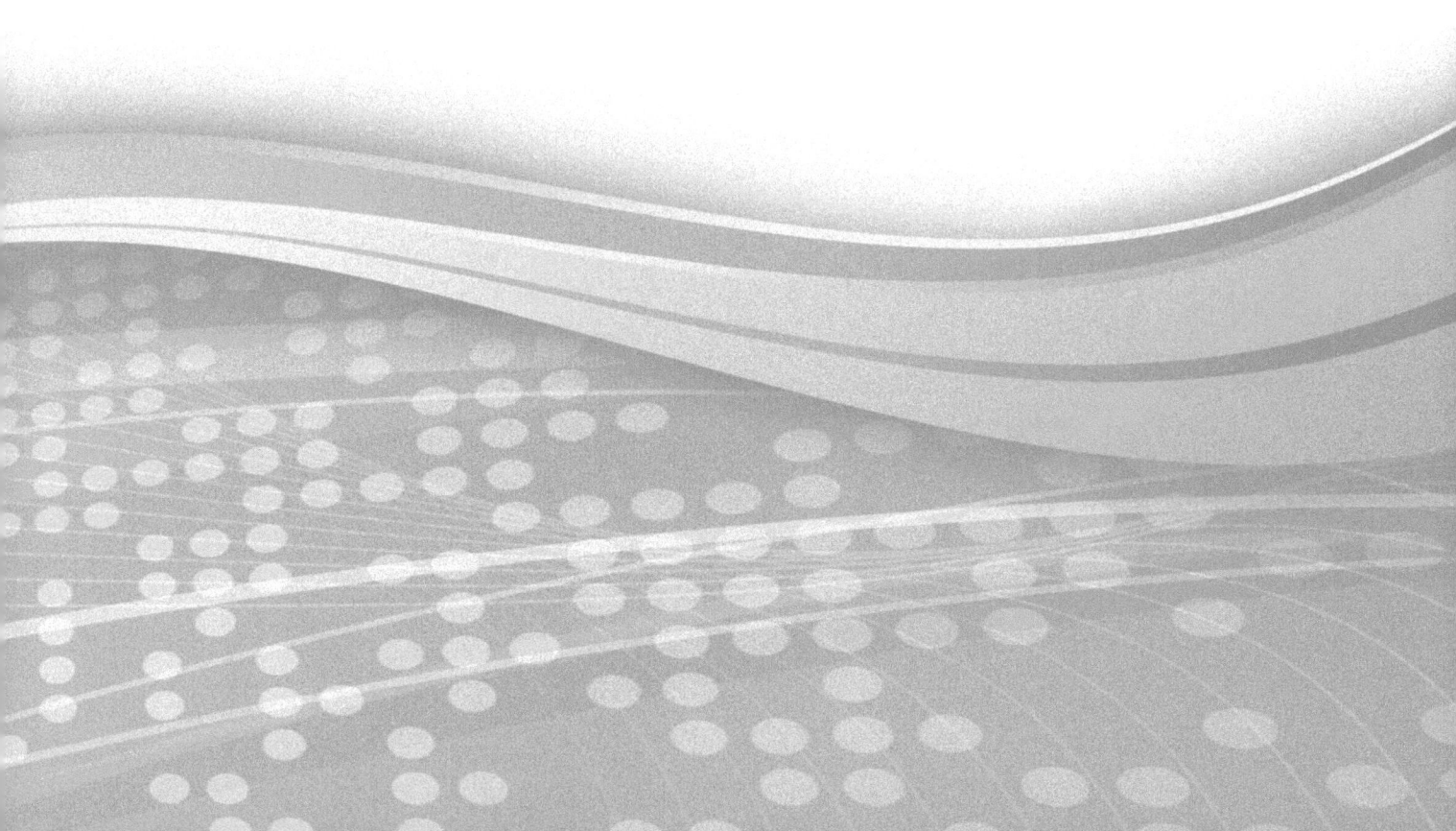

星地高速数传系统中盲均衡技术研究

王剑飞，罗霞

（北京遥测技术研究所，北京 100000）

摘要：随着传输速率的不断提升，星地高速数传系统中的码间干扰变得越来越严重，导致通信系统性能显著下降。为了解决这一问题，自适应均衡技术成为一种有效的手段，能够通过消除码间干扰来提升系统性能。本文聚焦于16APSK（幅度相位键控）、32APSK 和 64APSK 三种调制方式，选用了四种自适应盲均衡算法：CMA（常模算法）、MCMA（改进常模算法）、MMA（多模算法）和 MSEI（改进超指数迭代）算法，并从星座图的收敛情况和均方稳态误差等多个维度对其性能进行了全面分析。仿真结果表明，自适应均衡技术能够有效减少码间干扰，显著提升通信系统的性能。尤其是在 64APSK 调制方式下，MMA 表现最佳。该算法不仅具有较快的收敛速度，而且收敛后的星座图清晰，稳态误差极小，稳定在-30dB 左右，展现了其在高速传输系统中的优越性。

关键词：码间干扰；盲均衡；星座图；稳态误差

1 引言

卫星遥感作为国家"新型基础设施建设"的重要组成部分，是国家核心竞争力的重要体现。随着低轨宽带互联网系统等重大工程的全面推进，以及军用和商业遥感卫星的快速发展，卫星遥感已进入了体系化构建和全球化服务的新阶段。与此同时，卫星遥感系统在空间、时间、分辨率[1-2]等多个指标上取得了显著提升，观测数据量也呈现出指数级的增长，这一变化带来了对星地数据传输速率更高的要求。

在星地高速数传系统中，调制器的幅相不平衡[3]、多径衰落、信道非线性特性等因素容易导致码间干扰（ISI）[4]，从而影响通信系统的传输性能。在典型的卫星通信系统链路中，数据从源端到接收端的每个环节都会引入幅度和相位畸变。在接收机端，必须对接收到的失真信号进行补偿，以降低误码率并提高解调性能。自适应信道盲均衡技术是消除码间干扰的有效方法之一[5-7]。在高速数传系统中，针对高阶调制方式（如 32APSK、32QAM、64APSK、64QAM 等），由于星座点密集、星座点间距离小，受到信道畸变的影响较大。同时，随着传输速率的提高和传输带宽的增加，多径衰落和信道失真引起的码间干扰问题也愈发严重。因此，均衡技术显得尤为必要。

本文针对星地高速数传系统中高阶调制方式面临的码间干扰问题，选用 CMA、MCMA、MMA、MSEI 算法等四种盲均衡算法，分别对 16APSK、32APSK 和 64APSK 三种调制方式进行了性能分析，重点对星座图的收敛情况和均方稳态误差进行比较。仿真结果表明，采用自适应均衡技术可以有效减少码间干扰，提升通信系统的性能。对于 64APSK 调制方式，选择 MMA，不仅收敛速度快，而且收敛后的星座图清晰，稳态误差极小，稳定在-30dB 左右，显示出其优越的性能。

2 星地传输系统模型

2.1 星地传输系统概述

星地高速数传系统模型主要由三部分组成：地面设备、卫星和上下行链路，如图 1 所示。其中，发射地面站由监控界面、调制器和发射机构成；接收地面站由接收机、解调器和监控界面组成。在卫星系统的传输过程中，整个链路从发射机发送信息一直到接收机接收信息，每个环节都会对信号引入幅度和相位畸变，进而导致严重的码间干扰。这些畸变和干扰会对系统的传输性能产生不利影响，从而降低整体通信质量。

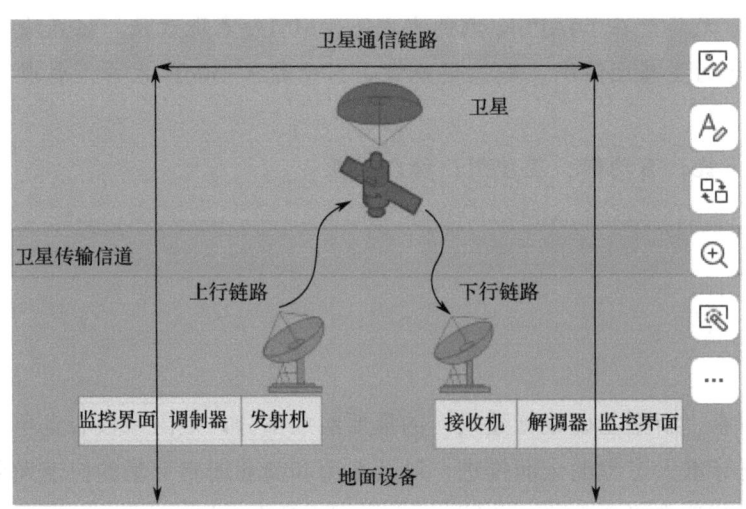

图 1 星地高速数传系统模型

在星地高速数传系统中，调制解调环节是至关重要的。如图 2 所示，调制器的工作流程如下：首先，根据当前的编码调制方式，将待发送的信息进行信息编码、星座映射、成型滤波和载波调制等处理；接着，将经过处理后的信号通过数模转换器（DAC）、上变频器和功率放大器等设备进行处理，最终通过调制发射机将信息发送出去。解调器的工作流程如下：接收机接收下行信号，经过下变频器和模数转换器（ADC）处理后，进行定时同步，以获得当前编码调制方式的信息；然后进行载波同步、盲均衡、解映射和译码处理，最终恢复出原始信息。

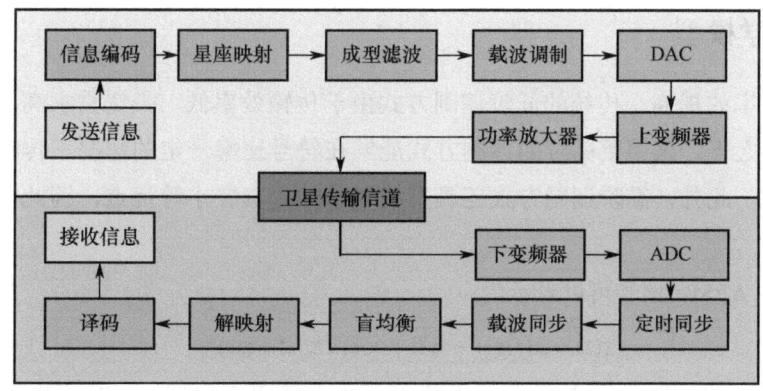

图 2 调制解调原理框图

2.2 星地信道特性分析

高速卫星通信系统的信道特性可以通过其系统函数表示为：

$$H(e^{jw}) = |H(e^{jw})| e^{j\theta(w)} \tag{1}$$

其中，$H(e^{jw})$ 表示传输信道的幅频响应，$\theta(w)$ 表示传输信道的相位频率响应。

信道的群延迟响应 $\tau(w)$ 定义为相位频率响应的导数，因此群延迟响应可以表示为：

$$\tau(w) = \frac{d\theta(w)}{dw} \tag{2}$$

在高速卫星实际传输中，信道的群延迟响应通常是非线性的。在较高的传输速率和宽带影响下，群延迟畸变会变得更加严重。

在高速解调器的设计中，由于信道的非线性特性产生的失真，以及群延迟现象带来的码间串扰影响，需要在解调端设计均衡器，对这些非线性特性进行补偿，从而降低码间串扰的影响，提升整个系统的传输性能。图 3 展示了模拟实际传输信道的幅频特性曲线与群延迟特性曲线。其中，图 3（a）的 Y 轴单位为 dB，图 3（b）的 Y 轴单位为符号采样间隔点。

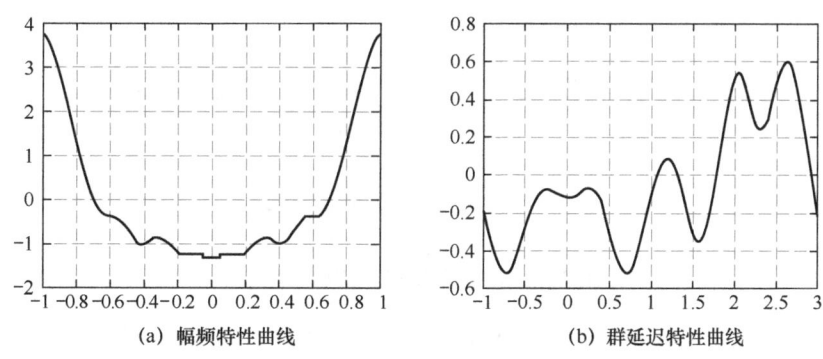

(a) 幅频特性曲线　　　　　　　(b) 群延迟特性曲线

图 3 信道的幅频特性曲线与群延迟特性曲线

信道的幅频特性和群延迟特性显示出信道存在非线性的群延迟，带内幅度不平坦，上下波动约为 2dB（80%带宽内），群延迟波动约为 2.4ns（1.2 符号）。

2.3 星地通信数学模型

随着数据传输速率的提高，传统的低阶调制方式由于传输效率低、带宽需求高，已不再适用于高速卫星通信系统。相比之下，采用更高阶的调制方式能够在符号速率一定的情况下传输更多的信息，显著提高系统的频谱效率。此外，高阶调制方式还具有模拟器件失真较小等优点，因此在卫星通信中得到了广泛应用。

本文采用的高阶 APSK 信号可以表示为：

$$s(t) = a(t)g(t - nT_s)\cos(2\pi f_c t + \varphi_n) \tag{3}$$

式中，$g(t)$表示基带信号波形，$a(t)$表示信号的幅度，T_s表示码元周期，f_c表示载波频率，φ_n表示第 n 个码元对应的载波相位。

将上式展开表示为：

$$\begin{aligned} s(t) &= I(t)\cos(2\pi f_c t) + Q(t)\sin(2\pi f_c t) \\ I(t) &= a(t)g(t - nT_s)\cos(\varphi) \\ Q(t) &= -a(t)g(t - nT_s)\sin(\varphi) \end{aligned} \tag{4}$$

由上式可知，通过得到两路独立的波形 $I(t)$ 和 $Q(t)$，分别用于调制本振信号 $\cos(2\pi f_c t)$ 和 $\sin(2\pi f_c t)$，最后将两路信号相加，便可得到所需的调制信号。

3 均衡算法

3.1 均衡基本概念

自适应均衡算法的实现框图如图 4 所示。其中，$S(n)$表示发射的信号，$H(n)$表示信道的响应，$x(n)$ 表示经过信道后的信号，$v(n)$代表高斯白噪声，$y(n)$表示均衡器输入的信号，$W(n)$表示均衡的权重，$z(n)$表示均衡器输出的信号，$\hat{z}(n)$ 表示经过判决后输出的信号，$e(n)$ 表示误差信号。

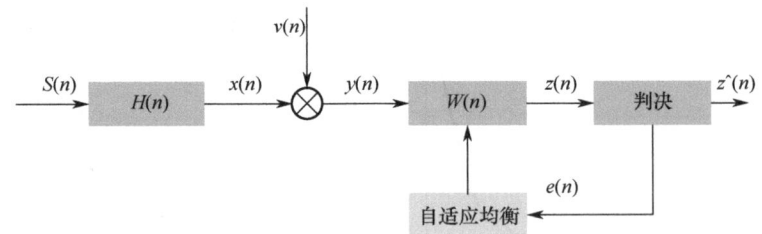

图 4 自适应均衡算法的实现框图

其中，$S(n) = a(n) + jb(n)$，$a(n)$和 $b(n)$分别为 $S(n)$的实部和虚部。

均衡器系数的迭代公式可以表示为：

$$W(n+1) = W(n) - \mu\Delta J(n) = W(n) - \mu e(n)y(n)^* \tag{5}$$

式中，μ 表示迭代步长；$J(n)$表示代价函数。

3.2 均衡基本算法

Bussgang 类盲均衡算法的核心思想是通过在接收端设计一个代价函数,并根据权重更新公式,逐步迭代,直到找到最优解,使星座图完成收敛,从而实现对信道特性的均衡,减少码间干扰并提高通信质量。以下是几种常用盲均衡算法的简要介绍。

(1) CMA 即使在存在相位误差的条件下也能收敛,但其收敛速度较慢。由于该算法的代价函数不包含相位信息,因此无法补偿相位误差。

(2) MCMA 是在 CMA 基础上改进的,采用了将信号的实部和虚部分开处理的方法,能够在一定程度上解决 CMA 中相位误差较大的问题。然而,MCMA 的收敛速度仍然较慢,且稳态误差较大。

(3) MMA 基于 MCMA,设置了多个判决阈值。其原理是通过计算接收信号的位置坐标与每个星座点的距离,判断出与信号距离最近的星座点,将该星座点的位置坐标作为判决反馈的输出结果。针对不同星座点的分布情况,MMA 采用了不同的判决半径,从而改善了均衡效果。

(4) MSEI 算法通过采用 Q 矩阵对接收信号进行处理,从而有效改善了收敛速度和稳态误差。与 MMA 相比,MSEI 算法具有更优的性能。

表 1 给出了 CMA、MCMA、MMA 和 MSEI 算法的代价函数、误差函数以及权重更新公式。

表 1 盲均衡算法的迭代公式

算 法	代 价 函 数	误 差 函 数	权重更新公式
CMA	$J(n)=\dfrac{1}{4}E[\mid e(n)\mid^2]$	$e(n)=\mid y(n)\mid^2-R$	$w(n+1)=w(n)-\mu e(n)y^*(n)x(n)$
MCMA	$J(n)=\dfrac{1}{4}E[[\text{Re}[y(n)]-R]^2+[\text{Im}[y(n)]-R]^2]$	$e(n)=e_{\text{real}}(n)+i*e_{\text{imag}}(n)$	$w(n+1)=w(n)-\mu e(n)y^*(n)x(n)$
MMA	$J(n)=E[\mid Z_R(n)\mid^2-\mid \hat{Z}_R(n)\mid^2]+E[\mid Z_I(n)\mid^2-\mid \hat{Z}_I(n)\mid^2]$	$e(n)=e_{\text{real}}(n)+i*e_{\text{imag}}(n)$	$w(n+1)=w(n)-\mu e(n)y^*(n)x(n)$
MSEI 算法	$J(n)=\dfrac{1}{4}E[[R-\text{Re}[y(n)]]^2+[R-\text{Im}[y(n)]]^2]^2$	$e(n)=y(n)(R-\mid y(n)\mid^2)$	$w(n+1)=w(n)-\mu Q(n)y^*(n)e(n)$ $Q(N+1)=\dfrac{2}{1-\mu}\left[Q(n)-\dfrac{\mu Q(n)y^*(n)y^T(n)Q(n)}{1-\mu+\mu y^T(n)Q(n)y^*(n)}\right]$

4 仿真结果

本文采用 CMA、MCMA、MMA 和 MSEI 盲均衡算法,针对 16APSK、32APSK 和 64APSK 调制信号进行仿真,并使用 17 阶滤波器进行输出处理。

1) 仿真实验 1

迭代步长:CMA 的为 0.001,MCMA 的为 0.0002,MMA 的为 0.0002,MSEI 算法的为 0.0008。数据长度:$L=60000$。对 16APSK 信号进行均衡仿真,仿真结果如图 5 所示。CMA、MSEI 算法、MCMA 和 MMA 的均衡效果基本一致。16APSK 星座图的收敛非常清晰,且无混叠现象,表明所有算法在该场景下均能有效实现盲均衡,并消除码间干扰。

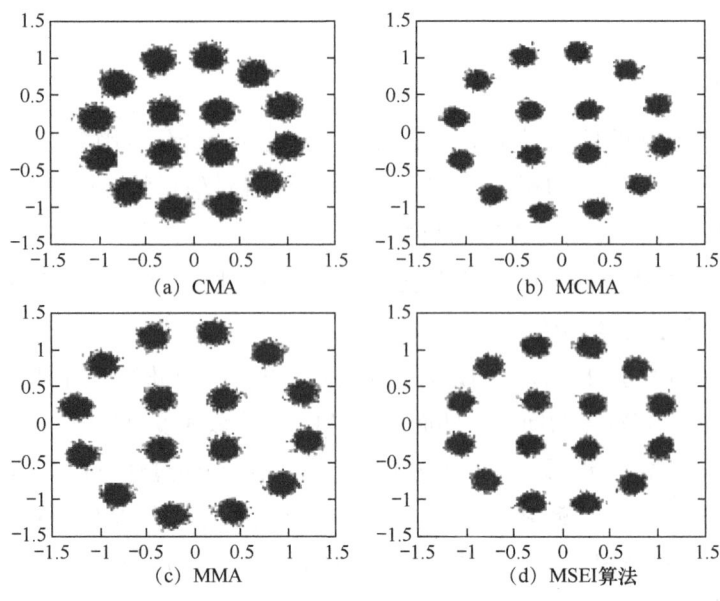

图 5 16APSK 均衡后效果图

2）仿真实验 2

迭代步长：CMA 的为 0.0001，MCMA 的为 0.00002，MMA 的为 0.00005，MSEI 算法的为 0.0008。数据长度：$L=60000$。对 32APSK 信号进行均衡仿真，仿真结果如图 6 所示。MSEI 算法均衡后的星座图收敛情况略逊色于其他算法，而 CMA、MCMA 和 MMA 三种算法均衡后的星座图收敛效果基本相似，均能够有效实现信号的均衡，并清晰地显示星座图。

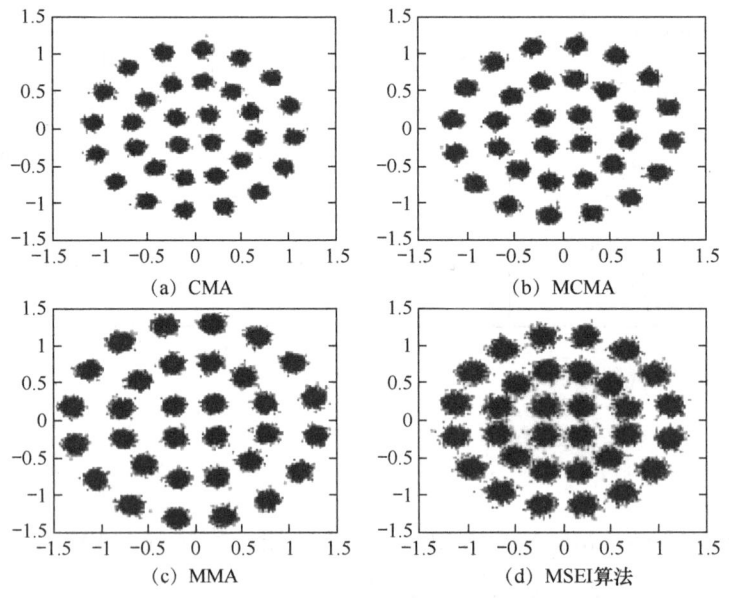

图 6 32APSK 均衡前后效果图

3）仿真实验 3

迭代步长：CMA 的为 0.00001，MCMA 的为 0.00002，MMA 的为 0.00005，MSEI 算法的为 0.00085。数据长度：$L=60000$。对 64APSK 信号进行均衡仿真，仿真结果如图 7 所示。相较于其他三种算法，MMA 的均衡效果最佳，能够显著改善星座图的收敛情况。MSEI 算法的均衡效果最差，收敛较慢且稳态误差较大。CMA 和 MCMA 的均衡效果相似,均能够使星座图收敛,但效果略逊于 MMA。然而,观察均衡后的星座图收敛情况,尤其是在高阶调制的情况下,可以明显看到由于信道的非线性群延迟所带来的相位畸变,导致整个星座图发生了倾斜。这表明,信道的非线性效应对高阶调制信号的影响较大。针对这种问题,后续可以采用载波相位补偿技术来纠正由于卫星信道的非线性效应引起的相位偏移,从而进一步提升信号的均衡效果。

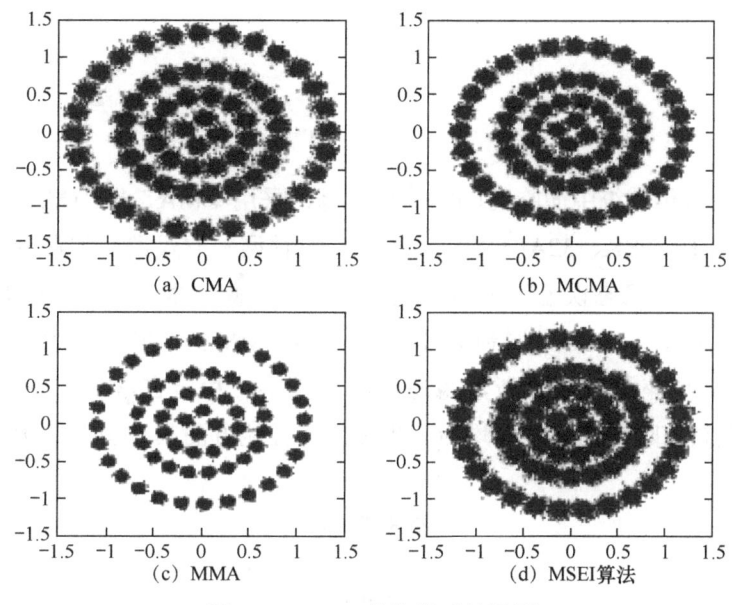

图 7 64APSK 均衡前后效果图

根据图 8 所示的 64APSK 均方误差收敛图可以看出,四种算法均能使误差收敛。具体表现如下:

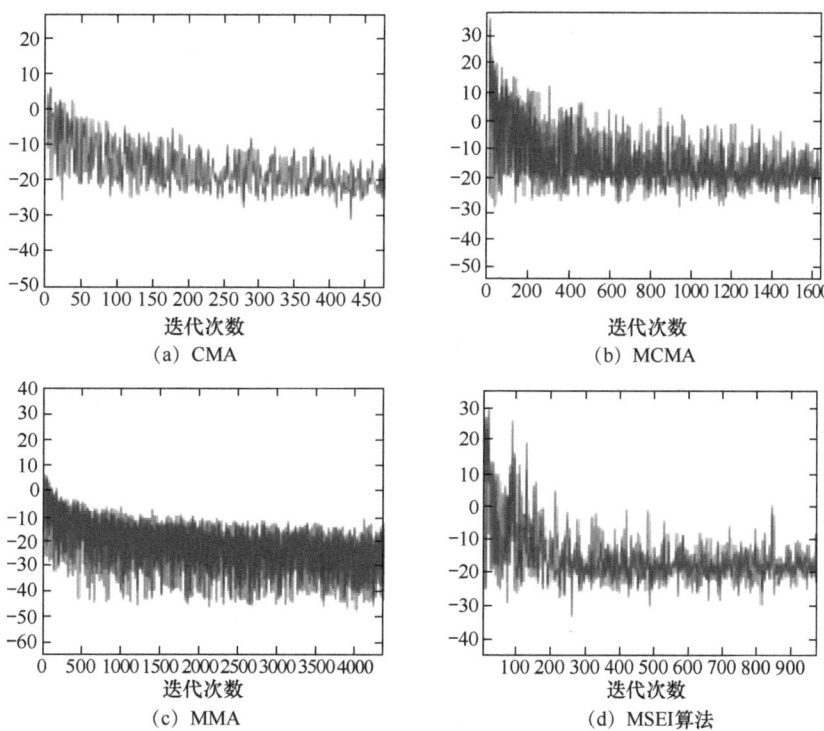

图 8 64APSK 均方误差收敛图

MSEI 算法大约迭代 300 次左右即可收敛，并且具有较小的稳态误差，稳定在-20dB 左右；MCMA 大约需要迭代 600 次左右才能稳定收敛，收敛后的稳态误差约为-15dB，误差大于 MSEI 算法。CMA 收敛需要约 200 次迭代，稳态误差保持在-20dB 左右。MMA 大约迭代 300 次即可收敛，且收敛后的稳态误差最小，能够达到-30dB 左右。因此，根据误差收敛图可见，对于 64APSK 高阶信号而言，MMA 在收敛速度和稳态误差方面具有明显的优势。

5　结论

本文针对星地高速数传系统中面临的码间干扰问题，采用 CMA、MCMA、MMA 和 MSEI 算法等四种盲均衡算法，对 16APSK、32APSK 和 64APSK 三种调制方式进行仿真研究。通过综合考虑星座图的收敛情况与收敛后的稳态误差等因素，采用自适应均衡技术，可以有效减少码间干扰，从而提升通信系统的性能。对于 64APSK 调制信号而言，选择 MMA 具有显著优势。该算法不仅收敛速度较快，而且收敛后的星座图非常清晰，稳态误差非常小，稳定在-30dB 左右，表现出优异的性能。因此，MMA 在提高高阶调制信号的均衡效果和系统性能方面具有明显的优势。

参考文献

第七部分 网络安全

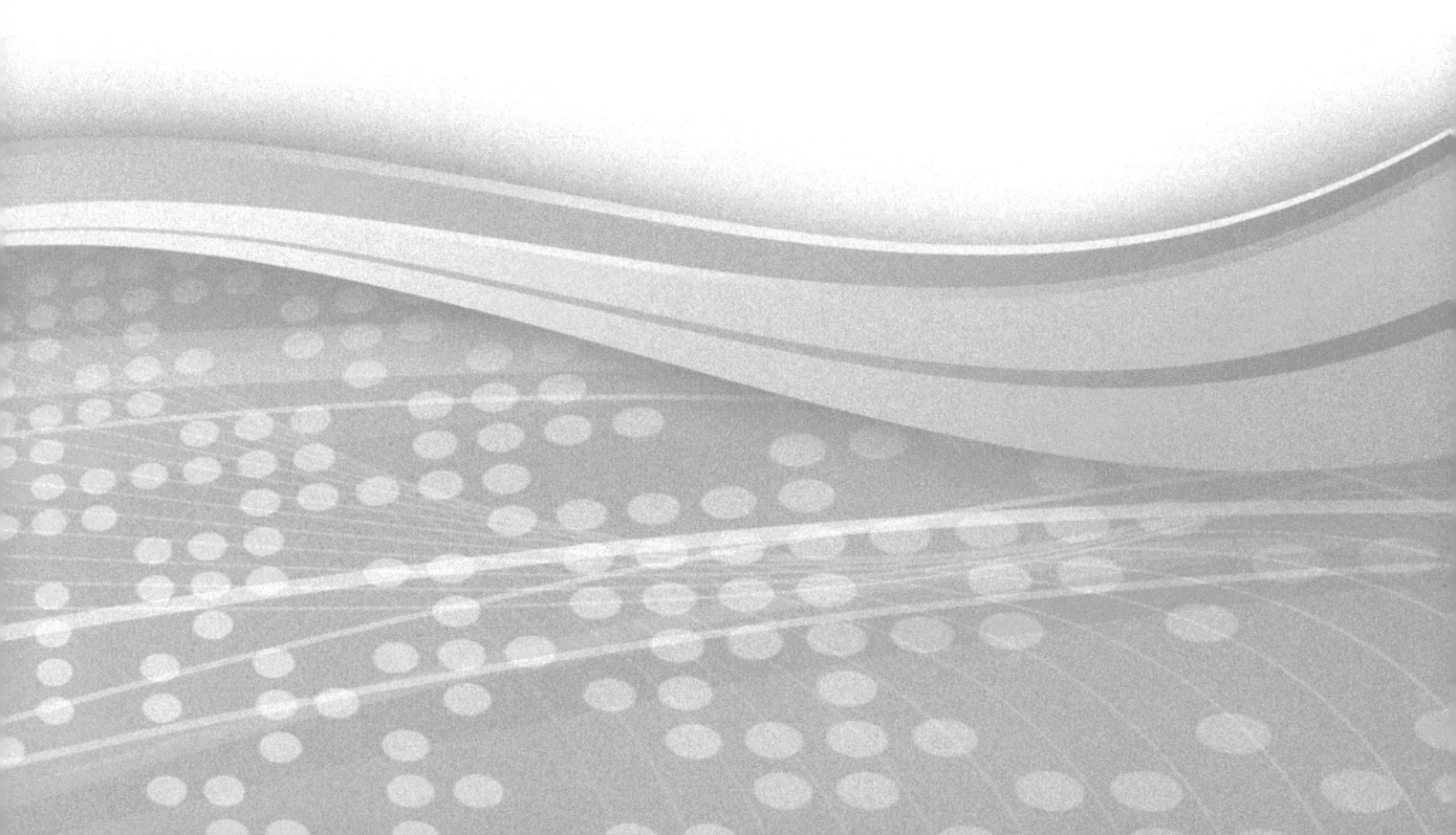

针对反射放大攻击的 SAVA 部署策略

杨文杰，唐勇，汪文勇

（电子科技大学 计算机科学与工程学院，成都 611731）

> **摘要**：分布式拒绝服务攻击（DDoS）是当今互联网面临的重大威胁之一，其中反射放大攻击占据了相当高的比例。源地址验证架构（SAVA）技术通过验证源地址的合法性，能够有效防范此类攻击。然而，SAVA 在实际部署过程中面临实际网络拓扑结构复杂、部署成本过高、不能全量部署等诸多挑战。为了解决这些问题，本文提出了一种增量部署的近似算法，该算法通过分析历史攻击数据集，可以在任意网络拓扑结构中选择出近似最优的 SAVA 部署集合，从而尽可能最大化过滤攻击流量。数值仿真实验表明，该部署算法能够在反射放大攻击第一阶段防御中有效过滤虚假源攻击。
>
> **关键词**：DDoS；SAVA；部署算法；流量过滤

1 引言

随着网络规模的不断扩大和网络攻击手段的多样化，网络安全已成为当今互联网面临的重要问题。其中，分布式拒绝服务攻击（DDoS）是互联网面临的主要威胁之一[1-2]。而反射放大攻击是一种常见的 DDoS 攻击类型[3]，通过利用网络服务的漏洞放大初始流量，造成带宽消耗、资源耗尽，并可能导致服务中断、安全隐患、信誉损失和经济损失[4]。

在典型的反射放大攻击场景中，攻击者指示僵尸机同时向多个反射服务器发送欺骗请求，从而将放大响应发送给受害者[5]。反射放大攻击的流量巨大，能够在短时间内瘫痪受害者服务器；同时，攻击源头难以追踪，因为攻击者使用了伪造的源 IP 地址；更为棘手的是，由于反射服务器本身是合法的互联网服务，防御难度较大，难以简单通过屏蔽 IP 地址来防御[6]。攻击者通过将少量的流量放大成巨大的流量来攻击目标，消耗受害者服务器的带宽和计算资源，导致服务中断[7-8]。因此，反射放大攻击对当今互联网安全提出了严峻挑战，迫切需要有效的防御措施[9]。源地址验证架构（Source Address Validation Architecture，SAVA）[10]技术可以通过验证源地址的合法性，在合理部署 SAVA 设备的情况下，能有效地防止反射放大攻击。下面简要介绍一下 SAVA 技术。

SAVA 是一种通过实现多层 IP 源地址验证来增强互联网安全性的技术，旨在防止伪造源地址的恶意攻击。它可以在接入网络、自治系统内部和自治系统之间的多个位置对数据包的源地址进行验证，确保源地址的有效性。在接入子网级别，SAVA 通过动态绑定交换机端口和有效源 IP 地址，确保网络设备只能使用合法的源 IP 地址。在自治系统内部，SAVA 在路由器中建立过滤表，将每个入接口与一组有效的源地址块关联，从而过滤伪造的源地址数据包。在不同自治系统之间，SAVA 通过路由验证源地址的真实性，确保跨自治系统的流量同样具有可追溯性和真实性[11]。这种分层、多重防护的机制，可以确保每个数据包在传输过程中都能验证其源地址的合法性，从而有效防范基于源地址伪造的 DDoS 攻击[12]。

尽管 SAVA 在防范基于源地址伪造的攻击方面表现出色，但其实际应用仍面临诸多挑战。SAVA 设备需要有一定的部署规模才能发挥最佳效果[13]。现实中的网络拓扑结构复杂，且可部署的节点众多，因此不可能实现全面的设备部署，而一般的部署策略往往难以取得良好的防御效果[14]。目前的研究未深入探讨 SAVA 设备的增量部署问题。为了解决这些问题，本文提出了一种增量部署算法，以优化部署过程。

2 系统模型

互联网中存在大量的开放服务器，攻击者可以利用这些开放服务器作为反射服务器发起攻击。为应对这一问题，伪预防反射放大攻击下的 SAVA 部署体系结构如图 1 所示。在该架构中，可以在传统路由设备的位置部署 SAVA 设备，通过验证源 IP 地址的合法性来防止伪造源地址的流量通过。此外，SAVA 还可以与反射服务器进行锚点绑定，确保只有通过绑定的反射服务器的流量才能通过网络。同时，网络边界可以部署流量监控和过滤设备，用以识别和阻止异常流量。这些措施能够有效减轻反射放大攻击对目标服务器的影响，显著提高网络的安全性和稳定性。通过部署 SAVA 设备和绑定锚点的方法，能够有效过滤攻击流量。然而，部署的关键问题在于如何在有限的资源条件下，在给定的网络拓扑结构中选择最优的部署位置，以最大限度地过滤攻击流量，从而实现最佳的防御效果[15]。

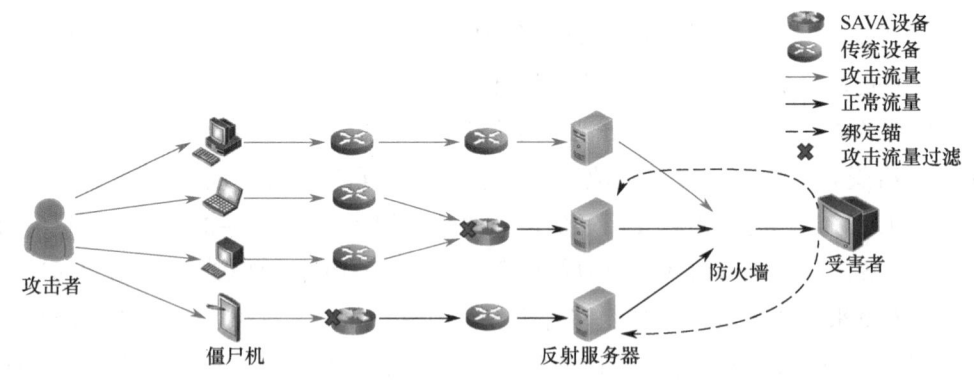

图 1 SAVA 部署体系结构

常见的部署方式有近源端部署和近目的部署[16]两种。近源端部署将防御设备（SAVA 设备）部署在靠近攻击源的位置，目标是尽早检测和过滤恶意流量，减轻攻击对下游网络的影响。这种方式的优点在于能够较早地检测与过滤恶意流量，减少恶意流量进入骨干网，从而降低网络带宽占用，减少后续节点的压力。近目的部署将防御设备部署在靠近目标反射服务器的位置，旨在攻击流量即将到达反射服务器之前进行拦截和过滤，保护反射服务器免受攻击影响。近目的部署的优点在于集中防御、成本效益高且管理相对简单。然而，近源端部署存在部署成本高、管理复杂以及难以定位攻击源等问题，尤其是当攻击源变化或分散时，防御效果可能受到限制。相比之下，采用近目的部署，恶意流量在到达反射服务器之前仍会占用大量网络带宽，可能导致网络拥塞和性能下降，防御设备需要处理大规模的攻击流量，对设备的性能和稳定性提出了更高的要求。在实际网络环境中，硬件和设备的成本通常因节点性能需求而异，维护和管理成本也有所不同。在复杂的网络环境中，节点的管理需要占用更多的资源，因此制定合理的部署策略显得尤为重要[17]。

3 问题分析

3.1 部署问题建模

在 SAVA 设备的部署过程中，所有可部署 SAVA 设备的节点组成了集合 N，且节点 x_i 的部署成本为 $c(x_i)$，$x_i \in N$。在实际部署时，记初始已部署 SAVA 设备的节点集合为 S'，σ_i 为布尔值，指示节点 x_i 是否已被部署为 SAVA 设备（0 表示未部署，1 表示已部署）。历史攻击数据集记录了每个节点承载的攻击流量 T_i，用于计算每个节点的部署收益 $\Delta\{x_i | S'\}$，即节点 x_i 加入集合 S' 后额外过滤的攻击流量。用总收益函数 f 表示在集合 S 中部署 SAVA 设备后所能过滤的总流量，$f(S)$ 表示在以 S 为集合的节点部署 SAVA 设备可过滤的总流量大小。成本约束为部署 SAVA 设备和的总成本不超过 $M(M>0)$，我们有如下约束：

$$\sum_{i \in N}\{c(x_i) \times \sigma_i\} \leqslant M \tag{1}$$

我们的目的是将传统设备更新为 SAVA 设备来最大化过滤攻击流量，目标函数如下：

$$\max f(S_G) \tag{2}$$

S_G 是满足（1）条件下的 SAVA 部署集合：

$$S_G = S' \bigcup_{i \in N}\{\sigma_i \times x_i\} \tag{3}$$

3.2 次模性证明

为了优化 SAVA 设备的部署，我们使用总收益函数 $f(S)$ 表示在以 S 为集合的节点部署 SAVA 设备可过滤的总流量大小。证明 f 是一个次模函数，对于下一节中的算法设计和近似比过程很重要。因为次模函数具有特定的数学性质，可以用于开发高效的贪心算法，从而保证算法在计算复杂度和防御效果之间取得良好的平衡。次模性能够确保算法设计的有效性，尤其在优化问题中的应用。具体来说，随着集合 S 的增加，向集合中添加节点 x_i 所带来的额外收益会递减[18]。

证明收益函数 f 是次模函数的过程如下。

对于函数 $f: 2^N \to S$，假设集合 $A \subseteq N$，集合 $B \subseteq N$ 且 $A \subseteq B$，$\exists x \in N, B$

$$f(\{x_i\} \cup B) - f(B), f(\{x_i\} \cup A) - f(A) \tag{4}$$

式（4）指出，当集合越来越大，x_i 的"价值"将越来越小，满足边际收益递减的特性。当 $A \subseteq B$ 时，若满足 $f(A) \leqslant f(B)$，则该次模函数是单调的。可以选取任意两个集合 $A \subseteq B \subseteq N$，以

及任意元素 $x_i \in N, B$。其中，N 是网络拓扑结构中可部署 SAVA 节点的集合。我们需要证明不等式（5）成立。

$$\Delta\{x_i | A\} \geq \Delta\{x_i | B\} \rightarrow f(A \cup x_i) - f(A) \geq f(B \cup x_i) - f(B) \quad (5)$$

对于较小的集合 A，元素 x_i 的加入会带来更高的边际收益，因为节点 x_i 所能过滤的流量在较小集合中可能未被其他节点分担或过滤。对于较大的集合 B，由于已经包含更多节点，可能存在冗余节点，这些冗余节点所能过滤的流量是集合 A 中的节点不能过滤的。相比于总流量而言，较大的集合 B 中能够增加的过滤流量较少。元素 x_i 的加入带来的增量效果相对较小[19]。因此，对于任意 $A \subseteq B \subseteq N$ 和 $x_i \in N, B$，不等式（5）成立。

由于节点部署收益 $\Delta\{x_i | S'\}$ 对于任意集合 S' 满足次模性定义，所以函数 f 是一个次模函数。我们证明了在算法设计的约束条件下，定义的总收益函数 f 是一个次模函数。这意味着，在选择节点时，每增加一个新节点所带来的边际收益是递减的，但总收益是不断增加的。

4 算法设计

4.1 算法步骤

在设计 SAVA 设备部署算法时，依据历史攻击数据集分析网络拓扑结构中节点的攻击流量分布情况，计算攻击行为和网络中易受攻击的节点，并据此制定有效的防御策略。考虑到实际场景中复杂的网络拓扑结构，我们提出了一种快速近似算法——基于次模性的动态贪心算法 SDG 来求解 S_G。该算法主要是通过贪心策略，逐步选择单位收益最大的节点进行部署，并在每次迭代选择后更新收益和部署节点集合[20]。节点选择过程会循环进行，直到满足部署成本约束。算法最终输出最优的部署节点集合和对应的总收益。

具体算法如下所示。

（1）设定初始 SAVA 部署节点集合 S'，可部署节点集合 N，初始化总收益 $F = 0$。

（2）当可部署节点集合 N 不为空时，计算 SAVA 部署节点集合 S' 在当前网络结构中过滤的攻击流量。同时分析历史攻击数据集，将 SAVA 部署节点集合 S' 已过滤的流量从历史攻击数据集中移除。计算网络中每个节点加入已部署节点集合 S' 后额外过滤的攻击流量，用 $\Delta\{x_i | S'\}$ 表示节点 x_i 加入已部署节点集合 S' 后额外可过滤的攻击流量。计算每个节点的单位成本收益 $\Delta\{x_i | S'\} / c(x_i)$。

（3）在满足式（1）的条件下选择单位成本收益最大的可部署节点 x^*，将该节点加入已部署节点集合 S' 中，$S' = S' + x^*$，更新该节点的 σ 为已部署节点，更新总收益 $F = F + \Delta\{x^* | S'\}$。将节点 x^* 从可部署节点集合 N 中移除。若不满足式（1）的约束条件，继续进行下一步，否则返回步骤（2）。

（4）输出集合 S' 作为最优部署节点集合 S_G，输出总收益 F。

4.2 近似比证明

证明近似比可以为算法的性能提供理论上的保证，确保解与最优解之间的差距在可接受范围内，从而验证算法在实际应用中的有效性和可靠性，为理论研究提供基础。以下是使用 SDG 算法求

解 S_G 的近似比证明过程。

记 S_j 为第 j 次迭代后的部署集合。在第 j 次迭代中，算法选择的部署节点的部署成本为 $c(x_j)$，S^* 是总部署收益最大的部署方案。根据次模性，我们可以得出以下递归不等式：

$$f(S^*) \leq f(S_{j-1}) + f(S^*, S_{j-1}) \tag{6}$$

$$f(S^*) \leq f(S_{j-1}) + \frac{f(S_j) - f(S_{j-1})}{c(x_j)} \sum_{x \in S^*, S_{j-1}} c(x) \tag{7}$$

$$f(S^*) \leq f(S_{j-1}) + \frac{M}{c(x_j)} \cdot (f(S_j) - f(S_{j-1})) \tag{8}$$

在不等式（6）中，使用了文献[21]中的推论 5。在不等式（7）中，利用了算法的贪心性质，即 $\frac{f(S_j) - f(S_{j-1})}{c(x_j)}$ 是当前最高的单位收益。在不等式（8）中，说明 S^* 或 S_{j-1} 所有项的成本永远不会超过总成本 M。在不等式（8）两边同时减去 $\frac{M}{c(x_j)}$，重新排序后得到：

$$f(S_i) \geq f(S^*) + \left(1 - \frac{c(x_j)}{M}\right)(f(S_{j-1}) - f(S^*)) \tag{9}$$

使用不等式 $1 - x \leq e^{-x}$ 转换成累乘项：

$$f(S_j) \geq \left(1 - \exp\left(-\sum_{j=1}^{N} \frac{c(x_j)}{M}\right)\right) f(S^*) \tag{10}$$

$$f(S_j) \geq \left(1 - \exp\left(-\frac{c(S_G) + c(x^*)}{M}\right)\right) f(S^*) \tag{11}$$

当 $c(S_G) + c(x^*) > M$ 时，用 $S_G \cup x^*$ 代替式（9）中的 S_j：

$$f(S_G \cup x^*) \geq (1 - e^{-1}) \cdot f(S^*) \tag{12}$$

证明了在总部署成本接近成本约束条件时算法能保持对最优解 $1 - e^{-1}$ 的良好近似比。

5 实验结果与分析

在实验参数设定方面，相关实验参数设置如表 1 所示。仿真实验在 Python3 环境下进行。在该实验环境中，分别对近源端部署、近目的部署以及 SDG 部署算法进行比较。每次迭代选择的节点所过滤的流量如图 2 所示。实验结果表明，SDG 算法每次选择的节点满足次模函数性质，即每次选择的节点所带来的边际收益是递减的。这意味着，随着节点的不断选择，每增加一个新节点，所带来的额外过滤流量逐步减少。近源端部署和近目的部署两种部署方式在过滤流量方面表现出较大的波动和不稳定性。

表1 相关实验参数设置

参　　数	数　　量
路由器	287
链路	1568
僵尸机	40
反射服务器	5
放大系数	10
部署成本	1
攻击流量/Mbps	200～2000

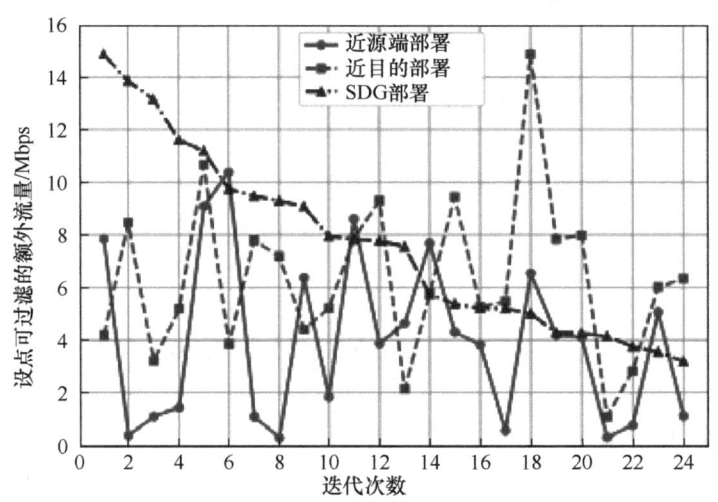

图2 逐次迭代过滤流量对比

在相同的实验环境下，我们还对不同的部署比例进行了仿真实验。评估指标为被过滤流量的百分比，即计算被过滤的流量占攻击总流量的比例。实验结果如图3所示，SDG算法选择的部署节点在过滤效率方面优于近源端部署和近目的部署。尽管近源端部署能够在攻击流量进入网络核心之前进行拦截，减少网络带宽占用和后续节点压力，但这种策略需要在多个源位置部署防御设备。这不仅增加了硬件和管理成本，而且由于攻击源可能不断变化或分散，使防御效果不稳定。相比之下，近目的部署将防御设备集中在目标服务器或关键节点附近，虽然可以有效拦截流量，但恶意流量在到达目标之前仍会占用大量带宽，从而导致网络拥塞和性能下降。SDG算法通过分析网络拓扑和历史攻击数据，选择最优部署节点进行动态调整，确保每次新增节点都能最大化整体防御收益。SDG算法在不同的部署比例下，能显著提高过滤效率。

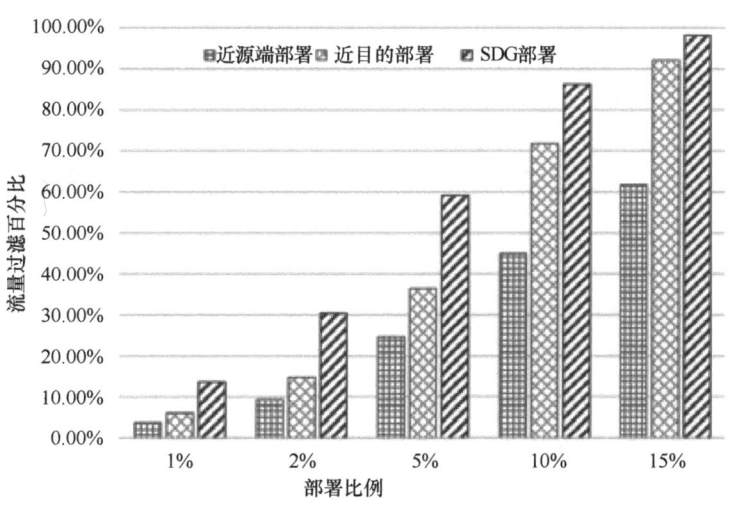

图 3　部署方案流量过滤对比

6　结论

本文针对反射放大攻击场景提出了一种 SAVA 增量部署算法 SDG。该算法通过次模优化策略动态选择最优部署节点，在有限资源条件下实现了良好的防御效果，能够灵活适应网络环境的变化。同时，文章提出了绑定锚点的方法，以优化部署过程。文章对于算法的设计过程和近似比给出了详细的证明。并通过实验仿真与近源端部署和近目的部署对比，验证了该算法和绑定锚点的方法在防御 DDoS 反射放大攻击中的有效性。后续的研究可以在更复杂的网络环境中进一步测试和优化这一算法，并探索其在其他类型 DDoS 网络攻击防御中的应用潜力。

参考文献

第八部分 无 人 机

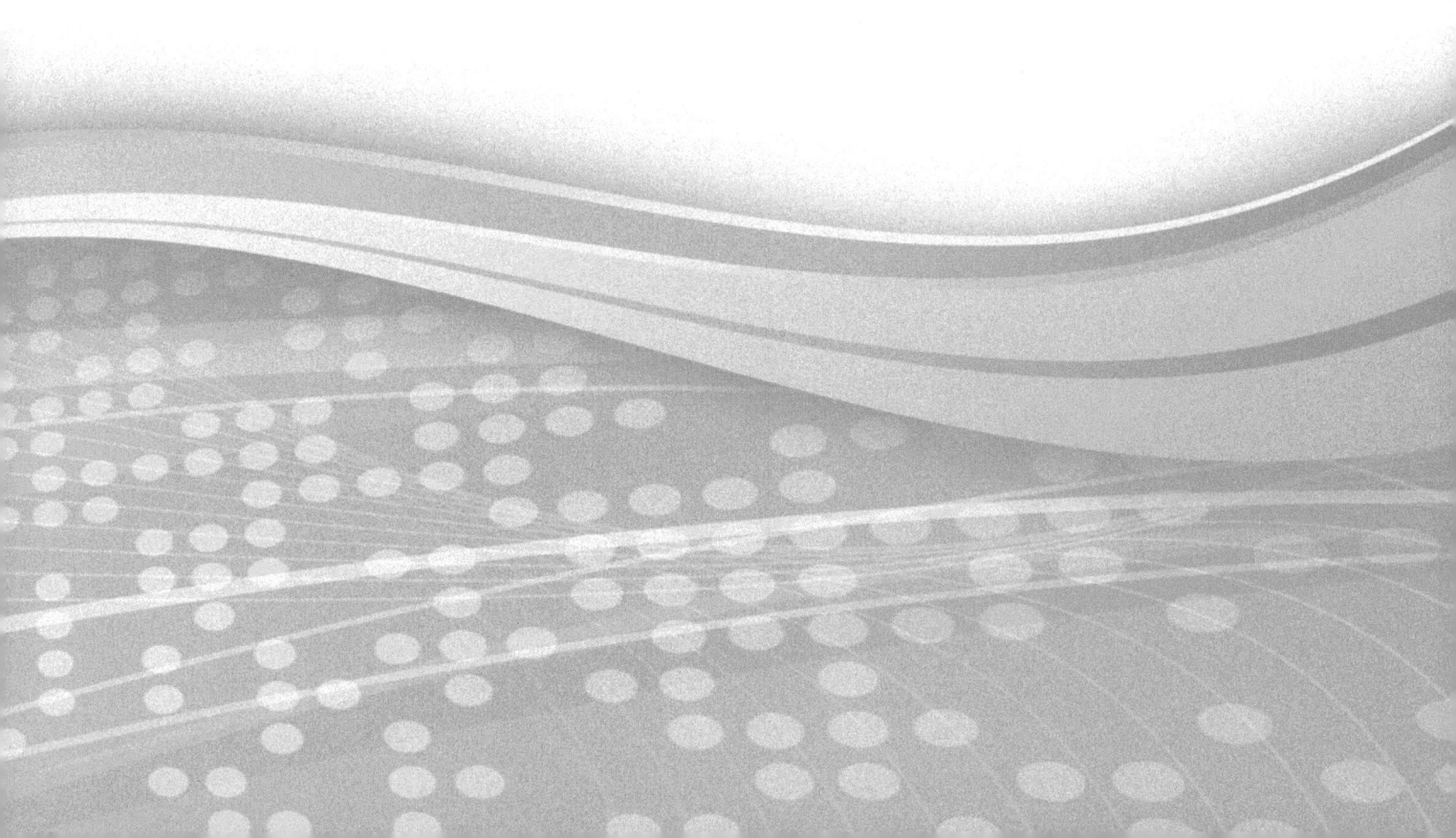

基于蚁狮算法的应急通信车路径规划研究

马立奇，霍宇，朱燕，李江波

（中国联合网络通信有限公司郑州市分公司，郑州 450000）

摘要：为了确保应急通信车能够快速、高效地到达指定地点并提供及时的通信支持，本文提出了一种基于蚁狮算法的应急通信车路径规划研究方法。该方法采用蚁狮（Ant Lion Optimizer，ALO）算法来优化应急通信车的路径规划，并建立了相应的路径规划模型。通过实验仿真分析，并与遗传算法、蚁群算法和粒子群算法的仿真效果进行对比，结果表明，本文提出的方法在预测精度和收敛速度方面均优于其他三种算法。实验结果验证了该方法的准确性和实用性，证明了其在应急通信车路径规划中的有效性。

关键词：应急通信车；路径规划；蚁狮算法

1 引言

应急通信车对于运营商而言具有至关重要的作用。在面对自然灾害、城市火灾等紧急情况时，它们能够提供及时的预警和快速的应对措施，是减少人员和财产损失的有效手段。路径规划是确保通信车快速、高效到达指定地点并提供通信支持的关键技术。在这一过程中，路径规划的核心任务是找到一条从起点到终点的最优路径，以最大限度地提高应急响应效率，确保通信车能够在最短时间内到达现场并展开救援工作。

为了解决路径规划问题，学术界已经研究出了多种策略和技术，如 λ 阶短路径法[1]、软时间窗法[2]、人工势场法[3]、A*算法[4]、强化学习方法[5]、深度学习方法[6]等。λ 阶短路径法的优点在于处理简便、操作简单，但其不足之处是无法有效处理复杂数据。软时间窗法能够快速找到较为满意的路径，但在复杂环境中寻找路径效果不佳，后期需要结合实际情况进行深入研究。人工势场法存在局部最小值问题，即可能导致移动体陷入局部最低点而无法到达全局最低点。A*算法虽然具有较高的效率，但需要存储开放列表和关闭列表，这在节点数量较大时可能导致较高的内存消耗。强化学习方法在复杂环境中需要大量计算资源来训练模型，因此在资源有限的情况下难以实现高效的路径规划。深度学习方法需要大量的计算资源和长时间的训练，同时数据需求量大，且要求数据集具备高质量和多样性。随着环境复杂性的增加，传统的路径规划方法往往难以达到预期效果。近年来，智能优化算法在解决车辆路径规划问题上展现出了超越传统算法的潜力，但它们也各自存在不足之处。例如，蚁群算法[7]在复杂环境中可能难以实现理想的规划效果，鲸鱼算法[8]在某些情况下收敛速度较慢，粒子群算法[9]在寻找最优解时需要较多的计算资源，而遗传算法[10]虽然具有较强的全局搜索能力，但在资源有限的情况下可能无法找到最佳路径。因此，研究既具强适应性又能提供更短路径的优化算法，已成为当前应急通信车路径规划研究的主要方向。

2015 年，澳大利亚学者 Seyedali Mirjalili 提出了一种群智能优化算法——蚁狮（Ant Lion Optimizer，ALO）算法[11]。蚁狮算法模拟蚁狮捕食蚂蚁的过程而命名，是一种创新的智能优化算法。该算法具有调节参数少、低维收敛精度高、易于实现等优点，因此在解决复杂优化问题时具有较好的表现。目前，蚁狮算法已广泛应用于杠杆结构优化[12]、电力系统的无功优化调度[13]、无人机航线规划[14]、汽车状态[15]、非线性系统辨识[16]、电力优化[17-19]等多个实际领域。

为了探索更加高效的方法来解决应急通信车路径规划问题，本文尝试将蚁狮算法的优化思想与三次样条差值方法相结合，应用于应急通信车路径规划的求解。

2 基本蚁狮算法

蚁狮算法是一种新颖的启发式优化算法，其灵感来源于蚁狮独特的捕食行为。该算法将蚁狮的捕食策略转化为搜索最优解的过程。在自然界中，蚁狮通过构建陷阱并等待蚂蚁掉入其中进行捕捉。具体而言，蚁狮会先构建一个陷阱，当有蚂蚁在搜索空间内随机游走并落入陷阱时，蚁狮就成功捕获了蚂蚁。捕捉成功后，蚁狮会重新构建陷阱，继续等待下一只蚂蚁。这个过程会不断重复，直到达到预定的迭代次数或找到满意的解为止。

蚁狮算法的流程如下所述。

Step1：初始化算法参数，即维度 Dim、迭代次数 T，通过式（1）随机初始化 N 个蚂蚁的初始解。

$$X_{n,d} = L + \mathrm{rand}(U - L) \tag{1}$$

式中，$X_{n,d}$ 表示蚂蚁的位置，$n = 1, 2, \cdots, N$，$d = 1, 2, \cdots, \mathrm{Dim}$，$U$ 和 L 分别是搜索空间的上下边界。

记录每个蚂蚁个体的位置并保存在矩阵 $\boldsymbol{M}_a$ 中，根据目标函数计算蚂蚁个体的适应度值并排序。由于算法是将蚂蚁和蚁狮的初始位置保存在矩阵 $\boldsymbol{M}_a$ 中，因此蚂蚁的初始位置也是初始蚁狮的位置。

Step2：从 $\boldsymbol{M}_a$ 中挑选出的最优解为精英蚁狮的位置，记为精英蚁狮 R_E。通过蚁狮适应度轮盘赌在 $\boldsymbol{M}_a$ 中选定一个蚁狮 R_A，随后蚂蚁分别围绕 R_E 和 R_A 的位置进行游走。每个蚁狮使用式（2）进行游走，并记录其当前位置。

$$X(t) = [\mathrm{cumsum}(2r(t_1)-1), \mathrm{cumsum}(2r(t_2)-1), \ldots, \mathrm{cumsum}(2r(t_n)-1)] \tag{2}$$

其中，$X(t)$ 为蚂蚁的位置；cumsum 为累加和；t 为当前的迭代次数；n 为最大迭代次数；$r(t)$ 是随机函数：

$$\begin{cases} r(t) = 0 & \mathrm{rand} \leqslant 0.5 \\ r(t) = 1 & \mathrm{rand} > 0.5 \end{cases} \tag{3}$$

其中，rand 是在(0,1)区间内均匀分布产生的随机数。

用式（4）对式（2）的游走进行归一化处理：

$$X_i^t = \frac{(X_i^t - a_i)*(d_i^t - c_i^t)}{(b_i - a_i)} \quad (4)$$

其中，X_i^t 表示第 i 维在第 t 次迭代时的标准化位置；a_i 和 b_i 分别为第 i 维变量随机移动步长的最小值和最大值；c_i^t 和 d_i^t 分别为第 i 维变量第 t 代随机游走的最小值和最大值。

c_i^t 和 d_i^t 由式（5）计算：

$$\begin{cases} c_i^t = \text{Antlion}_j^t + c^t \\ d_i^t = \text{Antlion}_j^t - d^t \end{cases} \text{rand} < 0.5 \\ \begin{cases} c_i^t = \text{Antlion}_j^t - c^t \\ d_i^t = \text{Antlion}_j^t + d^t \end{cases} \text{rand} \geqslant 0.5 \quad (5)$$

其中，Antlion_j^t 是第 j 只蚁狮在第 t 代的位置；c^t 和 d^t 分别为第 t 次迭代所有变量的下界和上界。

在蚁狮捕捉蚂蚁的过程中，"陷阱"表现为蚂蚁游走的边界不断缩小，c^t 和 d^t 通过式（6）来计算：

$$\begin{cases} c^t = \dfrac{c^t}{I} \\ d^t = \dfrac{d^t}{I} \end{cases} \quad (6)$$

其中，I 随迭代次数的增加分段线性递增，由式（7）计算：

$$I = 10^w * \frac{t}{T} \quad (7)$$

其中，t 为当前迭代次数；T 为最大迭代次数；w 取决于当前迭代次数。

$$\begin{cases} t > 0.1T, w = 2 \\ t > 0.5T, w = 3 \\ t > 0.75T, w = 4 \\ t > 0.9T, w = 5 \\ t > 0.95T, w = 6 \end{cases} \quad (8)$$

Step3：根据式（8）对蚂蚁分别围绕 R_A 和 R_E 游走产生的位置进行均衡，更新蚂蚁的位置。

$$\text{Ant}_i^t = \frac{R_A^t + R_E^t}{2} \quad (9)$$

其中，Ant_i^t 表示第 i 只蚂蚁在第 t 次迭代时的位置；R_A^t 为蚂蚁在第 t 次迭代时围绕适应度轮盘赌选择蚁狮随机游走后的位置；R_E^t 为蚂蚁在第 t 次迭代时围绕精英蚁狮随机游走后的位置。

Step4：计算更新后蚂蚁的目标函数值，并与精英蚁狮进行对比，选择较好的作为全局最优解。若蚂蚁的适应度值优于蚁狮，则认为蚁狮成功捕捉到蚂蚁，更新蚁狮的位置，如式（9）所示。

$$\begin{cases} c_i^t = \text{Antlion}_j^t + c^t & \text{Ant}_i^t < \text{Antlion}_i^t \\ 结束 & \text{Ant}_i^t \geqslant \text{Antlion}_i^t \end{cases} \quad (10)$$

Step5：检查是否达到最大迭代次数。若满足条件，则输出全局最优解；否则，继续 Step2～Step5 的迭代优化过程。

2.1 蚁狮算法的流程图

蚁狮算法的流程图如图 1 所示。

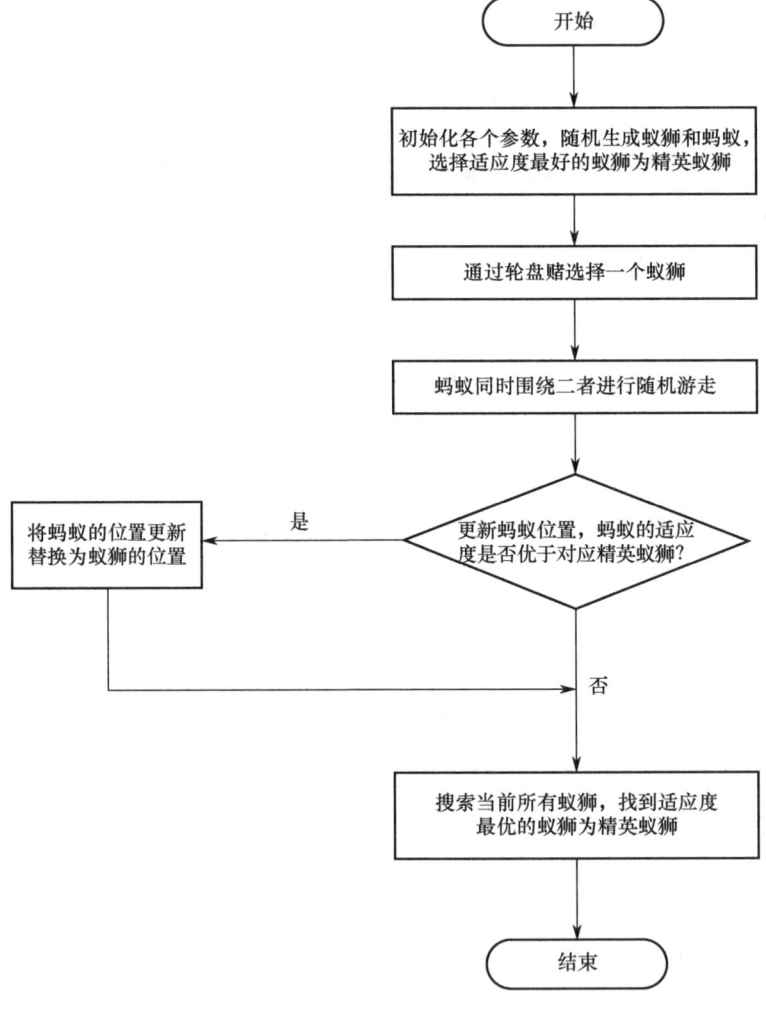

图 1　蚁狮算法的流程图

2.2 蚁狮算法的伪代码

蚁狮算法的伪代码具体如下所示。

| /* Initialization*/ |
| 1　Initialize the population of ants and antlions |

```
2    Calculate the fitness from fitness    function equation for $M_a$
3    Find the best antlion from $M_a$ and presume it as $R_E$ (determined optimum)
/* Start iteration*/
4    while (iter<MaxIter)do
5    for (every ant) do
6    Select an antlion by preferred roulette as $R_A$
7    Update upper and lower bounds
8    Create a random walking ant around $R_A$ and $R_E$
     respectivelyand normalize them
9    Update ant location
10   end
11   Calculate the fitness of all ants
12   if (ant is fitter than antlion)then
13   Replace antlion with its corresponding ant
14   end
15   Update elite if an antlion becomes fitter than elite
16   end
17   return (Elite)
/*output result*/
```

3 建模和编码

三次样条（Cubic Spline）是一种用于在数据点之间进行平滑插值的数学工具，它通过连接多个三次多项式段来近似一个连续函数。三次样条的主要特点是在数据点处不仅连续，而且其一阶导数（斜率）也连续。这意味着，在连接点处，曲线不仅能够平滑过渡，而且其变化率也保持平滑。本文将三次样条方法引入蚁狮算法（ALO），用于求解应急车路线规划问题。

在区间 $[a,b]$ 中取 m 个节点 $a = x_0 < x_1 < \cdots < x_m < x_{m+1} = b$，三次样条，即每个小区间上的曲线都由一个三次方程表示，三次样条方程 $S_m(x)$ 满足以下条件：

（1）在每个分段小区间 $[x_i, x_{i+1}]$ 上，$S(x) = S_m(x)$，曲线由一个三次方程表示；

（2）满足插值条件，即 $S(x_i) = f_k, k = 0,1,2,3,\cdots,m$；

（3）曲线光滑，即 $S(x), S'(x), S''(x)$ 连续。

三次样条函数 $S(x)$ 由 $y = a_k + b_k x + c_k x^2 + d_k x^3$ 表示，其中 $k = 0,1,2,\cdots,m$。

将三次样条插值方法与蚁狮算法相结合，为路径规划优化问题提供了一种创新的解决方案。在路径规划问题中，"路径节点"可视为路径上的关键点，它们定义了路径的形状和方向。通过使用三次样条进行插值，可以在这些节点之间创建平滑的曲线，确保路径在节点处不仅连续，而且其一阶和二阶导数也是连续的，从而为路径提供平滑的转向。

将这些节点作为"蚁狮的编码"意味着节点被用来表示潜在的解决方案。每个蚁狮的"横纵坐标"代表其在搜索空间中的位置，而整个路径则构成了一个候选解决方案。在这种模型下，确定 3 到 5 个节点，即在解决方案空间内划定一个潜在解的集合。优化算法的核心任务是探索这些节点的所有可能组合，并识别出最优的顺序，从而构建出最理想的解决方案。

结合三次样条插值方法与蚁狮算法的技术，能够广泛应用于多个领域，如自动化机器人的路径寻找、城市交通系统的流量调控以及通信网络的架构设计等。这种方法通过确保路径在数学上的平滑过渡和连续性，不仅提升了解决方案的实用性，也增强了其在实际操作中的流畅性和可靠性。

通过这一方法，我们能够确保在机器人路径规划中，机器人的移动既高效又避免不必要的急转弯；在交通流量优化中，车辆流动更加顺畅，减少了拥堵和延误；在网络设计中，数据传输路径更加稳定，提高了网络的整体性能。这种技术的应用，无疑为解决复杂问题提供了一种创新且有效的途径。

假设已知 m 个路径节点的坐标为 $(x_{m1}, y_{m1}), (x_{m2}, y_{m2}), \cdots, (x_{mm}, y_{mm})$ 以及起点和终点的坐标为 (x_0, y_0), (x_{m+1}, y_{m+1})。在 $(x_0, x_{m1}, x_{m2}, \cdots, x_{mm}, x_{m+1})$ 和 $(y_0, y_{m1}, y_{m2}, \cdots, y_{mm}, y_{m+1})$ 中，通过三次样条插值得到了 n 个插值点的横坐标 $(x_1, x_2, \cdots, x_n)$ 和纵坐标 $(y_1, y_2, \cdots, y_n)$。此时，得到了 n 个插值点。所以，路径是由起点、路径节点、插值点和终点的连线构成的。

3.1 适应度函数的构建

应急车路径规划要满足路线不经过障碍物且路线最短。本文就以满足上述条件的无碰撞路径长度最短作为适应度函数的评价标准。由此构造的适应度函数为：

$$H = L \times (1+b) \tag{11}$$

式（11）中，L 为应急车从起点到终点的路径长度，计算公式如下：

$$L = \sum_{i=0}^{n} \sqrt{(x_{i+1} - x_i)^2 + (y_{i+1} - y_i)^2} \tag{12}$$

其中，(x_i, y_i) 为第 i 个插值点的坐标，$i = 0, 1, 2, \cdots, n$。

b 的初值为 0，其求解过程如下：

$$
\begin{aligned}
&\text{for}\quad k=1:\text{bars} \\
&\quad D_k = \sqrt{(xx - x\text{bar}_k)^2 + (yy - y\text{bar}_k)^2} \\
&\quad \text{if}\quad D_k \leqslant \text{bar}_k \\
&\quad\quad a = 100 \times \text{bar}_k \\
&\quad \text{else} \\
&\quad\quad a = 0 \\
&\quad \text{endif} \\
&\quad b = b + a \\
&\text{end}
\end{aligned}
\tag{13}
$$

为了简化路径模型，本文把障碍物设置为圆形，bars 为障碍物的个数。xx 为一条路径上所有插值点横坐标的集合，yy 是所有插值点纵坐标的集合。$(x\text{bar}_k, y\text{bar}_k)$ 为第 k 个障碍物的圆心坐标，bar_k 为第 k 个障碍物的半径。数组 D_k 是一条路径上所有插值点到第 k 个障碍物的距离。通过式（13）判断路径是否经过障碍物。若经过，则对 a 做放大处理；若不经过，则 $a = 0$。

3.2 ALO 算法求解应急车路径规划问题的步骤

Step1：根据具体环境设置路径节点的个数为 m，插值点的个数为 n，应急车的起点为 (x_0, y_0) 和终点为 (x_{m+1}, y_{m+1})，算法的迭代次数为 T，种群大小为 N。

Step2：通过式（1）初始化蚁狮位置，每只蚁狮位置的坐标形如 $[(x_{m1}, x_{m2}, \cdots, x_{mm}), (y_{m1}, y_{m2}, \cdots, y_{mm})]$，$(x_{m1}, y_{m1}), (x_{m2}, y_{m2}), \cdots, (x_{mm}, y_{mm})$ 分别为 m 个路径节点的坐标。

Step3：利用三次样条插值方法和 $(x_0, x_{m1}, x_{m2}, \cdots, x_{mm}, x_{m+1})$，求出 n 个插值点的坐标 $(x_1, y_1), (x_2, y_2), \cdots, (x_m, y_n)$。

Step4：通过式（12）计算出路径长度，即 n 个插值点的起点与终点间的距离。

Step5：通过式（13）判断路径是否经过障碍物，并得出变量 b 的值。

Step6：通过式（11），计算适应度函数的值。

Step7：更新蚁狮的位置，并得出具有 m 个路径节点坐标的路径。

Step8：重复执行 Step3～Step7，直至算法达到最大迭代次数。

Step9：得到并输出最优路径。

4 仿真实验与分析

为了验证 ALO 算法求解应急车路径规划问题的有效性与可行性，将 ALO 算法与遗传（GA）算法[20]、蚁群（ACO）算法[21-22]、粒子群（PSO）算法[23-24]在相同条件下进行实验对比分析。

在实验环境上，ALO、GA、ACO 和 PSO 四种算法均采用相同的运行环境 Windows10、编程环境 Matlab R2016a。参数设置方面，四种算法的种群大小均为 100；最大进化代数 $T_{\max} = 100$。PSO 算法的学习因子设置为 $c_1 = c_2 = 1.5$，与原文献及代码相同。

本文对应急车路径的规划及对算法寻优性能的测试与分析分为 6 个算例：

（1）在简单环境下，障碍物为 3，路径节点为 3，插值点为 100；

（2）在一般环境下，障碍物为 5，路径节点为 3，插值点为 100；

（3）在复杂环境下，障碍物为 10，路径节点为 3，插值点为 100。

具体实验结果如下。

算例 1：简单环境下四种算法的路径规划对比图和求解收敛图如图 2 和图 3 所示，简单环境下四种算法所求路径长度的比较见表 1。

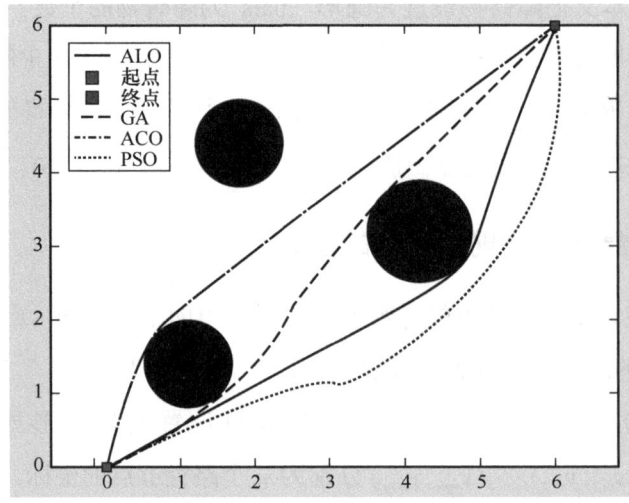

图 2 简单环境下四种算法的路径规划对比图

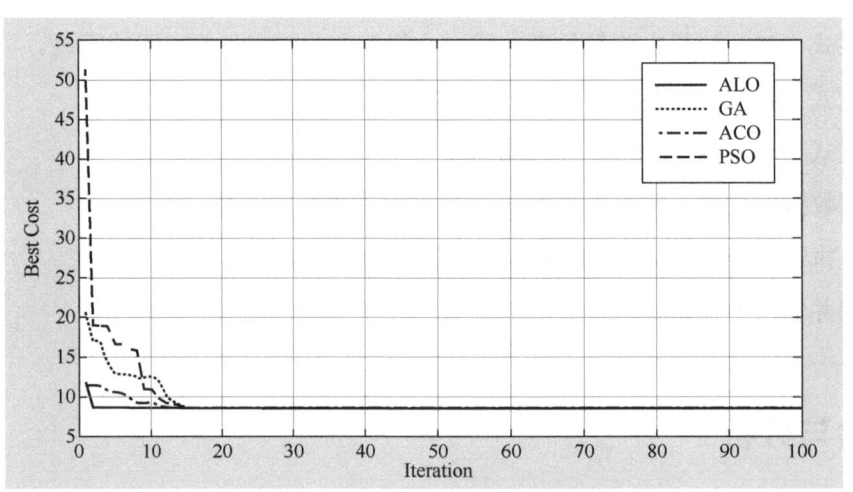

图 3 简单环境下四种算法的求解收敛图

表 1 简单环境下四种算法所求路径长度的比较

算 法	最 佳 值	最 差 值	平 均 值
ALO	8.4225	8.6807	8.5354
GA	8.7526	8.9926	8.8768
ACO	8.9853	9.1544	9.0676
PSO	9.0399	9.1107	9.0543

算例 2：一般环境下四种算法的路径规划对比图和求解收敛图如图 4 和图 5 所示，一般环境下四种算法所求路径长度的比较见表 2。

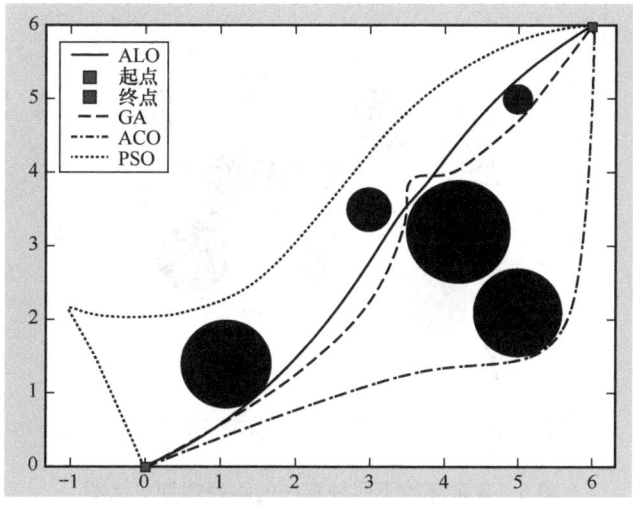

图 4　一般环境下四种算法的路径规划对比图

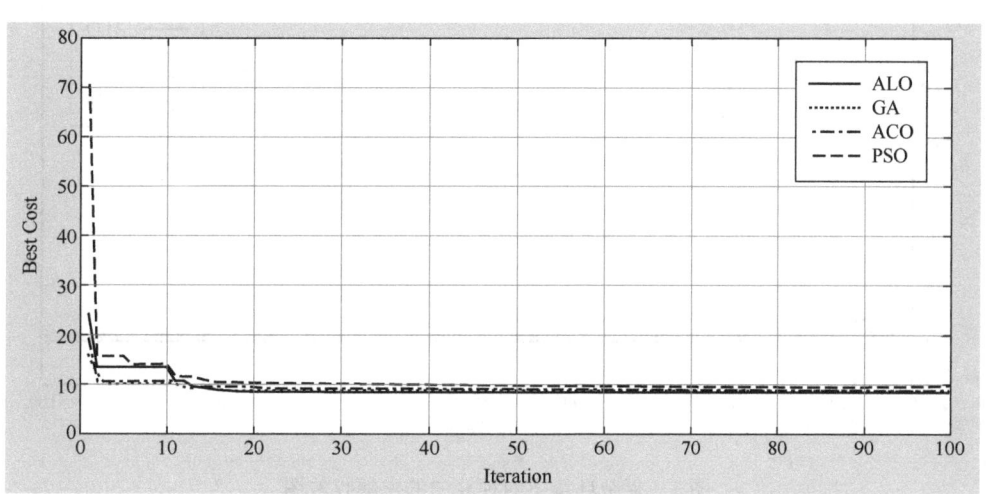

图 5　一般环境下四种算法的求解收敛图

表 2　一般环境下四种算法所求路径长度的比较

算　　法	最　佳　值	最　差　值	平　均　值
ALO	8.6851	10.0254	9.4052
GA	9.6540	10.5009	10.1151
ACO	10.0156	11.2582	10.5286
PSO	11.3256	12.8513	11.7315

算例 3：复杂环境下四种算法的路径规划对比图和求解收敛图如图 6 和图 7 所示，复杂环境下四种算法所求路径长度的比较见表 3。

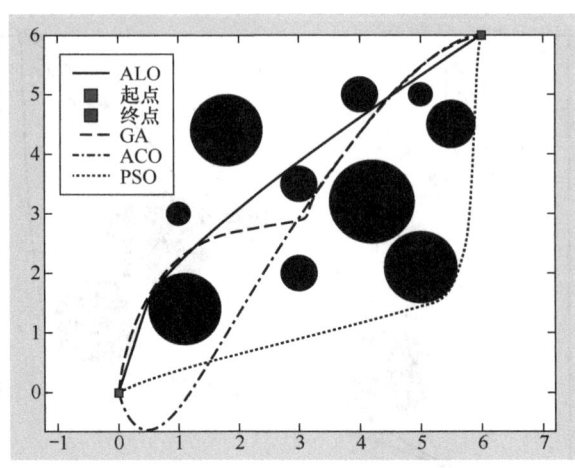

图 6 复杂环境下四种算法的路径规划对比图

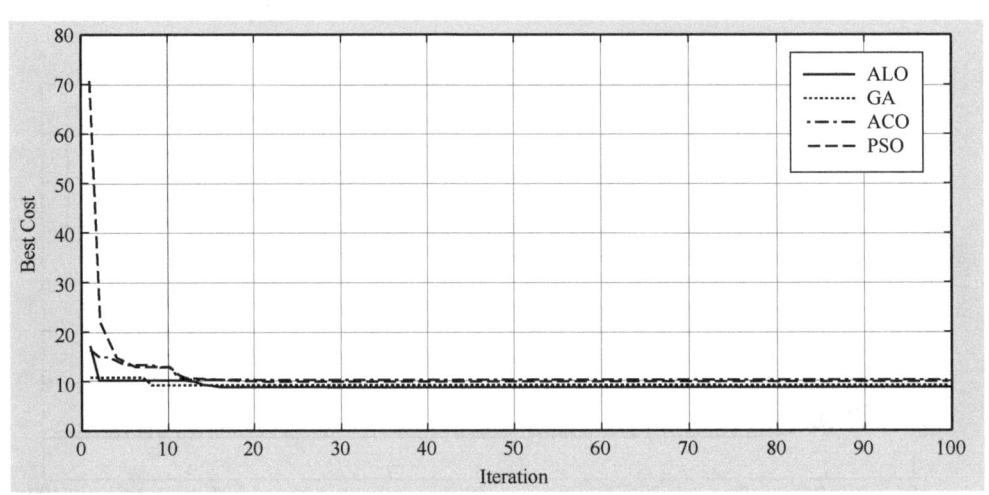

图 7 复杂环境下四种算法的求解收敛图

表 3 复杂环境下四种算法所求路径长度的比较

算 法	最 佳 值	最 差 值	平 均 值
ALO	8.8451	10.1412	9.8152
GA	9.2140	10.4612	10.2435
ACO	10.0050	11.1285	10.4876
PSO	10.4693	10.9846	10.6175

图 3、图 5 和图 7 展示了 ALO 与 GA、ACO、PSO 算法在进化过程中路径适应度值的变化趋势。ALO 算法能够以较快的速度收敛,并且在既定代数下,其收敛精度明显优于其他三种对比算法。与 GA、ACO、PSO 算法相比,ALO 算法的收敛速度和精度更具优势。这表明 ALO 算法在寻优效果方面表现出色,也进一步证明了本文所提出的 ALO 算法在应急车路径规划问题中的优越性。

表 1 的寻优结果显示,对于算例 1,ALO 算法的最佳值、最差值和平均值均优于 GA、ACO 和 PSO 算法。表 2 的寻优结果显示,对于算例 2,ALO 算法的最佳值、最差值和平均值均优于 GA、

ACO 和 PSO 算法。表 3 的寻优结果显示，对于算例 3，ALO 的最佳值、最差值和平均值均优于 GA、ACO 和 PSO 算法。

通过图 4、图 5 和图 6 可以直观地看出，本文提出的 ALO 算法规划的路径最短，尤其在复杂环境下，ALO 算法的求解效果更加明显。这表明，ALO 算法在解决应急车路径规划问题时，表现出了更优的效果。

综上所述，本文提出的 ALO 算法在应急车路径规划问题中具有较好的寻优性能，其求解精度和收敛速度均优于 GA、ACO、PSO 等对比算法。

5 结语

本文采用蚁狮（ALO）算法研究应急通信车路径规划模型，并通过蚁狮算法结合三次样条预测模型进行仿真分析。结果表明，蚁狮（ALO）算法的收敛精度和收敛速度均优于遗传（GA）算法、蚁群（ACO）算法和粒子群（PSO）算法，验证了基于蚁狮（ALO）算法的应急通信车路径规划方法在精度和效率上的优势，进一步证明了该方法的正确性和实用性。

参考文献

一种基于数字孪生的无人机高效传输策略

王煜婷[1]，冷甦鹏[1]，周龙宇[2]，张翰文[1]

（1. 电子科技大学 信息与通信工程学院，成都 611731；
2. 新加坡科技设计大学 信息系统技术与设计支柱学院，新加坡 487372）

摘要：无人机已获得学术界和工业界的广泛关注。为了完成一系列复杂的协作任务，无人机之间需要高效的数据传输策略。然而，无人机的高移动性会导致通信链路随着动态拓扑变化而产生不稳定性。为此，本文提出了一种基于数字孪生的无人机端到端传输策略，以实现高效通信。首先，提出了一种自适应环境变化的数据包初始化算法。其次，设计了一种路由策略算法，通过交叉熵对不同数据包进行评估，以生成可行的数据转发方案。仿真结果表明，本文提出的策略在降低端到端传输时延的同时，有效控制了数据的冗余传输，减少了负载资源的浪费。

关键词：数字孪生；强化学习；动态路由

1 引言

近年来，无人机被广泛应用于灾害救援等多种场景。为了完成复杂的联合救援等任务，无人机间需要高效的数据传输策略以提升合作效率。然而，无人机的高动态性导致无人机网络拓扑不断变化，机间端到端通信难以维持低时延、低存储等高性能特征[1]。多路径传输是一种潜在的解决方案，它可以为无人机间的端到端通信构建多条路由，通过分散传输的方式降低端到端路由时延、提升路由可靠性。然而，多路径传输也带来了冗余传输等问题，增加了无人机负载资源浪费的可能性，同时导致多个数据包选路的联合决策变得复杂，路由难以收敛，进而降低了端到端的路由性能。

数字孪生作为新兴的计算和模拟技术，为解决这些问题提供了一种新方向[2-3]。它可以基于通信实体构建一个全面的虚拟模型，准确描述实际的物理通信场景，从而进行模拟和推导[4]。通过收集网络数据，数字孪生能够模拟网络中节点的转发行为，为提升端到端的路由性能提供了计算和分析平台。

因此，针对动态路由需求，本文提出了一种基于数字孪生的高效数据传输策略。中心无人机通过建立数字孪生模型，定期接收其他无人机的位置信息。数字孪生能够模拟无人机的运动状态，并基于强化学习设计联合优化算法，以保证无人机间的高性能数据传输。具体贡献总结如下：

（1）以降低路由端到端的时延和减少无人机负载浪费为目标，建立了基于数字孪生的数据传输系统和模型,并分析提出了一种基于数字孪生的高效数据传输策略。

(2)实现了一种基于 Q 值混合网络(QMIX)的联合优化路由算法。该算法通过最大化数据包的交叉熵,以控制数据包的差异性,既提升了路由的可靠性,又降低了整体传输时延,从而有效减少了无人机负载资源的浪费。

(3)提出了一种数据包初始化算法。考虑到现有策略未充分考虑数据包大小对动态环境下传输策略性能的影响,并且只是将原始业务数据分割为固定数据量并进行封装,该算法在路由更新过程中优化了数据包的大小,得到了适应无人机网络变化并满足路由需求的可行数据包大小。

2 传输系统

2.1 系统概述

如图 1 所示,详细展示了数据的传输策略。考虑一组无人机的场景,中心无人机通过建立数字孪生模型,基于数字孪生计算数据包的大小,并为普通无人机解决联合路由问题,进而生成传输策略。普通无人机根据传输策略进行分布式数据包转发,并定期向中心无人机转发位置信息等,以维护数字孪生。因此,形成了如图 1 所示的基于数字孪生的高性能传输策略框架。该框架被解耦为两部分:数据包初始化算法和路由算法。

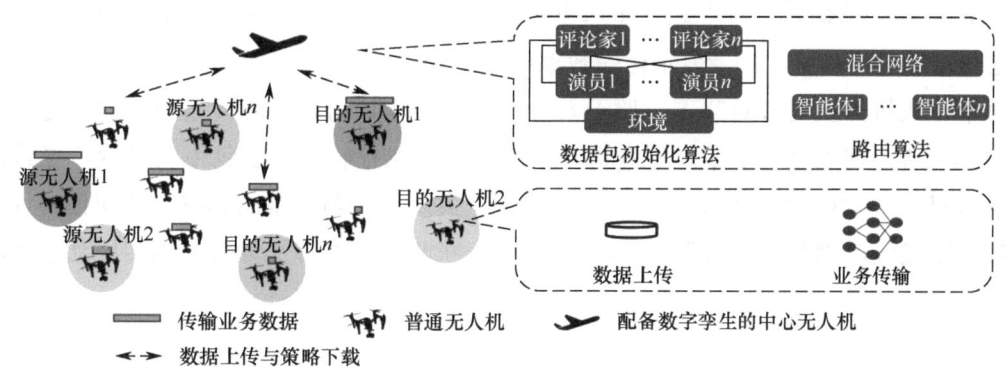

图 1 场景与系统示意图

2.2 系统模型

讨论一组表示为 $\{U_1,\cdots,U_i,\cdots,U_u\}$ 的无人机群。每架无人机的带宽定义为 B。假设无人机间带宽均匀分配。因此,数据传输速率 $r_{i,k}^t$ 可通过香农公式求得。$d_{i,k}^t =\| L_i^t - L_k^t \|$,决定 U_i 与 U_k 之间的距离。每架无人机的缓冲区队列容量为 C。$C_i^t(F)$ 为无人机 U_i 的负载,U_i 的总负载为 $C_i^t = \sum_F C_i^t(F)$。

$F:S \to D$ 是需在时刻 $t(F)$ 从无人机 S 传输至无人机 D 的数据文件。该数据被分割为 $K(F)$ 个数据量为 $c(F)$ 的数据包。V_i^t 表示 t 时刻 U_i 的速度,L_i^t 为其位置。U_i 的邻居集合 N_i^t 满足 $N_i^t = \{U_k \| \| L_k^t - L_i^t \|< R, \forall k\}$,其中 R 为无人机间的通信半径。ε 为数据包丢失率。t 时刻 U_i 的数据包

集合为 $P_i^t(F)$。U_i 的传输时间策略为 $\Delta_i^t(F)=[\delta_{i,k}^t(F)]_{u\times 1}$，$\delta_{i,k}^t(F)$ 代表 U_i 与其他无人机间的数据传输时间。U_i 的传输数据包策略为 $M_i^t(F)=[m_{i,k}^{t,p}(F)]_{u\times K}$，其中 $m_{i,k}^{t,p}(F)\in\{0,1\}$。$m_{i,k}^{t,p}(F)=1$ 表示 U_i 在 t 时刻向 U_k 转发数据包 p。由此，无人机间的数据传输模型可表示为：

$$P_i^{t+\delta}(F)=P_i^t(F)\cup\left\{\bigcup_k P_{k,i}^{t+\delta}(F)\right\}-\left\{\bigcup_k P_{i,k}^{t+\delta}(F)\right\}$$

$$P_{i,k}^{t+\delta}(F)=\left\{f\left|\begin{array}{l}m_{i,k}^{t,p}(F)=1\\ \mathbb{P}(p\in P_{i,k}^{t+\delta}(F))=1-\varepsilon\\ \delta\in[\delta_{i,k}^t(F),\delta_{next,i,k}^t(F))\\ \delta_{i,k}^t(F)\in[0,\delta_{max,i,k}^t(F)]\end{array}\right.\right\} \quad (1)$$

其中，$\delta_{i,k}^t(F)=c\sum_p m_{i,k}^{t,p}(F)/r_{i,k}^t$，表示从 U_i 到 U_k 的实际传输时延。$\delta_{max,i,k}^t(F)=\min\{\tau_1,\tau_2|\tau_1=(C-C_k^t)/r_{i,k}^t,\tau_2=\min\{\tau-t|d_{i,k}^\tau\geqslant R\},U_k^t\in N_i^t,\tau>t\}$ 是 $\delta_{i,k}^t(F)$ 的上限。$P_{i,k}^{t+\delta}(F)$ 表示 U_k 从 U_i 接收的数据包。$\mathbb{P}(\cdot)$ 表示概率。因此，数据包的数据量为 $c(F)=\inf(\delta_{i,k}^t(F)r_{i,k}^t(F))$，数据包数量为 $K(F)=\lceil F/c(F)\rceil$，则该数据业务的端到端传输时延为 $T(F)=\min\{\tau-t(F)\||P_D^\tau(F)|=K(F)\}$。无人机平均负载可以表示为 $\overline{C^{t(F)}}=\sum_i C_i^t(F)/u$。最终，优化模型可表示为

$$\begin{array}{l}\min\alpha\overline{C^{t(F)}}+\beta T(F)\\ \delta_{i,k}^t(F)\in[0,\delta_{max,i,k}^t(F)]\\ H_i^t(F)\subset N_i^t\end{array} \quad (2)$$

其中，α 和 β 代表非负权重。对于任意无人机 U_i 在任意时刻 t，$\Delta_i^t(F)$ 和 $M_i^t(F)$ 均为决策变量。前者表示数据传输的时间长度，后者表示传输数据包的集合。

由于每个无人机需要同时对其下一架无人机传输的传输时间和所要传输的数据包进行决策，这两种决策相互耦合，使得联合决策过程变得复杂。再加上飞行轨迹和丢包率的影响，导致该问题成为典型的动态问题——每架无人机的决策随时间变化，并受到之前决策的影响，从而使得优化目标无法收敛到某个固定值。因此，采用强化学习[5-6]方法来获取可行的转发策略，以实现动态环境下的有效决策。

3 传输策略

本文提出了一种基于数字孪生的智能传输策略，该策略包含两种相关算法。

3.1 数据包初始化算法

为了获得有效的路由策略，将式（2）解耦，并提出一种基于多智能体近端策略优化（MAPPO）[7-8]的数据包初始化算法。

通过忽略数据包间的差异，数据传输的递归公式可简化为：$C_i^{t+\delta}(F)=C_i^t(F)+\sum_k C_{k,i}^{t+\delta}(F)-\sum_k C_{i,k}^{t+\delta}(F)$，且 $\mathbb{E}(C_{i,k}^{t+\delta}(F))=(1-\varepsilon)\sigma_{i,k}^t(F)\cdot r_{i,k}^t(F)$。其中，$\delta_{next,i,k}^t(F)=\min\{\tau-t|C_{i,k}^\tau(F)\neq 0,\tau>t\}$，$\delta\in[\delta_{i,k}^t(F),\delta_{next,i,k}^t(F))$，$\delta\in[\delta_{i,k}^t(F),\delta_{next,i,k}^t(F))$。不考虑无人机收发数据包差异时，文件数据的整体

路由时延可以表示为 $\tilde{T}(F) = \min\{\tau - t(F) | C_D^\tau \geqslant F\}$。通过 $\tilde{T}(F)$ 对端到端时延的近似，式（2）的优化目标可重新表述为 $\min \alpha \overline{C^{t(F)}} + \beta \tilde{T}(F)$。新的优化模型可以被转化为马尔可夫决策过程。因此，基于 MAPPO 设计数据包初始化算法。该算法主要的参数设计包括观测值：无人机负载 C_i^t，以及无人机的历史位置序列 L_i^t；动作：传输时间策略 $\Delta_i^t(F)$；奖励函数：无人机负载奖励 R_i^C；无人机间的传输时延奖励 R_i^t；距离目的节点位置奖励 R_i^L，路由成功奖励 R_i^s。因此，普通无人机的总奖励为：$R_i = (-\kappa^t R_i^t + \kappa^L R_i^L - \kappa^C R_i^C) / F + \kappa^s R_i^s$，其中 κ 为非负权重。

根据在不考虑数据包差异情况下得到的最优动作集 $\{\Delta_i^t(F)\}$，可以得到全网最小传输时延，并根据该值计算出满足传输的最小数据包数据量 $c(F)$。值得注意的是，在不考虑数据包差异的情况下求得 $c(F)$，仍可证明该可行值能推导出真实解。

3.2 路由算法

在数据包初始化算法的基础上，提出一种基于 Q 值混合网络（QMIX）[9]的路由算法。

路由算法的目标是为每架无人机计算路由策略。基于已经得到的 $c(F)$，数据传输的递归公式可以更新为

$$P_i^{t+\delta}(F) = P_i^t(F) \cup \left\{\bigcup_k P_{k,i}^{t+\delta}(F)\right\} - \left\{\bigcup_k P_{i,k}^{t+\delta}(F)\right\}$$

$$P_{i,k}^{t+\delta}(F) = \left\{ f \begin{vmatrix} m_{i,k}^{t,p}(F) = 1 \\ \mathbb{P}(p \in P_{i,k}^{t+\delta}(F)) = 1 - \varepsilon \\ \delta \in [\delta_{i,k}^t(F), \delta_{\text{next},i,k}^t(F)) \\ \left|M_{i,k}^t(F)\right| \in \{0,1,\cdots M_{\max,i,k}^t\} \end{vmatrix} \right\} \quad (3)$$

$$M_{\max,i,k}^t = \min\left\{ \left\lfloor \frac{C - C_k^t}{c(F)} \right\rfloor, \min\left\{ \left\lfloor \frac{(\tau-t)r_{i,k}^t}{c(F)} \right\rfloor \bigg| \tau > t \right\} \right\}$$

因此，目标优化函数公式（2）被更新为：

$$\begin{aligned} & \min \alpha \overline{C^{t(F)}} + \beta T(F) \\ & \left|M_{i,k}^t(F)\right| \in \{0,1,\cdots M_{\max,i,k}^t\} \\ & H_i^t(F) \subset N_i^t \end{aligned} \quad (4)$$

显然，决策变量是 $\{M_i^t(F)\}_{\forall i,t}$。因此，提出一种基于 QMIX 的路由算法来解决式（4）。路由算法示意图如图 2 所示，算法的关键要素设计如下。

（1）观测值：无人机历史位置序列 L_i^t、无人机负载 C_i^t、无人机数据包 P_i^t。

（2）动作：传输数据包策略 $M_i^t(F)$。

（3）奖励：奖励由路由成功奖励 R_i^s、传输时延奖励 R_i^t、负载奖励 R_i^C、距离奖励 R_i^L 和交叉熵奖励 R_i^p 组成，其中 $R_i^p = \sum_i \left\{ \sum_k \left[-\sum_p \mathbb{P}_a(p) \log \mathbb{P}_b(p) / d_{a,b}^t \right] \right\} / u$。基于此，$R_i$ 表示为 $R_i = (-\kappa^t R_i^t + \kappa^L R_i^L + \kappa^p R_i^p - \kappa^C R_i^C) / F + \kappa^s R_i^s$，其中 κ 为非负权重。

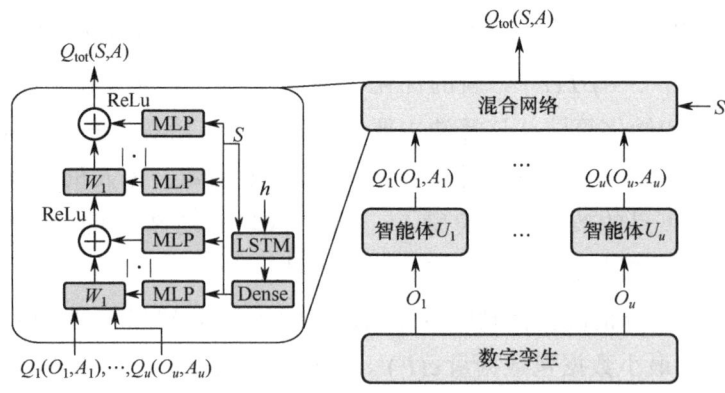

图 2 路由算法示意图

无人机智能体的贪婪策略为 $\Pi_i(A_i|O_i)$。动作价值函数为 $Q_i(O_i,A_i)=\mathbb{E}(\mathbb{R}|O_i,A_i)$，其中 $\mathbb{R}$ 为回报值。联合动作价值函数满足 $\mathrm{argmax}Q^{\mathrm{tot}}(O,A)=(\mathrm{argmax}Q_i(O_i,A_i))_{u\times 1}$。因此，算法通过训练最小化损失函数 $\theta=\sum[(y_i^{\mathrm{tot}}-Q^{\mathrm{tot}}(O,A,S,\mathrm{LSTM}(S,h)|\theta))^2]$。

综上所述，该转发策略可实现有效减少无人机负载浪费的同时降低传输时延。

4 仿真结果验证

本节展示了多个仿真结果，并评估了所提出的基于数字孪生的高效数据传输策略（ETSDT）。设计场景中，普通无人机的初始位置随机分布，并基于平均速度随机移动。中心无人机始终位于普通无人机的中心位置，且具有与普通无人机相同的平均速度。随机选择若干个普通无人机作为源节点和目的节点。其他基本场景参数列于表 1 中。为评估性能，本研究将 ETSDT 与两种常见的基线方案进行比较：贪婪周边无状态路由（GPSR）[10] 和泛洪算法（Flood）[11]。

表 1 场景参数

参　　数	值
初始位置范围	60m × 60m
通信半径	35m
带宽	1.5kHz
路由结束时钟	50s

通过统计基于 QMIX 的联合优化路由算法的奖励值，发现该算法具有良好的收敛性。同时，对比了不同无人机数量下路由算法的收敛速度。结果表明，当无人机数量较少时，状态和动作维度较低，算法能够更快且更稳定地收敛，如图 3 所示。

在 25 架无人机、平均速度为 10.5m/s 和 800bits 文件的场景下，分析了丢包率的影响。无人机的平均负载通过全网数据量与无人机数量及业务数据量的平均值进行统计。如图 4 所示，ETSDT 的路由时延为 17.5s，与 Flood 算法相近，且其平均负载始终维持在较低水平。在 25 架无人机、平均速度为 10.5m/s 且丢包率为 25% 的场景中，进一步探讨了业务平均数据量的影响。如图 5 所示，ETSDT

以 17.5s 的平均时延优于基线方案，并始终保持低于 Flood 算法的无人机平均负载。由此可见，该数据传输策略在端到端传输时延和负载方面均表现出色。

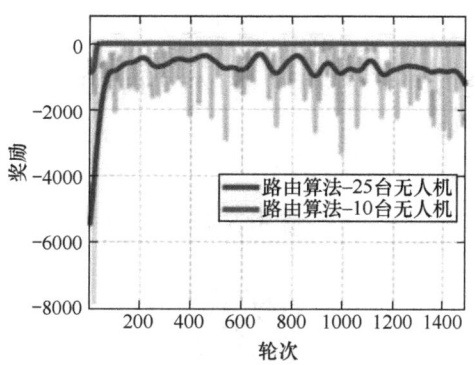

图 3　路由算法收敛图

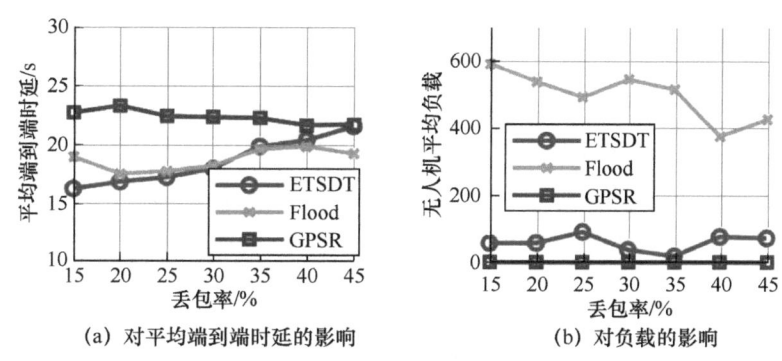

(a) 对平均端到端时延的影响　　(b) 对负载的影响

图 4　环境丢包率与端到端传输性能的关系

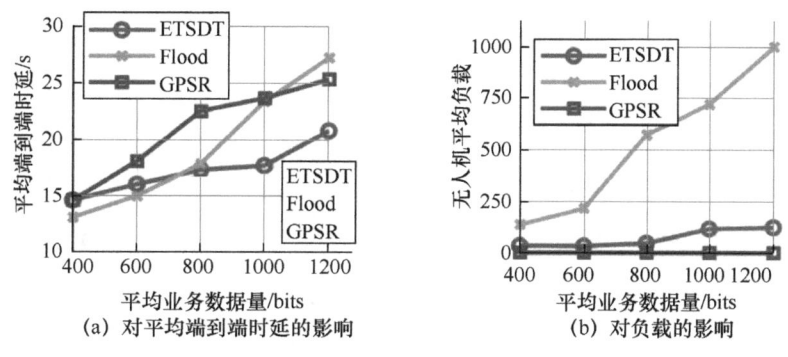

(a) 对平均端到端时延的影响　　(b) 对负载的影响

图 5　平均业务数据量与端到端传输性能的关系

5　总结

本文提出了一种基于数字孪生的高效数据传输策略。该策略能够根据动态环境调整数据传输策略，既减少了无人机负载浪费，又有效降低了端到端的时延。未来的研究将集中于提升该数据传输策略在无人机数量变化等动态环境下的端到端业务性能，并增强模型的泛化能力。

资助信息

本研究得到四川省科技计划项目（资助号：2024YFHZ0321）和成都市科学技术局项目（资助号：2023-YF06-00030-HZ）的支持。

参考文献

第九部分 产业推进

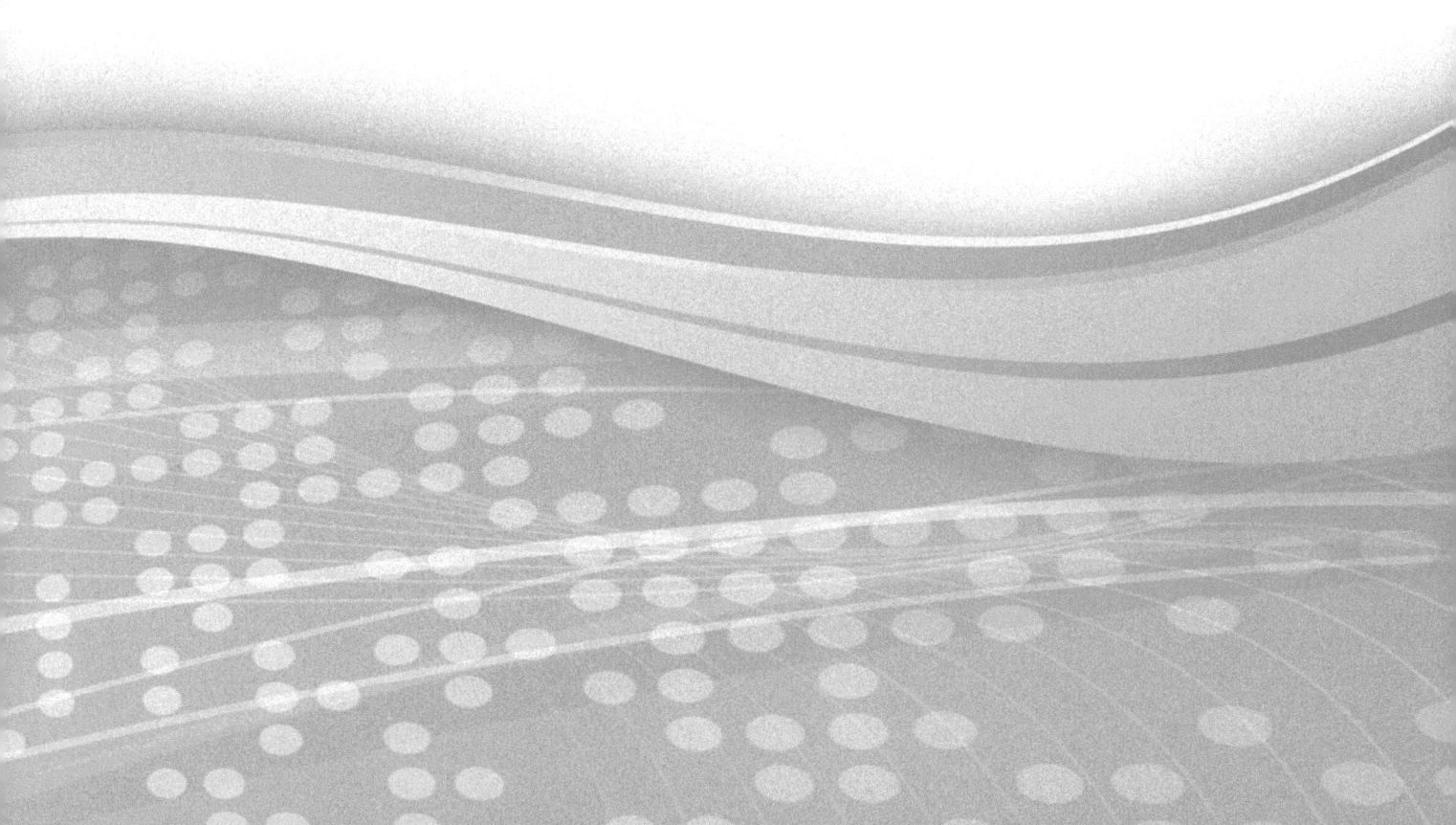

工业智能技术与产业发展研究

吴琦莹,王道乾,姚頔

(中国信息通信研究院,北京 100191)

摘要: 在全球制造业竞争日益激烈、智能化转型需求愈发迫切的背景下,工业智能通过将人工智能、机器学习等先进技术应用于工业领域,推动制造业生产效率的提升、资源的优化配置、成本的降低以及产品质量的提高。本文聚焦于工业智能的基本理论、技术路径、产业视图以及发展趋势等方面,展开了系统的研究。目前,国内外多份政策文件均提到要大力推动人工智能在工业领域的发展。从技术角度来看,工业智能正从感知智能迈向认知智能,计算机视觉等人工智能主流技术仍然是核心,同时多种技术的融合正在催生出新的方法。从产业角度来看,AI 芯片呈现出轻量化、灵活化、低价化的趋势,工业智能软硬件定制化、云端化、订阅化的特征日益明显,服务商与运营商在其中发挥着关键作用。未来,随着工业智能产业应用开发障碍的不断减少,产业发展将以数据为核心,"通用大模型+行业专属模型"的应用模式将为产业智能化升级与创新发展提供重要支撑。

关键词: 工业智能;数据流通;通用大模型+行业专属模型

1 工业智能基本内涵

工业智能(Industrial Artificial Intelligence)是指在工业领域应用人工智能(AI)、机器学习、数据分析、物联网(IoT)、区块链等先进技术,通过提高生产效率、优化资源分配、提升产品质量、降低运营成本以及增强决策质量等手段,实现智能化生产和管理的一系列能力与方法[1-5]。

工业智能与人工智能的对比见表 1。

表 1 工业智能与人工智能的对比

主要区别	工业智能	人工智能
基本定义	在工业领域应用人工智能(AI)、机器学习、数据分析、物联网(IoT)、区块链等先进技术,通过提高生产效率、优化资源分配、提升产品质量、降低运营成本以及增强决策质量等手段,实现智能化生产和管理的一系列能力与方法	人工智能涵盖了计算机科学、统计学、数学等多个领域,旨在使计算机具备模拟人类智能的能力,包括学习、推理、问题解决、感知和语言理解等
应用领域	主要作用于工业生产领域	涵盖工业、医疗、金融等多个领域

（续表）

主要区别	工业智能	人工智能
技术特点	更加注重与工业生产过程的结合，需充分考虑实时性、可靠性、稳定性等关键因素。为此，通常采用一些特定的技术和算法，如工业视觉检测、工业机器人控制、生产过程优化以及面向特定环节的工业大模型等	更加注重算法的先进性和创新性，如深度学习、强化学习、自然语言处理等
数据需求	对数据的需求更加注重其准确性和实时性。由于工业生产过程中的数据与生产设备、生产工艺等密切相关，因此需要及时且准确地反映生产过程的状态	更加注重数据的多样性和规模性，因为人工智能需要通过海量且多样化的数据来训练模型，从而提升模型的准确性和泛化能力
发展目标	更加明确，主要是为了提高生产效率、降低成本、提高产品质量等	目标导向更加多样化，除提升效率和质量外，还包括解决复杂问题、提供更优质的服务

2 国内外工业智能发展重要部署

当前，国内外都在积极探索和应用工业智能技术，以提升自身的工业竞争力。**中国加快推进新型工业化**，多个政策文件中均提到要培育壮大人工智能、大数据等新兴数字产业。例如，《"十四五"智能制造发展规划》《关于加快传统制造业转型升级的指导意见》等文件中多次提及强调，要在智能交通、智慧物流、智慧能源、智慧医疗等重点领域开展试点示范，推动个性化定制、柔性制造等新模式的发展。并且，国家还将重点研发人工智能等在工业领域的适用技术，建设智能场景、智能车间和智能工厂，推广智能化设计、智能运维服务等新模式，加快人工智能、大数据等技术与制造全过程、全要素的深度融合。**美国优先支持新兴技术产业发展**，发布了《国家安全战略报告》《关键与新兴技术国家战略》《联邦人工智能治理政策》《国家机器人计划 2.0》等文件，提出要优先支持包括人工智能、量子计算、5G 及国家安全技术在内的新兴技术产业，力图在人工智能、量子信息科技等关键领域保持全球领先地位。美国白宫、国会及多家联邦机构联合推动联邦人工智能治理政策，以确保相关技术安全、可信地服务于人类社会。同时，美国还强调机器人技术在制造业和卫生保健领域的重要作用，并加快在协作型机器人开发和实际应用方面的进程。**德国落实工业 4.0 战略部署**，出台了《未来研究与创新战略》《人工智能行动计划》《安全人工智能系统开发指南》《量子技术行动计划》等文件，目标是通过在量子技术、轻量技术和人工智能等高科技领域的创新，增强德国的科技创新能力，确保欧洲的技术主权。德国提出将投入超过 16 亿欧元，推动人工智能技术的发展，确保其安全开发与部署。此外，德国还制定了 2023—2026 年量子技术行动战略框架，并提供约 30 亿欧元的资助，推进量子技术的研发和应用。**日本加速数字化与工业化结合**，在《制造业白皮书》《确保稳定供应的指导方针》《经济安全保障促进法案》《第六次科学技术和创新基本计划》中，注重制造业基础技术的产业振兴和前沿技术的研发，同时优化供应链以增强竞争力。日本将加速基础技术与前沿技术的布局，推动通过节省劳动力和自动化提升生产效率、节能，并借助数字技术实现全供应链的可视化与协同合作。此外，日本还大力发展创新型人工智能、大数据、物联网、材料、光学/量子技术和环境能源等领域。

3 工业智能技术路径

3.1 工业智能技术逐渐由感知智能向认知智能演进

感知智能主要指的是机器具备视觉、听觉、触觉等感知能力，能够将多元数据结构化，并以人类熟悉的方式进行沟通和互动。例如，工业中的智能传感器能够感知温度、压力、湿度等物理量，从而实现生产环境的实时监测。尽管这种方式能够快速获取大量数据，但其对数据的理解和处理较为表面，难以满足复杂多变生产场景中深层次分析和决策的需求。认知智能则借鉴了类脑研究和认知科学的理论，结合跨领域的知识图谱、因果推理、持续学习等技术，赋予机器类似人类的思维逻辑和认知能力，尤其是在理解、归纳和应用知识方面的能力。在工业领域，认知智能有助于分析生产数据背后的规律，预测设备故障，优化生产流程，并具备深度理解和推理能力来处理复杂的任务和问题。因此，随着自然语言处理技术和知识图谱的不断发展，工业智能技术正逐步由感知智能向认知智能演进。这一转变有助于更好地满足工业生产中日益复杂的需求，提升生产效率，推动工业领域的智能化发展。

3.2 人工智能三大主流技术依旧是工业智能核心

随着工业领域数字化和智能化进程的加速推进，人工智能技术在工业生产中的应用日益广泛且深入。计算机视觉、自然语言处理以及数据分析仍然是工业智能的核心技术，并在推动工业智能化发展中发挥着至关重要的作用。计算机视觉通过对图像和视频数据的处理与分析，实现物体的识别、检测、跟踪等功能。其在工业中的应用场景包括产品质量检测、设备故障诊断、生产过程监控等。例如，通过对产品表面图像的分析，可以有效检测出产品的缺陷；通过对设备运行视频的分析，可以及时发现并预警设备故障。自然语言处理技术使机器能够理解和处理自然语言。在工业领域，主要应用于智能客服、智能问答系统、文本分类等场景。例如，通过自然语言处理技术，企业能够更高效地与客户进行沟通和交流，提升用户体验和服务质量。数据分析通过对大量数据的挖掘与分析，提取有价值的信息和知识，助力企业做出更精准的决策。在工业应用中，数据分析主要用于生产过程优化、市场趋势预测、供应链管理等场景。例如，通过生产数据分析，可以实现降本增效；通过市场数据分析，可以进行趋势预测并提供决策支持。

3.3 多技术融合形成以知识工程、数字孪生为代表的新方法

如图 1 所示，工业智能的技术谱系不再仅仅由单一的技术组成，而是融合了数字孪生、仿真推演、决策优化、协同计算和知识工程等多个先进技术[6]。这些技术结合了业务场景、行业机理知识与通用人工智能算法，形成了一种新的方法论，并且能够广泛应用于跨行业的共性需求场景，解决多个行业的共性问题。

数字孪生技术[7]的核心原理是通过创建一个虚拟的数字模型，实时与现实中的物理实体进行同步，从而实现物理实体的数字化复制与模拟。在感知物理世界方面，数字孪生利用传感器等设备采

集物理实体的各种数据，如温度、压力、位置等。基于这些数据，进行孪生体设计与建模，创建包含几何形状、物理参数、运动方程等要素的虚拟数字模型。通过对这些数字模型的分析与优化，数字孪生技术能够为物理实体的运行和管理提供有效的决策支持。例如，在航空航天领域，数字孪生技术可以用于实时监控飞机发动机的状态，进行性能优化和故障预测，从而提高发动机的性能和可靠性。

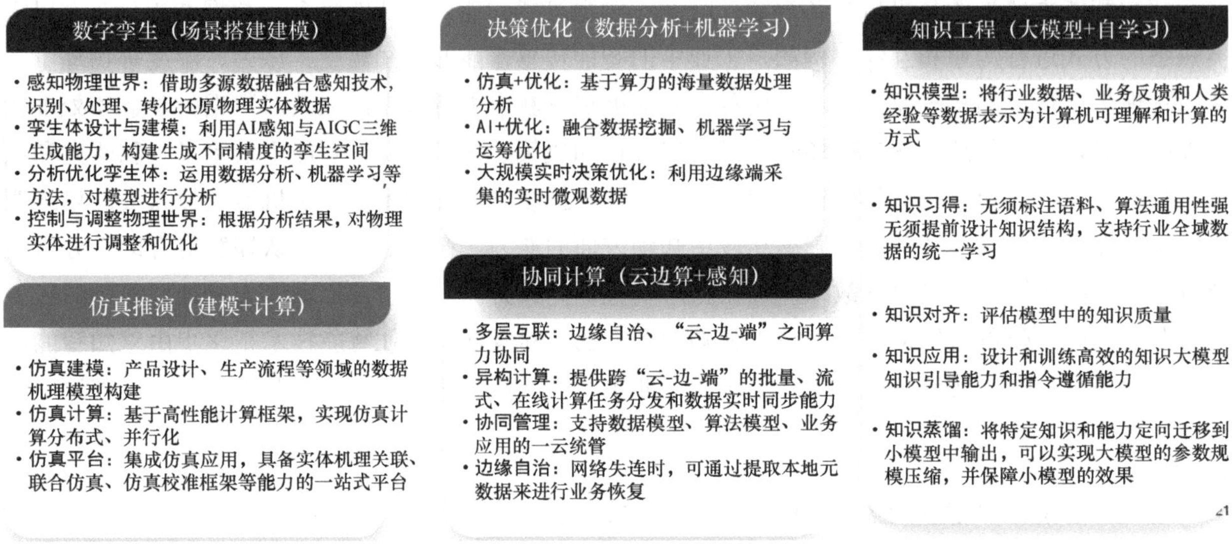

数字孪生（场景搭建建模）
- 感知物理世界：借助多源数据融合感知技术，识别、处理、转化还原物理实体数据
- 孪生体设计与建模：利用AI感知与AIGC三维生成能力，构建生成不同精度的孪生空间
- 分析优化孪生体：运用数据分析、机器学习等方法，对模型进行分析
- 控制与调整物理世界：根据分析结果，对物理实体进行调整和优化

仿真推演（建模+计算）
- 仿真建模：产品设计、生产流程等领域的数据机理模型构建
- 仿真计算：基于高性能计算框架，实现仿真计算分布式、并行化
- 仿真平台：集成仿真应用，具备实体机理关联、联合仿真、仿真校准框架等能力的一站式平台

决策优化（数据分析+机器学习）
- 仿真+优化：基于算力的海量数据处理分析
- AI+优化：融合数据挖掘、机器学习与运筹优化
- 大规模实时决策优化：利用边缘端采集的实时微观数据

协同计算（云边算+感知）
- 多层互联：边缘自治、"云-边-端"之间算力协同
- 异构计算：提供跨"云-边-端"的批量、流式、在线计算任务分发和数据实时同步能力
- 协同管理：支持数据模型、算法模型、业务应用的一云统管
- 边缘自治：网络失连时，可通过提取本地元数据来进行业务恢复

知识工程（大模型+自学习）
- 知识模型：将行业数据、业务反馈和人类经验等数据表示为计算机可理解和计算的方式
- 知识习得：无须标注语料、算法通用性强无须提前设计知识结构，支持行业全域数据的统一学习
- 知识对齐：评估模型中的知识质量
- 知识应用：设计和训练高效的知识大模型知识引导能力和指令遵循能力
- 知识蒸馏：将特定知识和能力定向迁移到小模型中输出，可以实现大模型的参数规模压缩，并保障小模型的效果

图 1 工业智能的技术谱系

仿真推演的核心流程包括建模、计算和平台建设。建模阶段通过建立数学模型来描述系统的行为和特性，针对实际问题进行建模。计算阶段采用数值计算方法求解这些数学模型，从而得到系统的状态和性能。平台建设则是在一个集成化的平台上进行仿真推演，实现对模型的管理、计算的执行以及结果的可视化。例如，在汽车制造领域，仿真平台可以模拟汽车碰撞过程，为汽车的设计和安全性能评估提供数据支持，帮助优化设计，提升安全性。

知识工程中的知识模型是指对知识的表示和组织方式，其过程包括知识的习得、对齐、应用和蒸馏。习得是通过多种途径获取知识，如从文本、数据库和专家经验等。对齐是将来自不同来源的知识进行整合与统一，确保其一致性和准确性。应用则是将整合后的知识应用到实际问题中，如用于决策支持或智能问答系统中。蒸馏过程则是将复杂的知识模型简化为易于应用的形式。例如，在工业智能领域，知识工程能够帮助企业构建知识库，进行生产过程的知识管理与决策支持，提高整体生产效率。

协同计算指的是多个计算节点之间的协同工作，以实现高效的计算和数据处理。其包含多层互联、异构计算、协同管理和边缘自治等关键要素。多层互联是指不同层次的计算节点通过网络进行连接和通信，以保证数据的有效传输。异构计算利用不同类型的计算资源（如CPU、GPU、FPGA等）共同完成计算任务，从而提高计算效率。协同管理则是对多个计算节点进行统一管理和调度，实现计算资源的优化配置。边缘自治指的是边缘计算节点具备自主决策能力，能够在本地进行数据处理和计算，减少数据传输延迟，从而提高实时处理能力。例如，在工业互联网领域，协同计算能够实现对大量设备数据的实时处理与分析，进而为生产决策提供有力支持。

决策优化是工业智能的核心目标之一。其中，仿真+优化通过对系统进行仿真模拟，以找出最优的决策方案；AI+优化则结合了人工智能技术与优化算法，实现更高效的决策优化；大规模实时决策优化旨在针对大规模复杂系统，实现实时的决策优化[8-10]。例如，在供应链管理领域，决策优化可以对物流配送路线进行优化，从而提高供应链的效率和效益。

4 工业智能产业视图

工业智能产业视图如图 2 所示。

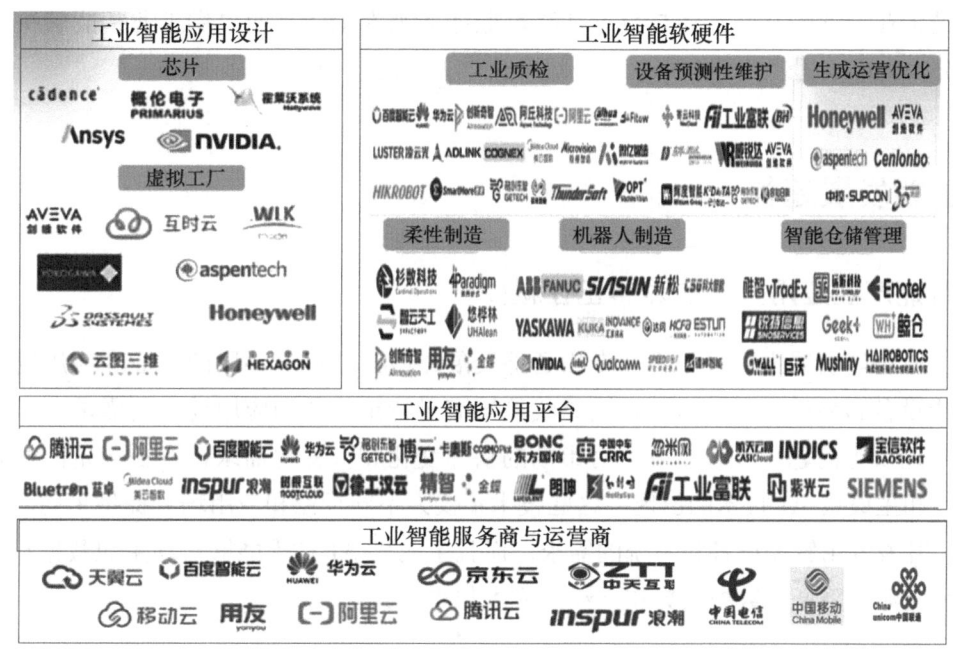

图 2　工业智能产业视图

4.1　AI 芯片的发展趋势更加轻量化、灵活化、低价化

随着工业智能技术的不断发展，AI 芯片在工业领域的应用日益广泛。AI 芯片的发展趋势呈现出轻量化、灵活化和低价化的特点。轻量化意味着芯片体积更小、功耗更低，能够更好地适应工业现场的复杂环境[11-13]。灵活化指的是芯片能够根据不同的应用场景进行定制化设计，满足各类工业智能设备的需求。低价化则有助于降低工业智能设备的成本，推动工业智能技术的普及和应用。

4.2　工业智能软硬件的设计和适配更加定制化、云端化、订阅化

工业智能软硬件的设计和适配是工业智能产业发展的关键环节[14]。定制化是指根据不同工业企业的需求，设计和开发个性化的工业智能软硬件系统。云端化则是将工业智能软硬件系统部署在云端，实现资源共享和协同。订阅化是指工业企业通过订阅方式，获取工业智能软硬件系统的服务，从而降低企业的成本和风险。例如，在智能制造领域，企业可以通过定制化的工业软件，实现生产

过程的智能化管理与优化。同时，企业也可以将工业数据存储在云端，通过云端的数据分析与处理，实时监控和优化生产过程。此外，企业还可以通过订阅方式，获取工业智能硬件设备的服务，如工业机器人、智能传感器等，从而提高生产效率和质量。

4.3 服务商与运营商在工业智能转型中的关键作用

服务商与运营商在工业智能转型中发挥着关键作用。服务商可以为工业企业提供工业智能解决方案和技术支持，助力企业实现智能化转型。运营商则能够为工业企业提供工业互联网平台和通信服务，实现工业设备的互联互通与数据传输。例如，在工业互联网领域，运营商可为工业企业提供5G通信服务，实现工业设备的高速、低时延数据传输。同时，运营商还可为工业企业提供工业互联网平台，促进工业设备的互联互通与数据共享。服务商则为工业企业提供工业智能解决方案，如设备预测性维护、生产过程优化等，帮助企业提升生产效率与质量。

5 工业智能发展趋势

5.1 工业智能产业应用开发的障碍正在减少

早期的工业智能发展主要采用行业专用智能发展路线，即针对不同的行业和应用场景，开发专用的工业智能设备和系统。尽管这种发展路线能够满足特定行业和应用场景的需求，但也存在着开发成本高、周期长等问题，并且难以应对市场的快速变化和多样化需求，存在一定的局限性[15-16]。随着通用智能和生成式AI技术的出现，这些技术不仅为不同行业和应用场景提供了通用的智能解决方案，减少了开发专用智能设备和系统的需求，而且生成式AI技术能够自动生成数据和内容，提供更多的数据和资源，降低了数据采集和标注的成本与难度。

5.2 产业发展正趋向于以数据为中心

随着制造业向自动化、数字化和智能化发展，工业生产中的质量检测、设备预测性维护、生产优化等应用场景都需要大量的数据支持[17-20]。质量检测通过采集和分析产品图像数据，能够训练出自动检测产品缺陷的模型。设备预测性维护通过采集和分析设备运行数据，能够预测设备故障时间，从而提前进行维护，避免设备故障对生产造成影响。生产优化则依赖于对生产过程数据的采集和分析，以优化生产流程并提高生产效率。数据在工业智能中的重要性日益凸显，产业发展也逐步转向以数据为中心。

5.3 "通用大模型 + 行业专属模型"实现向不同垂直领域的快速迁移应用

当前，工业智能场景的应用已不再局限于单一技术，而是将业务场景、行业机理知识与通用AI算法深度融合，形成了"通用大模型+行业专属模型"的应用模式，实现了向不同垂直领域的快速迁移应用。3C电子、汽车、钢铁、医疗等数据密集型行业，凭借其丰富的数据资源以及对数据处理的巨大需求，为通用大模型与行业结合提供了坚实的数据基础和广阔的应用场景。这种模式充分发挥了通用大模型的广泛适用性和专属模型的行业针对性,能够广泛应用于跨行业的共性需求场景中,有效解决多个行业的共性问题。在各自适配的工业场景下,这一模式持续激发价值潜能,为推动产业智能化升级与创新发展提供了有力支撑。

参考文献

第十部分 面上项目

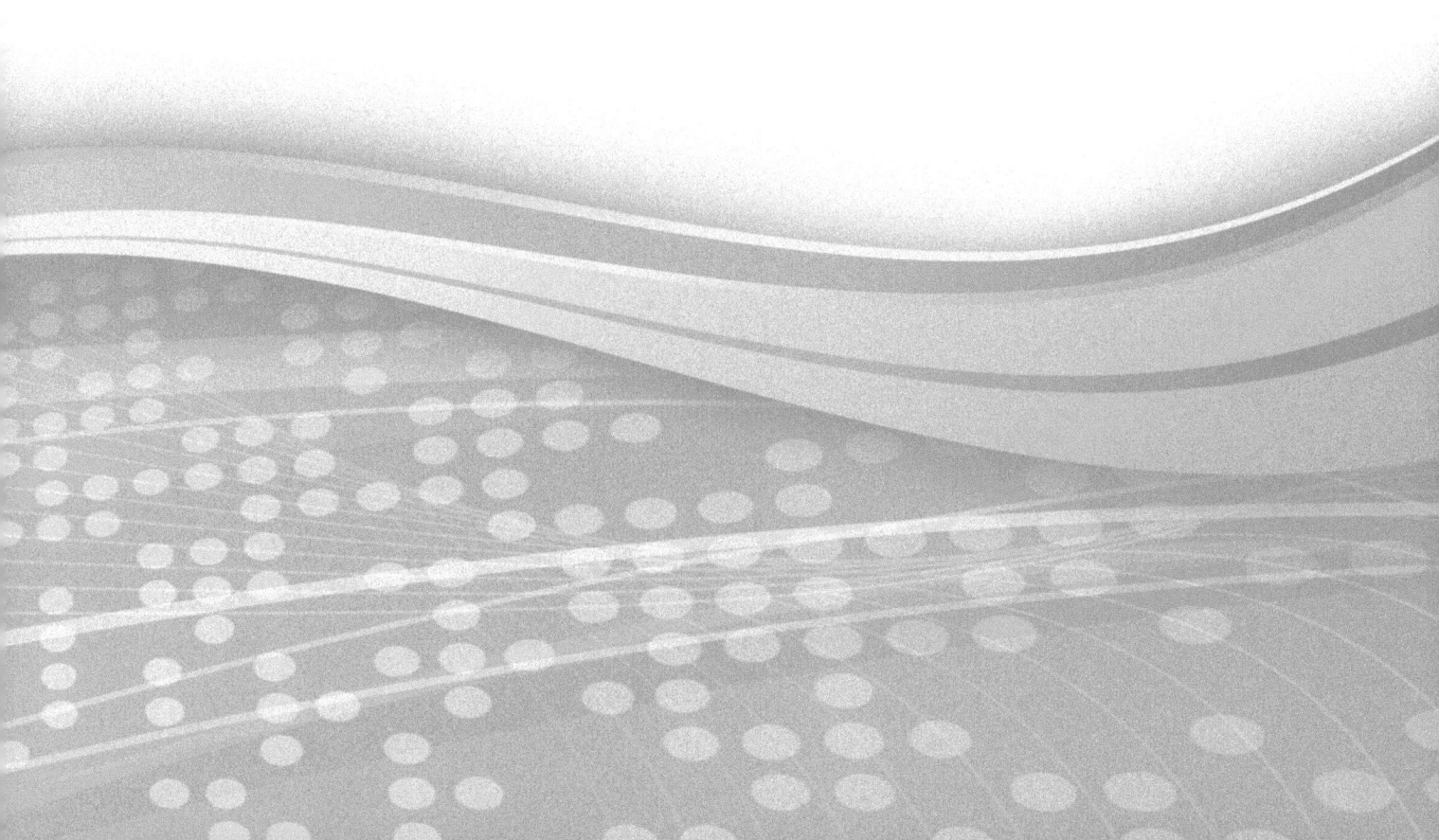

基于跨域检测的 OTFS-SCMA

陈红洋[1]，王朝炜[1,2]，庞明亮[1]，赵玲莉[1]，江帆[3]

（1. 北京邮电大学 电子工程学院，北京 100876；2. 泛网无线通信教育部重点实验室，北京 100876；3. 西安邮电大学 通信与信息工程学院（人工智能学院），西安 710121）

摘要： 正交时频空间（Orthogonal Time Frequency Space, OTFS）调制为第六代移动通信系统（6G）提供了新的可能性。OTFS 能够在高移动速度的场景下实现可靠通信，从而确保在高速移动环境中的通信稳定性。OTFS 通过联合利用时间和频率资源，将符号映射到二维时频网格中，具有出色的抗多径衰落性能，非常适合高动态环境下的无线通信。稀疏码分多址（Sparse Code Multiple Access, SCMA）是一种支持在高速移动环境下大规模通信设备接入的技术。本文综合分析了 OTFS 和 SCMA 的基本原理，并探讨了将二者结合如何进一步提升无线通信系统的性能。综述了 OTFS-SCMA 的基本原理以及其在高动态环境下的性能优势，重点介绍了基于跨域检测的 OTFS-SCMA 算法。通过仿真实验，验证了该检测算法在 OTFS-SCMA 系统中的可行性和可开发性，展示了其在实际应用中的潜力。

关键字： 正交时间频率空间（OTFS）；稀疏编码多址接入（SCMA）；跨域检测

1 引言

第五代移动通信系统（The Fifth Generation of Mobile Communications System，简称 5G）是当前主流的移动通信技术。与第四代移动通信系统（The Fourth Generation of Mobile Communications System，简称 4G）相比，5G 在频谱、连接密度和速度等方面带来了革命性的进展。在 500km/h 的移动速度下，5G 网络能够实现强大的通信性能。然而，在 1000km/h 甚至更高的速度下实现可靠通信，成为当前第六代移动通信系统（6G）研究的目标[1-2]。大规模采用正交频分复用（OFDM）调制的技术，难以满足 6G 所需的性能要求。在高速移动场景中，严重的多普勒效应将对系统造成较大影响。多普勒效应会增加子载波之间的干扰，进而破坏系统的正交性[3]，使 OFDM 在高多普勒环境下表现出较差的鲁棒性。因此，如何在高移动速度和复杂信道条件下实现稳定、可靠的通信，成为 6G 技术发展的关键挑战之一。

为了解决高速移动环境中通信的多普勒效应和时延扩展对信号传输质量的影响，6G 技术引入了时延多普勒通信方法，以在高速移动场景下实现稳定的通信。正交时频空间（OTFS）调制作为支持时延多普勒通信方法的创新技术，在高速移动环境下的通信系统中能够有效应对信号失真[4]。

随着通信频谱日益拥挤，以及对通信服务质量要求的不断提高，除确保系统的高可靠性外，满足频谱效率并提供大量通信链路也是一项挑战。非正交多址（NOMA）技术，作为一种能够满足频谱效率、连通性和延迟等异构需求的无线技术，在过去几年得到了广泛关注。为了实现大规模连接，研究OTFS框架下的多址技术显得尤为重要。文献[5]中提出了一种OTFS-OMA方案，其中每个用户终端在时延多普勒域（DD域）中按等间隔分配延迟多普勒资源块。在时频域中，信号在相应的子频域中呈现且互不重叠，从而避免了多用户干扰。文献[6]中的OTFS-OMA方案为交错时频多址，它允许在时频域中进行多用户无干扰信号接收。与文献[5]中的方法不同的是，在特定的两个用户之间可以放置其他用户的符号，即在时频域平面上的符号是交错的，而不是连续的。这种设计使系统能够更好地处理多用户干扰。当前主流的多址（NOMA）方案主要有两种：一种是功率域NOMA，另一种是码域NOMA。文献[7]中介绍了一种OTFS功率域NOMA方案，并对其在系统级和链路级的性能进行了评估。通过精心设计的码本，码域NOMA能够有效区分不同用户。在文献[8]中，作者提出了基于OTFS的SCMA（稀疏码分多址）方案，并研究了在OTFS-SCMA系统中如何进行SCMA码字分配。

文献[9]中提出了一种跨域迭代检测算法，与传统的OTFS检测方法不同，该算法利用了时域信道的稀疏性和DD域符号星座约束，在时域和DD域应用基本的估计/检测方法进行联合检测。文献[8]首次构建了基于代码域的OTFS-SCMA下行链路系统，解决了下一代通信系统面临的两个重大挑战，即大规模连接和高多普勒效应。文献[10]的作者受文献[9]的启发，在不同域上进行了OTFS符号检测和SCMA码字的解码，并在此基础上提出了一种新的基于跨域检测的下行OTFS-SCMA方案，其中OTFS符号检测在时域通过线性最小均方误差（L-MMSE）估计器进行，而SCMA在DD域通过传统的消息传递算法（MPA）解码器进行解码。

2 OTFS系统

本章将主要介绍完整的OTFS系统，如图1所示。在OTFS的二维网格中，将信息符号[通常采用正交幅度调制（QAM）符号]安排在OTFS中的网格（DD域）中，二维平面表示为$\Gamma_{M,N}$，M和N分别表示二维网格的两个维度，分别对应延迟方向和多普勒方向上小格子的总数。时延维度和多普勒维度上每个小格子的大小分别为Δf和T，分别表示子载波间隔和符号持续时间。时延间隔和多普勒间隔分别为$\Delta\tau=1/M\Delta f$，$\Delta v=1/NT$。$\Gamma_{M,N}$上共可以容纳$M\times N$个QAM符号。输入信号为$x[k,l]$，k和l分别表示信号在时间上的时延和频率上的多普勒偏移的离散抽样点，其中，$k=0,1,2,\cdots,M-1$，$l=0,1,2,\cdots,N-1$。

假定OTFS二维平面的带宽为B，持续时间为T_f，根据以上参数，$B=M\Delta f$，$T_f=NT$。因为Δf和T决定了最大可支持的多普勒和时延，为了使系统能够有效对抗多普勒效应，必须有$\Delta f<\tau_{max}$和$T<v_{max}$，其中τ_{max}和v_{max}分别表示时延扩展和多普勒扩展。我们可以通过选择M、N和T（因为$\Delta f=1/T$）来支持在具有最大时延τ_{max}和最大多普勒频移v_{max}的时变信道中的通信，覆盖所有信道路径。为了支持每帧符号的固定数据速率，根据信道的条件，当最大多普勒频移v_{max}很大时，可以选

择更小的 T 来保证 $T<v_{\max}$，进而通过调整时延间隔和多普勒间隔，得到更大的 N 和更小的 M。相反，当最大时延扩展 $\tau_{\max}$ 较大时，选择较小的 N 和较大的 M 以适应时延要求[10]。

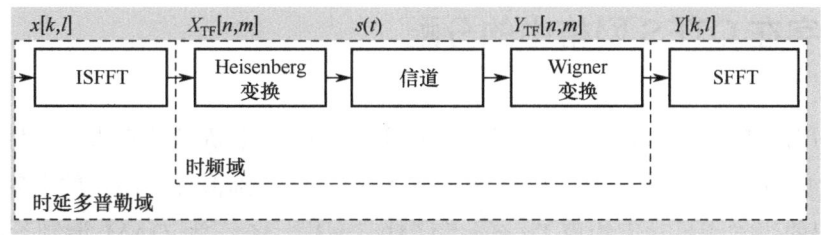

图 1 OTFS 系统图

将符号 $x[k,l]$ 排列在 DD 域网格上，通过辛有限傅里叶反变换（ISFFT）转换到时频域：

$$X_{\mathrm{TF}}[n,m] = \frac{1}{\sqrt{NM}}\sum_{k=0}^{N-1}\sum_{l=0}^{M-1}x[k,l]\mathrm{e}^{\mathrm{j}2\pi\left(\frac{nk}{N}-\frac{ml}{M}\right)} \tag{1}$$

式中，$X_{\mathrm{TF}}[n,m]$ 为时频域信号。由时频域信号转换为时域信号需要用到海森堡变换，得到的时域信号为：

$$s(t)=\sum_{n=0}^{M-1}\sum_{m=0}^{N-1}X_{\mathrm{TF}}[n,m]g_{tx}(t-mT)\mathrm{e}^{\mathrm{j}2\pi n\Delta f(t-mT)} \tag{2}$$

式中，$g_{tx}(t)$ 为发射成型滤波器，在一个周期内，海森堡变换与 OFDM 一致[11]。$s(t)$ 在时变信道中传输，信道的脉冲响应可以表示为：

$$h(\tau,\upsilon)=\sum_{i=1}^{P}h_i\delta(\tau-\tau_i)\delta(\upsilon-\upsilon_i) \tag{3}$$

式中，P 为路径数，h_i、τ_i、υ_i 分别为第 i 条路径的路径增益、时延和多普勒频移，$\delta(\cdot)$ 表示狄拉克函数。在文献[12]中介绍了 τ_i 和 υ_i 取决于第 i 条路径的延迟系数和多普勒系数，给出 τ_i 和 υ_i：

$$\tau_i=\frac{l_{\tau_i}}{M\Delta f},\upsilon_i=\frac{k_{\upsilon_i}+\kappa_{\upsilon_i}}{NT} \tag{4}$$

式中，l_{τ_i} 和 k_{υ_i} 都是整数，$\kappa_{\upsilon_i}\in[-1/2,1/2]$，它们分别表示延迟抽头、多普勒抽头和分数多普勒频移。在接收端，接收到的信号 $r(t)$ 为：

$$r(t)=\iint h(\tau,\upsilon)s(t-\tau)\mathrm{e}^{\mathrm{j}2\pi\upsilon(t-\tau)}\mathrm{d}\tau\mathrm{d}\upsilon+n(t) \tag{5}$$

式中，$n(t)$ 为加性高斯白噪声（AWGN）信号，单侧功率谱密度为 N_0。接收到信号 $r(t)$ 后，通过魏格纳变换，将连续的接收信号转换到离散的时频域上：

$$Y_{\mathrm{TF}}[n,m]=\int r(t)g_{rx}^*(t-mt)\mathrm{e}^{-\mathrm{j}2\pi n\Delta f(t-mT)}\mathrm{d}t \tag{6}$$

式中，$g_{rx}^*(t)$ 为接收成型滤波器。最后，对时频域信号 $X_{\mathrm{TF}}[n,m]$ 进行辛有限傅里叶变换（SFFT），将其转换到 DD 域：

$$Y[k,l]=\frac{1}{\sqrt{MN}}\sum_{n=0}^{M-1}\sum_{m=0}^{N-1}X_{\mathrm{TF}}[n,m]\mathrm{e}^{-\mathrm{j}2\pi\left(\frac{ml}{N}-\frac{nk}{M}\right)}+\tilde{n}[k,l] \tag{7}$$

式中，$\tilde{n}[k,l]$ 表示 DD 域中对应的高斯白噪声样本。

3 SCMA 码字在 OTFS 网格中的分配

以 $6(J=6)$ 个用户和 $4(K=4)$ 个资源为例，J 个用户通过 K 个资源节点进行多址通信，定义过载系数为 $\lambda = J/K > 1$。每个用户有一个 4 行 4 列的码本 χ_j，为了确保各个用户的发射信号满足一定的功率要求，所给出的码本满足功率约束 $\mathrm{Tr}(\chi_j\chi_j^H)/M_{\mathrm{mod}} = 1$，$M_{\mathrm{mod}}$ 为 QAM 调制阶数。SCMA 编码器根据输入二进制消息对应的码本为用户选择一个码字，用户 j 的码字表示为 $X_j = [X_{j,1}, X_{j,2}, \cdots, X_{j,K}]^T \in \mathbf{C}^{k \times 1}$。然后，将每个用户的码字叠加到 K 个资源节点上：

$$x_{\mathrm{scma}} = \sum_{j=1}^{J} X_j \tag{8}$$

式中，x_{scma} 为 K 行 1 列的叠加的码字。一个 x_{scma} 符号作为一个 OTFS 符号帧放入 DD 域网格中进行传输。假设 $M=8, N=4$，$MN/K=8$，也就是说 DD 域网格中能放 8 个 x_{scma} 符号，基于文献[8]中的分配方案二，OTFS 帧由 MN/K 个 SCMA 码字组成。第 j 个用户传输的 DD 域符号向量可以表示为：

$$x_j = [x_{\mathrm{scma},1}^T, x_{\mathrm{scma},2}^T, \cdots, x_{\mathrm{scma},MN/K}^T]^T \tag{9}$$

式中，x_j 是 32 行 1 列的矩阵。发射机对所有用户的符号向量求和，构造叠加码字向量 x_{sup}：

$$x_{\mathrm{sup}} = \sum_{j=1}^{J} x_j \tag{10}$$

根据上式我们可以得到用户 j 在时域的发送和接收向量，即

$$s_{\mathrm{sup}} = (F_N^H \otimes I_M) x_{\mathrm{sup}} \tag{11}$$

$$r_j = H_{j,T} s_{\mathrm{sup}} + n_j \tag{12}$$

式中，F_N 是归一化的 N 点离散傅里叶变换矩阵，I_M 是 $M \times M$ 的单位矩阵。

4 跨域接收机

本节根据文献[13]中提到的 OTFS-SCMA 跨域检测器做以下总结。文献中假设每个资源节点上叠加的码字是独立同分布的。采用传统的 L-MMSE 算法对时域叠加符号向量 s_{sup} 进行估计，将接收到的时域向量 r 和时域信道矩阵 H_T 送入估计器进行估计，同时输入的先验均值 $m_s^{\alpha,T}$ 和先验协方差矩阵 $C_s^{\alpha,T}$ 也被传入估计器。通过粗略估计后，得到后验均值和后验协方差矩阵。由于假设每个资源节点上叠加的码字是独立同分布的，所以 $C_s^{\alpha,T}$ 是一个对角矩阵，且被初始化为一个单位矩阵 I_{MN}。每完成一次迭代，先验均值被初始化为 0。如图 2 所示为 OTFS-SCMA 跨域检测图解。

根据 L-MMSE 估计矩阵、先验均值和协方差，得到后验估计均值和协方差矩阵：

$$m_s^{p,T} = m_s^{\alpha,T} + W_{\mathrm{MMSE}}(r - H_T m_s^{\alpha,T}) \tag{13}$$

$$C_s^{p,T} = C_s^{\alpha,T} - W_{\mathrm{MMSE}} H_T C_s^{\alpha,T} \tag{14}$$

其中，W_{MMSE} 为 L-MMSE 估计矩阵，在文献[13]中被定义为：

$$W_{\text{MMSE}} = C_s^{\alpha,T} H_T^H (H_T C_s^{\alpha,T} H_T^H + N_0 I_{MN})^{-1} \quad (15)$$

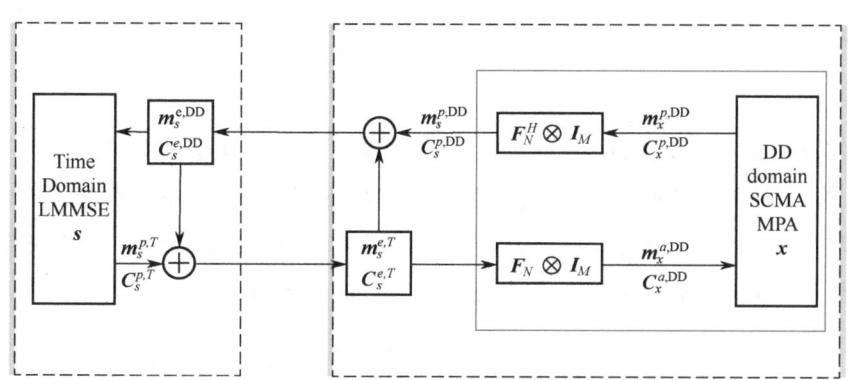

图 2　OTFS-SCMA 跨域检测图解

根据已有信息，计算外在均值和协方差矩阵：

$$C_s^{e,T} = ((C_s^{p,T})^{-1} - (C_s^{\alpha,T})^{-1})^{-1} \quad (16)$$

$$m_s^{e,T} = C_s^{e,T}((C_s^{p,T})^{-1} m_s^{p,T} - (C_s^{\alpha,T})^{-1} m_s^{\alpha,T})^{-1} \quad (17)$$

由从时域到 DD 域的幺正变换 $F_N \otimes I_M$，得到 x 的先验均值和协方差矩阵：

$$m_x^{a,\text{DD}} = m_x^{e,T} = (F_N \otimes I_M) m_s^{e,T} \quad (18)$$

$$C_x^{a,\text{DD}} = C_x^{e,T} = (F_N \otimes I_M) C_s^{e,T} (F_N^H \otimes I_M) \quad (19)$$

将 x 的先验均值和协方差矩阵送入 MPA 检测器后，可以构建一个后验概率集合

$$P = \begin{cases} P(\tilde{X}_{i,j} = (X_j)_m | m_i), \\ 1 \leq j \leq J, 0 \leq i \leq MN/K, 1 \leq m \leq M_{\text{mod}} \end{cases} \quad (20)$$

从 DD 域到时域，为了构造 DD 域中 x 的后验均值和协方差矩阵，我们需要通过对每个用户估计的 SCMA 码字求和来重建叠加码字：

$$m_x^{p,\text{DD}} = \sum_{j=1}^{J} m_j^p \quad (21)$$

$$C_x^{p,\text{DD}} = \left(\sum_{j=1}^{J} (C_j^p)^{-1} \right)^{-1} \quad (22)$$

我们将上述矩阵转换为时域 OTFS 信号 s 的后验均值和协方差矩阵：

$$m_s^{p,\text{DD}} = (F_N^H \otimes I_M) m_x^{p,\text{DD}} \quad (23)$$

$$C_s^{p,\text{DD}} = (F_N^H \otimes I_M) C_x^{p,\text{DD}} (F_N \otimes I_M) \quad (24)$$

然后得到 s 外在信息的均值和协方差矩阵：

$$C_s^{a,T} = C_s^{e,\text{DD}} = ((C_s^{p,\text{DD}})^{-1} - (C_s^{e,T})^{-1})^{-1} \quad (25)$$

$$\begin{aligned} m_s^{a,T} &= m_s^{e,\text{DD}} \\ &= C_s^{e,\text{DD}}((C_s^{p,\text{DD}})^{-1} m_s^{p,\text{DD}} - (C_s^{e,T})^{-1} m_s^{e,T}) \end{aligned} \quad (26)$$

以上是一次检测的迭代，在迭代一定次数后，检测器返回每个用户的 SCMA 码字判决。

5 仿真分析

本研究中的仿真结果基于文献[14]中提供的代码实现。我们在此基础上进行了调整和扩展，以适应我们的研究需求。在数值设置方面，我们选择了 $M=8$ 和 $N=8$ 的 OTFS 符号，带宽设置为 10MHz，帧持续时间为 1ms，并且假设信道状态是已知的。用户数为 $J=6$，资源块数为 $K=4$。图 3 展示了跨域检测算法和 Deka 检测算法在误比特率性能方面的表现。

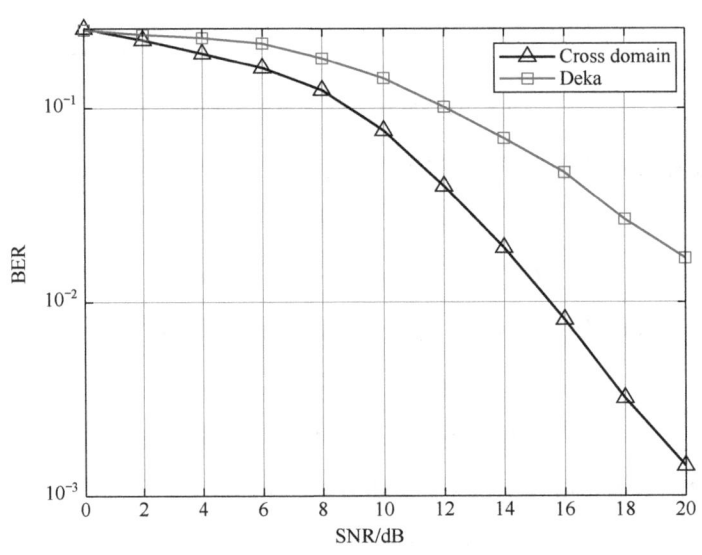

图 3　两种检测算法 BER 性能对比

6 结束语

本文介绍了基于跨域检测的 OTFS-SCMA 算法。首先，本文概述了 OTFS 系统的基本原理，随后根据 OTFS 系统的特性，介绍了 SCMA 码字的分配方式。接着，详细讲解了跨域检测算法的实现过程，并通过仿真结果对比了跨域检测算法与 Deka 检测算法在误比特率（BER）性能方面的表现。结果表明，跨域检测算法相较于 Deka 检测算法在 BER 性能上具有一定的优势。

参考文献

反侵权盗版声明

电子工业出版社依法对本作品享有专有出版权。任何未经权利人书面许可，复制、销售或通过信息网络传播本作品的行为；歪曲、篡改、剽窃本作品的行为，均违反《中华人民共和国著作权法》，其行为人应承担相应的民事责任和行政责任，构成犯罪的，将被依法追究刑事责任。

为了维护市场秩序，保护权利人的合法权益，我社将依法查处和打击侵权盗版的单位和个人。欢迎社会各界人士积极举报侵权盗版行为，本社将奖励举报有功人员，并保证举报人的信息不被泄露。

举报电话：（010）88254396；（010）88258888
传　　真：（010）88254397
E-mail：　dbqq@phei.com.cn
通信地址：北京市万寿路173信箱
　　　　　电子工业出版社总编办公室
邮　　编：100036